Ralf Schöwer
Dieter Leukefeld

Das Baustellenhandbuch der Maßtoleranzen

UNSER WISSEN
FÜR IHREN ERFOLG
FORUM

Bibliografische Information der Deutschen Bibliothek

Die Deutsche Bibliothek verzeichnet diese Publikation in der Deutschen Nationalbibliografie; detaillierte bibliografische Daten sind im Internet über http://ddb.de abrufbar.

FORUM VERLAG
HERKERT GMBH
Postfach 13 40
86408 Mering

FORUM

Tel.: 08233 / 381-123
Fax: 08233 / 381-222
Email: service@forum-verlag.com
Internet: www.forum-verlag.com

2. aktualisierte und erweiterte Auflage

Alle Angaben in diesem Verlagserzeugnis sind nach dem aktuellen Stand von Recht, Wissenschaft und Technik zum Druckzeitpunkt hergestellt.
Der Verlag übernimmt keine Gewähr für Druckfehler und inhaltliche Fehler.

Satz: Dipl.-Des. Dieter Schmid, no limit productions, 86482 Aystetten
Druck: Kessler Verlagsdruckerei, 86399 Bobingen
Printed in Germany
Angaben ohne Gewähr
ISBN-13: 978-3-86586-022-4
ISBN-10: 3-86586-022-2

Vorwort

„Füge nach einem Plan“, so wird bereits in der Ausgabe des neuen Brockhauses aus dem Jahre 1962 das „Bauen“ beschrieben.

Durch die Weiterentwicklung der Baustoffe, den speziellen Verarbeitungseigenschaften, den Einbaubedingungen vor Ort, der notwendigen Kombinationsmöglichkeit und der Verträglichkeit verschiedener Baustoffe untereinander und der Tendenz zu immer kürzeren Bauzeiten gilt diese alte Definition heute mehr denn je.

Die bestehenden technischen Regel- und Normenwerke, die allgemeinen Regeln der Technik und die getroffenen Vereinbarungen in den Vertragsunterlagen stellen die Grundlagen für eine Planung, einen geordneten Bauablauf und eine erfolgreiche Fertigstellung eines Bauvorhabens dar.

Durch die in der Öffentlichkeit allgemein bekannten und im Medienzeitalter leicht zugänglichen Informationen über den Stand der technischen Entwicklung moderner Baustoffe hat sich bei den Auftraggebern, insbesondere in den letzten Jahren, eine hohe Erwartungshaltung an die am Bau Beteiligten und an die Qualität des zu erstellenden Bauwerkes entwickelt.

Im Baualltag kommt es daher immer wieder zu Meinungsverschiedenheiten über die Qualität einzelner Bauleistungen und der Zulässigkeit von Abweichungen.

Das vorliegende Handbuch in der erweiterten und aktualisierten 2. Auflage soll dem Nutzer als Leitfaden und Entscheidungsgrundlage zur Beurteilung von Abweichungen eines Ist-Zustandes gegenüber einem vereinbarten Soll-Zustand dienen. Der im Titel genannte Begriff der „Maßtoleranz" wird in dieser Zusammenstellung weit gefasst. Er beinhaltet auch die Angaben zu Mindestdicken von Belägen, Untergründen oder Bauteilen, den einzuhaltenden Mindesthöhen von Anschlüssen, zu Regelabmessungen für Ausführungsdetails und Qualitätsanforderungen an Bauteiloberflächen.

Neben der Aktualisierung und Anpassung der Inhalte auf die derzeit gültigen Normen und Regelwerke des Bauwesens im nationalen und internationalen Gültigkeitsbereich wurden zu einzelnen Gewerken zusätzliche fachtechnische Informationen aufgenommen. Basisangaben zu Gerüstarbeiten, Holzpflasterarbeiten, Elektro- und Sanitärinstallationen, Wärmedämmverbundsystemen und anderem mehr wurden vollständig neu aufgenommen. Anforderungen für eine barrierefreie Objektausführung sind in den jeweiligen Gewerken besonders berücksichtigt.

Die Gliederung des Handbuchs orientiert sich an der Systematik der Vergabe- und Vertragsordnung für Bauleistungen (Teil C) 2002. Es bietet Architekten, Fachingenieuren, Handwerkern, Bausachverständigen und fachkundigen Bauherren eine umfassende, übersichtliche und schnelle Informationsquelle für den täglichen Gebrauch im Büro und auf der Baustelle.

Der Inhalt dieses Werkes wurde mit äußerster Sorgfalt und eingehender Recherche zusammengetragen. Gegenüber dem Verlag oder den Autoren begründet dies jedoch keinen Beratungsvertrag und keine anderweitige Bindungswirkung. Schon wegen der nötigen Anpassung an die individuellen Gegebenheiten des Einzelfalls kann keine Gewähr für Verbindlichkeit und Vollständigkeit gegeben werden.

Dieburg, im November 2005

Ralf Schöwer

Die Autoren

Ralf Schöwer (Autor der 2. Auflage)

Dipl.-Ing., Architekt
Öffentlich bestellter und vereidigter Sachverständiger für Schäden an Gebäuden (Industrie- und Handelskammer Darmstadt)

Ralf Schöwer wurde 1959 in Koblenz geboren. Er studierte Architektur an der Technischen Universität Darmstadt.

Nach seinem Diplom im Jahre 1988 folgte eine Zeit der Mitarbeit in verschiedenen Architekturbüros zunächst mit einer erfolgreichen Bearbeitung von Architekturwettbewerben. In den sich anschließenden Jahren betreute er als planender Architekt und Bauleiter vielfältige Hochbauprojekte in den Bereichen Neubau, Umbau und Sanierungsvorhaben.

Neben seiner Tätigkeit in den klassischen Arbeitsfeldern des Architekten verfügt er über eine Ausbildung als Sicherheits- und Gesundheitsschutzkoordinator.

Seit 2002 arbeitet er auch als Sachverständiger für private Auftraggeber, Behörden und Versicherungen zu den verschiedensten Aufgaben und Themen im Bereich des Hochbaus.

Im Jahre 2004 wurde er zum Sachverständigen für „Schäden an Gebäuden" durch die Industrie- und Handelskammer Darmstadt öffentlich bestellt und vereidigt.

Dieter Leukefeld (Autor der 1. Auflage)
Dipl.-Ing., Architekt
Öffentlich bestellter und vereidigter Sachverständiger für Schäden an Gebäuden (Architektenkammer Niedersachsen)

Dieter Leukefeld wurde 1963 in Hannover geboren. Im Jahr 1982 schloss er seine Ausbildung zum Bauzeichner IHK ab. Anschließend besuchte er die Fachoberschule Technik und erlangte dort seine allgemeine Fachhochschulreife.

Bis 1988 arbeitete Herr Leukefeld als EDV-Fachmann im Bereich CAD an einem Institut für Computertechnologie und einem Ingenieurbüro in Braunschweig.

Im Herbst 1988 nahm er das Studium der Architektur an der Fachhochschule Holzminden auf und erhielt sein Diplom im Jahre 1992. Dem Studium der Architektur stellte er zwei Semester Bauingenieurwesen und Bauinformatik voran.

Im Sommer 2000 erhielt Dieter Leukefeld einen Lehrauftrag an der Fachhochschule zu den Themen:

- Klima Aktive Fassaden
- Elementiertes Bauen
- Glas- und Stahlbaukonstruktionen

Seit 1992 war er in verschiedenen Architekturbüros mit der Projektleitung von Bauaufgaben betraut. Ab 1995 arbeitet er als freier Architekt und beschäftigte sich überwiegend mit den Themen

- Sanierung,

- Umnutzung und
- Modernisierung

von denkmalgeschützten Gebäuden.

Seit 2002 ist Dieter Leukefeld Partner der Arbeitsgemeinschaft **ARCHI**tektur + **TECH**nik in Schwarmstedt. Das Ausgangsfeld setzt sich wie folgt zusammen:

- Planungs- und Sachverständigenbüro
- Privatgutachter für Schäden an Gebäuden
- Gutachter für Versicherungen
- Architekturbüro für neue Baumethoden, Elemente + Systeme, Bionik, filigrane Leichtbaukonstruktionen
- Architektur für Krisengebiete

Als öffentlich bestellter und vereidigter Sachverständiger für Schäden an Gebäuden ist er Mitglied im Arbeitskreis Bausachverständige der Architektenkammer Niedersachsen und im Verband Bausachverständiger Deutschlands. Als solcher ist Dieter Leukefekd seit 2003 als Gerichtsgutacher tätig.

Inhalt

Allgemeines
Vorwort 1
Die Autoren 5
Inhaltsverzeichnis 9
Einleitung 25
Normenübersicht 29

Normen
DIN 18202 Toleranzen im Hochbau – Bauwerke 39
- Anwendung 39
- Begriffe 40
- Messpunktabstände 45
- Präzisierungen und neue Inhalte 46
- Maßtoleranzen 47
- Grenzabweichungen 48
- Grenzwerte für Winkelabweichungen 52
- Grenzwerte für Ebenheitsabweichungen 53
- Grenzwerte für Fluchtabweichungen 58
- Vermessungstechnische Bezugssysteme 64

DIN 18203, Teile 1 – 3 Toleranzen im Hochbau für Vorgefertigte Bauteile 65
Normen, Fachregeln, Richtlinien 69

Gewerkespezifische Maßtoleranzen und Maßangaben
Abdichtungsarbeiten – ATV DIN 18336 75
Normen und Allgemeines 75

Spezifische Ergänzungen 76
• Untergrund / Bauwerk 77
• Trennschichten und Schutzlagen 79
• Abdichtungsstoffe – Verarbeitung und Fügetechnik 79
• Beanspruchungsgrad – Abdichtungsstoffe – Lagen 80
• Anschlusshöhen, Fugen, Durchdringungen 85
• Schutzschichten 87
Prüfung 87

Betonarbeiten – ATV DIN 18331 89
Normen und Allgemeines 89
Bauwerksmaße 90
Bauwerksmaße für vorgefertigte Bauteile 92
Grenzabmaße der Querschnittsmaße für vorgefertigte Bauteile 93
Winkelabweichungen 93
Winkelabweichungen für vorgefertigte Bauteile 94
Ebenheitsabweichungen 94
Spezifische Ergänzungen 96
• Betondeckung der Bewehrung 96
• Grenzabweichung für die Tragsicherheit 99
• Maßabweichungen durch Kriechen und Schwinden 99
• Gestalterische Anforderungen an Sichtbeton 100
• Risse 105
• Gründungen und Unterfangungen 107
Prüfung 108

Betonwerksteinarbeiten – ATV DIN 18333 109
Normen und Allgemeines 109
Bauwerksmaße 110
Winkelabweichungen 111
Ebenheitsabweichungen 112
Spezifische Ergänzungen 114
• Maßhaltigkeit und Beschaffenheit 114
• Verlegung im Mörtelbett 115
• Versetzen 115
• Fugen 116
• Höhendifferenzen benachbarter Platten 116
• Treppen 117
Prüfung 119

Bodenbelagarbeiten – ATV DIN 18365 121
Normen und Allgemeines 121
Bauwerksmaße 122
Winkelabweichungen 123
Ebenheitsabweichungen 124
Spezifische Ergänzungen 125
• Holzpflasterarbeiten 125
• Textile Bodenbeläge 127
• Barrierefreiheit 128
Prüfung 129

Dachdeckungs- und Dachabdichtungsarbeiten
– ATV DIN 18338 131
Normen und Allgemeines 131
Spezifische Ergänzungen 132
• Fachregeln Dachdeckungsarbeiten 132
• Regeln für Dächer mit Abdichtungen
(Flachdachrichtlinien) 137

- Barrierefreiheit 144

Prüfung 144

Dränarbeiten – ATV DIN 18308 145

Normen und Allgemeines 145

Regelausführung nach DIN 4095 145

Prüfung 148

Elektroinstallationen

Normen 149

Spezifische Ergänzungen 150

- Hausanschlussraum 150
- Hausanschlussnische 151
- Zählernische 152
- Schlitze und Aussparungen im Mauerwerk 152
- Mindestausstattung von Wohnungen 153
- Leitungsführung, Anordnung der Betriebsmittel.. 155
- Schutzbereiche 156
- Barrierefreiheit 157

Erdarbeiten – ATV DIN 18300 159

Normen und Allgemeines 159

Spezifische Ergänzungen 160

- Lösen und Laden 160
- Herstellen von Baugruben und Gräben 161
- Böschungswinkel von Baugruben 162
- Gräben 162
- Verfüllen von Leitungsgräben 164
- Ausschachtungen 164
- Gründungen 166
- Sicherheitsabstände an Baugruben und Gräben .. 167
- Absturzsicherung an Baugruben und Gräben 168

Estricharbeiten – ATV DIN 18353 171
Normen und Allgemeines 171
Bauwerksmaße 172
Winkelabweichungen 173
Ebenheitsweichungen 174
Spezifische Ergänzungen 175
- Estrichdicke und Estrichmindestdicke 175
- Dickentoleranzen 178
- Dämmschicht 179
- Schwimmende Estriche und Estriche auf Trennlage 179
- Kunstharze und Kunstharzestriche 180
- Terrazzoböden 181
- Beschichtungen 181
- Fugen 182
- Haftzugfestigkeit der Oberfläche 183
- Belegereife 185
- Risse 186
- Ebenheitsabweichungen aus Verformungen 186
- Nutzungsspezifische Sonderfälle 186

Prüfung 187

Fassadenarbeiten – ATV DIN 18351 189
Normen und Allgemeines 189
Bauwerksmaße 191
Winkelabweichungen 192
Ebenheitsabweichungen 192
Spezifische Ergänzungen 193
- Streiflicht 193
- Höhenversätze angrenzender Elemente 194
- Unterkonstruktionen 194
- Unterkonstruktion / Dämmung 194

- Untergrund für Außenwandbekleidungen 195
- Beschichtung auf Metallflächen 195
- Fugen bei Fassaden aus Naturwerksteinplatten 195
- Wärmedämm-Verbundsystem 195
- Außenwandbekleidungen aus Glas 196
- Fugen bei keramischen Platten 196
- Abdichtung von Außenwandfugen 196

Prüfung 197

Fliesen- und Plattenarbeiten – ATV DIN 18352 199

Normen und Allgemeines 199

Bauwerksmaße 200

Winkelabweichungen 202

Ebenheitsabweichungen 202

Spezifische Ergänzungen 204

- Plattendicken – Keramische Platten 204
- Plattendicken Solnhofener Platten, Natursteinfliesen 204
- Wandbekleidungen und Bodenbeläge im Dickbett 205
- Fugen, Bewegungstypen 206
- Ebenheitsabweichungen des Untergrundes 208
- Ebenheitsabweichungen der Oberseiten 208

Ergänzende Hinweise 210

Prüfung 211

Gerüstarbeiten – ATV DIN 18451 213

Normen und Allgemeines 213

Gerüstarten 214

- Fassadengerüste 214
- Fanggerüste 214

- Dachfanggerüste 215
- Traggerüste 216

Spezifische Ergänzung 216
- Absturzsicherung 216

Gussasphaltarbeiten – ATV DIN 18354 219

Normen und Allgemeines 219

Ebenheitsabweichungen 220

Spezifische Ergänzungen 222
- Nenndicke 222
- Fugen 223

Heizungsinstallationen – ATV DIN 18380 225

Normen und Allgemeines 225
- Heizkörper 226
- Rohrleitungen 226
- Dämmungen für Wärmeverteilungsleitungen 226

Klempnerarbeiten – ATV DIN 18339 229

Normen und Allgemeines 229

Spezifische Ergänzungen 230
- Anschlüsse, Anschlüsse an Abdichtungen 230
- Abschlüsse, Kehlen 233
- Bauklempnerarbeiten, Materialdicken 234
- Nicht selbsttragende Metalldeckungen 235
- Selbsttragende Metalldeckungen 238
- Hängedachrinnen, Regenfallrohre 239
- Bewegungs- und Dehnungsausgleicher 240

Prüfung 241

Maler- und Lackierarbeiten – ATV DIN 18363 243

Normen und Allgemeines 243

Spezifische Ergänzungen 244
- Beschichtungen 244
- Oberflächenschutzsysteme 246
- Optische Mängel im Erscheinungsbild 246

Prüfung 246

Mauerarbeiten – ATV DIN 18330 249
Normen und Allgemeines 249
Bauwerksmaße 250
Winkelabweichungen 252
Ebenheitsabweichungen 252
Spezifische Ergänzungen 254
- Erhöhte Anforderungen – Ebenheitsabweichungen 254
- Maßhaltigkeit der Steine – Stoffabhängige Abweichungen 255
- Überbindemaß 255
- Lager-, Stoß- und Längsfugen, Anschlussfugen 256
- Sichtmauerwerk 256
- Zweischaliges Außenmauerwerk 257
- Schlitze und Aussparungen 259
- Unterfangungen 260
- Risse 260

Prüfung 261

Metallbauarbeiten – ATV DIN 18360 263
Normen und Allgemeines 263
Bauwerksmaße 264
Winkelabweichungen 265
Ebenheitsabweichungen 266
Spezifische Ergänzungen 267

- Vorgefertigte Teile aus Stahl 267
- Oberflächenschutz 268
- Umwehrungen / Geländer 268
- Türen 269
- Roste 270
- Fenster 271
- Barrierefreiheit 272

Prüfung 272

- Oberflächenschutz, Schichtdicken-Prüfung 273

Naturwerksteinarbeiten – ATV DIN 18332 277

Normen und Allgemeines 277

Bauwerksmaße 278

Winkelabweichungen 279

Ebenheitsabweichungen 280

Spezifische Ergänzungen 282

- Maßhaltigkeit der Baustoffe 282
- Ebenheitsabweichung der fertigen Fläche 283
- Absätze und Höhensprünge benachbarter Bauteile 283
- Mörtelbettdicken 284
- Verlegen von Platten 284
- Natursteinplatten im Außenbereich 285
- Fugen 285
- Ausnehmungen 286
- Außenwandbekleidung im Mörtelbett 286
- Vorgehängte Fassade 287
- Außenwandbekleidung, hinterlüftet 287
- Gefälle 288

Prüfung 288

Parkettarbeiten – ATV DIN 18356 289
Normen und Allgemeines 289
Bauwerksmaße 290
Winkelabweichungen 291
Ebenheitsabweichungen 291
Spezifische Ergänzungen 293
- Maße und Bezeichnungen 293
- Dicke, Profil- und Federmaße 293
- Untergründe 294
- Verlegung 294
- Versiegelung 295
- Höhenversatz an den Stoßfugen 295
- Optisches Erscheinungsbild 296

Prüfung 297

Putz- und Stuckarbeiten – ATV DIN 18350 299
Normen und Allgemeines 299
Bauwerksmaße 300
Winkelabweichungen 301
Ebenheitsabweichungen 302
Spezifische Ergänzungen 303
- Putzdicke 303
- Wärmedämmputze 304
- Toleranzausgleich durch Putzauftrag 304
- Ebenheitsabweichungen bei Streiflicht 305
- Qualitätsstufen für Putzoberflächen 306
- Risse 306

Prüfung 307

Sanitärinstallationen 309
Normen und Allgemeines 309

Stellflächen, Seitenabstände, Montagehöhen 310
- Sanitärräume und Küchen 310
- Küchen 311
- Sanitärräume im öffentlichen Bereich 312
- Sanitärräume in barrierefreien Wohnungen 312
- Montagehöhen für Sanitärobjekte 313

Dämmungen, Abstände und Gefälle von Leitungen .. 313
- Dämmungen für Warmwasserleitungen 313
- Dämmungen für Trinkwasserleitungen 314
- Befestigungsabstände für Versorgungsleitungen 315
- Rohrgefälle für Versorgungsleitungen 315
- Gefälle für Entsorgungsleitungen 316

Stahlbauarbeiten – ATV DIN 18335 317
Normen und Allgemeines 317
Spezifische Ergänzungen 318
- Vorgefertigte Teile aus Stahl 318

Prüfung 318

Tapezierarbeiten – ATV DIN 18366 321
Normen und Allgemeines 321
Spezifische Ergänzungen 322
- Leistungsverzeichnis 322
- Tapeten 322
- Gewöhnliche Anforderungen 323
- Beleuchtung 323

Prüfung 323

Tischlerarbeiten – ATV DIN 18355 325
Normen und Allgemeines 325
Bauwerksmaße 326

Winkelabweichungen ... 327
Ebenheitsabweichungen ... 327
Spezifische Ergänzungen ... 328
- Wandöffnungen für Türen ... 328
- Abweichungen für Öffnungen ... 329
- Luftspalte ... 330
- Anforderungen an Türen ... 331
- Beschaffenheit von sichtbaren Holzoberflächen ... 332
- Barrierefreiheit ... 332

Ergänzende Hinweise ... 333
- Fenster ... 333
- Türen ... 334

Prüfung ... 334

Trockenbauarbeiten – ATV DIN 18340 ... 335
Normen und Allgemeines ... 335
Bauwerksmaße ... 336
Winkelabweichungen ... 338
Ebenheitsabweichungen ... 338
Spezifische Ergänzungen ... 339
- Maßhaltigkeit von Gipskartonplatten ... 339
- Oberflächengüte / Verspachtelung ... 340
- Bewegungsfugen ... 343
- Deckenbekleidungen und Unterdecken ... 343
- Trenn- und Montagewände ... 344
- Fertigteilestriche, Trockenböden, Systemböden ... 344
- Zargen und Einbauteile ... 345

Prüfung ... 346

Verglasungsarbeiten – ATV DIN 18361 349
Normen und Allgemeines 349
Spezifische Ergänzungen 350
• Basis- und Sicherheitsgläser 351
• Belüftung von Fensterrahmen 352
• Durchbiegung 352
• Optisches Erscheinungsbild 352
Prüfung 356

Verkehrswegebauarbeiten – ATV DIN 18315 – 18318 359
Normen und Allgemeines 359
Oberbauschichten ohne Bindemittel –
ATV DIN 18315 360
• Tragschicht 360
• Deckschicht 361
• Oberbauschichten aus unsortierten
Mineralstoffen 362
• Prüfung 362
Oberbauschichten mit hydraulischen Bindemitteln –
ATV DIN 18316 362
• Tragschicht, Verfestigung 362
• Tragschicht, hydraulisch gebunden 363
• Betontragschicht 363
• Betondecken 363
• Prüfung 364
Oberbauschichten aus Asphalt – ATV DIN 18317 364
• Übersicht: Schichtdicke – Oberflächenebenheit .. 365
Pflasterdecken, Plattenbeläge, Einfassungen – ATV
DIN 18318 366
• Pflastersteine 366
• Höhenlage und Gefälle 368
• Bettungsdicke und Fugen 369
• Bordsteine 370

Spezifische Ergänzungen 371
• Wasserdurchlässige Oberflächenbefestigung 371
• Barrierefreiheit 372
Prüfung 372

Zimmer- und Holzbauarbeiten – ATV DIN 18334 373
Normen und Allgemeines 373
Bauwerksmaße 375
Winkelabweichungen 376
Ebenheitsabweichungen 377
Spezifische Ergänzungen 379
• Maßhaltigkeit von Vollhölzern 379
• Holzrahmenbau 380
• Risse – Risstiefe 380
• Längskrümmung 382
• Baumkante 382
• Dachschalungen 383
• Dachlattungen 384
• Wand- und Deckenschalung 385
• Außenwandbekleidung 385
• Böden – Maße und Qualitätsanforderungen 386
• Treppen 387
• Lastabhängige Verformungen 388
• Verformungen aus Quellen und Schwinden 388
• Längenänderung durch Temperaturänderung 390
Prüfung 389

Prüfung und Bewertung

Prüfung nach DIN 18202 393
Prüfverfahren 394
Erhöhte Ebenheitsanforderungen 394

Zeitpunkt der Prüfung ... 395
Prüfung der Grenzabweichungen ... 395
- Maße im Grundriss ... 395
- Maße im Aufriss ... 397
- Lichte Maße im Grundriss ... 397
- Lichte Maße im Aufriss ... 398
- Prüfung von Winkeln im Grundriss ... 399
- Prüfung von Winkeln ... 400
- Öffnungsmaße ... 402

Prüfung der Winkelabweichungen ... 401
- Vertikale Bauteile ... 401
- Horizontale Bauteile ... 402
- Geneigte Bauteile ... 402

Prüfung der Ebenheitsabweichungen ... 403
Prüfung der Lage von Stützen in der Flucht ... 406

Prüfung nach DIN 18203-1 bis 18203-3 ... 405

Die Prüfung in der Baupraxis ... 407
Erfordernis und Zweck von Prüfungen ... 407
Definition des Mangelbegriffs ... 408
Bewertung von Abweichungen ... 411
Prüfung der Genauigkeit ... 413
Beispiele zur Beurteilung von Maßabweichungen ... 414
Ermittlung von Wertminderungen ... 416

Prüfung durch Sachverständige ... 423
Sachverständigenverzeichnisse ... 424

Vermessen der Bauwerke ... 425
Primärnetz ... 425
Sekundärnetz ... 426

Festlegung eines Festpunktes 426
Bezugspunkte 427
Meterstrich 428
Genauigkeiten der Maße 428
Messgeräte 428
Kontrolle der Bauausführung 430
Lot und Fluchtgenauigkeit 430

Anhang
Checklisten 435
Kontrolle für die Planung 435
Kontrolle für die Ausführung 438
Literatur- und Quellennachweis 441
Stichwortverzeichnis 445

Einleitung

Abweichungen zwischen einer vereinbarten Soll-Beschaffenheit eines Bauteils oder Bauwerks und der tatsächlich vorhandenen Qualität der Bauausführung (Ist-Zustand) geben immer wieder Anlass zu Meinungsverschiedenheiten zwischen den am Bau Beteiligten.

Möglicherweise treten Abweichungen bereits während der Ausführung auf. Oftmals sind sie bereits durch falsche Maßangaben in der Planung begründet, durch unvollständige Leistungsbeschreibungen, durch herstellungsbedingte Maßdifferenzen „gleicher" Bauprodukte oder handwerkliche Unzulänglichkeiten. Sie führen oftmals zu Konsequenzen in der Ausführung der Folgegewerke, zu Funktionsstörungen oder zu Beeinträchtigungen des optischen Erscheinungsbildes. Der gewünschte Erfolg wird in manchen Fällen nur durch Nachbesserungsarbeiten erzielt oder auch nicht mehr erreicht. Das nachstehende Schaubild verdeutlicht die Erfordernis von Prüfungen während und nach der Baufertigstellung und zeigt die jeweiligen Konsequenzen aus der Feststellung von Abweichungen.

Bedeutung und Auswirkungen von Prüfungen im Bauablauf

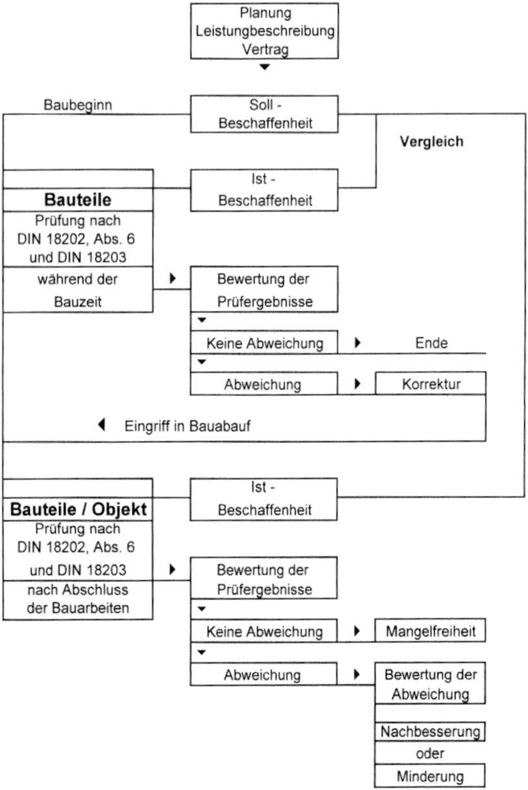

Im Rahmen der Prüfungen sollen die Bauwerksmaße, Ebenheiten von flächenfertigen oder nicht flächenfertigen Oberseiten von Bauteilen und Winkel von horizontalen, vertikalen und geneigten Flächen festgestellt werden. Als Beurteilungsgrundlage dienen die Inhalte der DIN 18202 (Tabellen 1 – 3) und 18203 Teil 1 – 3.

Außerdem sind in den gewerkespezifischen Allgemeinen Technischen Vertragbedingungen der VOB Teil C ergänzende Anforderungen formuliert und / oder es wird auf zusätzlich geltende besondere DIN-Normen oder Fachregeln verwiesen, deren Inhalte für die Herstellung eines mangelfreien Bauwerks zu beachten sind.

In vielen Jahren der Bautradition haben sich die so genannten „allgemein anerkannten Regeln der Technik" entwickelt. Sie umfassen außer in Normen geregelte Ausführungen auch solche, die sich in der handwerklichen Praxis über einen langen Zeitraum bewehrt und von der Mehrheit der Bauausführenden anerkannt werden. Auch die Einhaltung dieser Regeln trägt zum Gelingen der Baumaßnahme (§ 13 VOB/B) bei.

Die Inhalte aus den Normen und sonstigen Regelwerken sind in diesem Handbuch nur in Auszügen und mit dem Schwerpunkt der Festlegung auf Ausführungs- und Materialtoleranzen wiedergegeben. Im Zweifelsfall sollte daher immer der Originaltext der Norm oder das vollständige Regelwerk eingesehen werden.

In der folgenden Übersicht werden wesentliche allgemeine Normen zur Feststellung von Abweichungen (DIN 18202, und DIN 18203 Teil 1 – 3) angegeben, ergänzende DIN-Normen und die Normen der Allgemeinen Technischen Vertragsbedingungen der VOB Teil C genannt.

Normenübersicht

Maßtoleranzen

DIN 18202	Toleranzen im Hochbau, Bauwerke
DIN 18203-1	Toleranzen im Hochbau, Teil 1: Vorgefertigte Teile aus Beton, Stahlbeton und Spannbeton
DIN 18203-2	Toleranzen im Hochbau, Teil 2: Vorgefertigte Teile aus Stahl
DIN 18203-3	Toleranzen im Hochbau, Teil 3: Bauteile aus Holz und Holzwerkstoffen

Verweise in den DIN-Normen

DIN 1052-1	Holzbauwerke; Berechnung und Ausführung
DIN 1052-3	Holzbauwerke; Holztafeln; Berechnung und Ausführung
DIN 4074-1	Sortierung von Holz nach der Tragfähigkeit
DIN 4074-2	Bauholz für Holzbauteile; Gütebedingungen für Baurundholz (Nadelholz)
DIN 4095	Baugrund – Dränung zum Schutz baulicher Anlagen
DIN 4123	Ausschachtungen, Gründungen und Unterfangungen
DIN 4142	Gräben
DIN 4420	Arbeits- und Schutzgerüste

DIN 7168-1	Allgemeintoleranzen; Längen- und Winkelmaße
DIN 7182-1	Toleranzen und Passungen; Grundbegriffe
DIN 8570-1	Freimaßtoleranzen für Schweißkonstruktionen; Längenmaße und Winkel
DIN 8570-3	Freimaßtoleranzen für Schweißkonstruktionen; Form und Lage
DIN 18000	Modulordnung im Bauwesen
DIN 18065	Gebäudetreppen – Hauptmaße
DIN 18168	Deckenbekleidungen und Unterdecken
DIN 18180	Gipskartonplatten
DIN 18500	Betonwerkstein
DIN 18531	Dachabdichtungen – Begriffe, Anforderungen, Planungsgrundsätze
DIN 18540	Abdichtung von Außenwandfugen im Hochbau mit Fugendichtstoffen
DIN 18807-1	Trapezprofile im Hochbau, Stahltrapezprofile; Allgemeine Anforderungen; Ermittlung der Tragfähigkeitswerte durch Berechnung
DIN 18807-1/A1	Trapezprofile im Hochbau, Stahltrapezprofile; Allgemeine Anforderungen; Ermittlung der Tragfähigkeitswerte durch Berechnung, Änderung A1
DIN 68100	Toleranzen für Längen- und Winkelmaße in der Holzbe- und –verarbeitung
DIN 68101	Grundabmaße und Toleranzfelder für Holz und Holzwerkstoffe
DIN 68705-3	Sperrholz; Bau-Furniersperrholz
DIN 68754-1	Harte und mittelharte Holzfaserplatten für das Bauwesen; Holzwerkstoffklasse 20

DIN 68763	Spanplatten; Flachpressplatten für das Bauwesen; Begriffe, Eigenschaften, Prüfung, Überwachung
DIN EN 336	Bauholz für tragende Zwecke
DIN EN 390	Brettschichtholz, Maße, Grenzabmaße
DIN ENISO 13920	Schweißen – Allgemeintoleranzen für Schweißkonstruktionen – Längen- und Winkelmaße; Form und Lage
DIN ISO 2768-1	Allgemeintoleranzen – Teil 1: Toleranzen für Längen- und Winkelmaße ohne einzelne Toleranzeintragung
DIN ISO 2768-2	Allgemeintoleranzen – Teil 2: Toleranzen für Form und Lage ohne einzelne Toleranzeintragung
ISO 1803	Tolerances for building – Vocabulary

Verweise auf ATV DIN-Normen – Allgemeine Technische Vertragsbedingungen für Bauleistungen

VOB/B	Vergabe- und Vertragsordnung für Bauleistungen (VOB) Teil B: Allgemeine Vertragsbedingungen für die Ausführung von Bauleistungen
DIN 18308	Dränarbeiten
DIN 18315	Verkehrswegebauarbeiten, Oberbauschichten ohne Bindemittel
DIN 18316	Verkehrswegebauarbeiten, Oberbauschichten mit hydraulische Bindemitteln
DIN 18317	Verkehrswegebauarbeiten, Oberbauschichten aus Asphalt
DIN 18318	Verkehrswegebauarbeiten, Pflasterdecken, Plattenbeläge, Einfassungen

DIN 18330	Mauerarbeiten
DIN 18331	Betonarbeiten
DIN 18332	Naturwerksteinarbeiten
DIN 18334	Zimmer- und Holzbauarbeiten
DIN 18335	Stahlbauarbeiten
DIN 18336	Abdichtungsarbeiten
DIN 18338	Dachdeckungs- und Dachabdichtungsarbeiten
DIN 18339	Klempnerarbeiten
DIN 18340	Trockenbauarbeiten
DIN 18345	Wärmedämm-Verbundsysteme
DIN 18350	Putz- und Stuckarbeiten
DIN 18352	Fliesen- und Plattenarbeiten
DIN 18353	Estricharbeiten
DIN 18354	Gussasphaltarbeiten
DIN 18355	Tischlerarbeiten
DIN 18356	Parkettarbeiten
DIN 18360	Metallbauarbeiten
DIN 18361	Verglasungsarbeiten
DIN 18363	Maler- und Lackierarbeiten
DIN 18365	Bodenbelagarbeiten
DIN 18366	Tapezierarbeiten
DIN 18367	Holzpflasterarbeiten
DIN 18451	Gerüstarbeiten

Verweise auf weitere DIN-Normen

DIN 280	Teil 1, 2, 5 Parkett
DIN 1045	Tragwerke aus Beton, Stahlbeton und Spannbeton, Teil 1-3
DIN 1053	Mauerwerk, Berechnung und Ausführung

DIN 1986	Entwässerungsanlagen für Gebäude und Grundstücke
DIN 1988	Technische Regeln für Trinkwasserinstallationen
DIN 4072	Gespundete Bretter
DIN 4172	Maßordnung im Hochbau
DIN 18012	Hausanschlussraum
DIN 18013	Nischen für Zählerplätze
DIN 18015-1	Elektrische Anlagen in Wohngebäuden, Planungsgrundlagen
DIN 18015-2	Elektrische Anlagen in Wohngebäuden, Art und Umfang der Mindestausstattung
DIN 18022	Küchen, Bäder und WCs im Wohnungsbau – Planungsgrundlagen
DIN 18024	Barrierefreies Bauen, öffentlich zugängige Gebäude und Arbeitsstätten
DIN 18025	Barrierefreie Wohnungen
DIN 18050	Fensteröffnungen für den Wohnungsbau, Rohbaurichtmaße
DIN 18055	Fenster; Fugendurchlässigkeit; Schlagregendichtheit und mechanische Beanspruchung; Anforderungen und Prüfung
DIN 18100	Wandöffnungen für Türen
DIN 18101	Türen; Türen für den Wohnungsbau; Türblattgrößen, Bandsitz und Schlosssitz; Gegenseitige Abhängigkeit der Maße
DIN 18181	Gipskartonplatten im Hochbau; Grundlagen für die Verarbeitung
DIN 18182	Zubehör für die Verarbeitung von Gipskartonplatten
DIN 18157	Ausführung keramischer Bekleidung im Dünnbettverfahren

DIN 18183	Montagewände aus Gipskartonplatten; Ausführung von Metallständerwänden
DIN 18195	Bauwerksabdichtungen, Teil 1 – 10
DIN 18299	Allgemeine Regelungen für Bauarbeiten jeder Art
DIN 18550	Teil 3: Wärmedämmputzsysteme aus Mörteln mit mineralischen Bindemitteln und expandiertem Polystyrol (EPS) als Zuschlag
DIN 18560-1	Estriche im Bauwesen; Allgemeine Anforderungen
DIN 18515-1	Außenwandbekleidungen – Teil 1: Angemörtelte Fliesen und Platten; Grundsätze für Planung und Ausführung
DIN 18516-3	Außenwandbekleidungen hinterlüftet – Teil 3: Naturwerkstein, Anforderung, Bemessung
DIN 52189	Prüfung von Holz; Bestimmung des Feuchtegehaltes
DIN 68701	Holzpflaster GE
DIN 68702	Holzpflaster RE
DIN EN 1338	Pflastersteine aus Beton
DIN EN 1339	Platten aus Beton
DIN EN 1340	Bordsteine aus Beton
DIN EN 1610	Verlegung und Prüfung von Abwasserleitungen und -kanälen
DIN EN 13964	Ausführung von leichten Deckenbekleidungen und Unterdecken
DIN EN ISO 2808	Bestimmung der Schichtdicke
DIN EN ISO 12944-5	Korrosionsschutz von Stahlbauten durch Beschichtungssysteme

DIN VDE 0100-701
Errichten von Niederspannungsanlagen (Schutzbereiche)

Normen

DIN 18202[1]

Toleranzen im Hochbau – Bauwerke

In der neuen Ausgabe der DIN 18202 (2005-10) wurden die Inhalte der Normen DIN 18201 (1997-04) und DIN 18202 (1997-04) zusammengefasst. Dabei wurden einzelne Formulierungen und Inhalte ersatzlos gestrichen, Begrifflichkeiten neu definiert, zusätzliche Messabstände aufgenommen und Regelungen zu Stützenachsen eingeführt.

Die Normen schaffen die Grundlage für ein einheitliches und verbindliches Prüfschema und legen die zulässigen Toleranzen fest. Die vorgegebenen Grenzwerte sind einzuhalten damit im Bauablauf ein funktionsgerechtes Zusammenfügen von Bauteilen und eine ungestörte Arbeitsabfolge einzelner aufeinander aufbauender Gewerke gewährleistet ist.

Anwendung
Die Inhalte der DIN 18202 gelten für die Herstellung von Bauteilen und die Ausführung von Bauwerken.

Die festgelegten Toleranzen berücksichtigen die übliche handwerkliche Genauigkeit in der Ausführung von Bauleistungen. Die Grenzwerte gelten stets als vereinbart soweit nicht andere Regelungen im Einzelfall objekt- oder bauteilbezogen getroffen werden.

[1] DIN 18202 Toleranzen im Hochbau – Bauwerke, Oktober 2005 „Wiedergegeben mit Erlaubnis des DIN Deutsches Institut für Normung e. V. Maßgebend für das Anwenden der DIN-Norm ist deren Fassung mit dem neuesten Ausgabedatum, die bei der Beuth Verlag GmbH, Burggrafenstr. 6, 10787 Berlin, erhältlich ist."

Sollen besondere Anforderungen und Genauigkeiten für bestimmte Bauteile eingehalten werden, so sind diese bereits in der Planung zu berücksichtigen und in Leistungsverzeichnissen oder Vertragsunterlagen zu vereinbaren.

Lastabhängige Verformungen wie z. B. Deckendurchbiegungen oder zeitabhängige Bauteilverkürzungen infolge Schwinden von Betonbauteilen sind nicht Gegenstand der Normung und gesondert zu berücksichtigen.

Für die Anwendung der DIN 18202 ist die DIN 18000, Modulordnung im Bauwesen, zu berücksichtigen.

Begriffe

Die Begriffsdefinitionen und deren Anwendungen sind nun in der DIN 18202 enthalten und wurden gleichzeitig teilweise neu formuliert.

Der Abschnitt 3 „Begriffe" beinhaltet die für die Anwendung der DIN 18202 notwendigen sprachlichen Definitionen zu einzelnen Maßbezeichnungen und anderen Begrifflichkeiten.

Das in den Ausführungszeichnungen eingetragene Maß wird als **Nennmaß** (Sollmaß) bezeichnet. Es dient der Beschreibung der Länge, Breite und Höhe eines einzelnen Bauteils sowie der Lage von Bauteilen zueinander.

Das vor Ort an einem hergestellten Bauteil oder Bauwerk durch Messung ermittelte Maß wird als **Istmaß** bezeichnet.

Die Differenz zwischen einem festgelegten Nennmaß und einem festgestellten Istmaß stellt grundlegend eine **Maßabweichung** dar, unabhängig einer nachfolgenden Bewertung zu deren Zulässigkeit oder Unzulässigkeit.

Die Begriffe **Mindestmaß** und **Höchstmaß** beschreiben jeweils das für ein Bauteil zulässige kleinste bzw. größte Maß.

Der Maßunterschied zwischen einem zulässigen kleinsten Maß und einem zulässigen größten Maß eines Bauteils wird **Maßtoleranz** genannt.

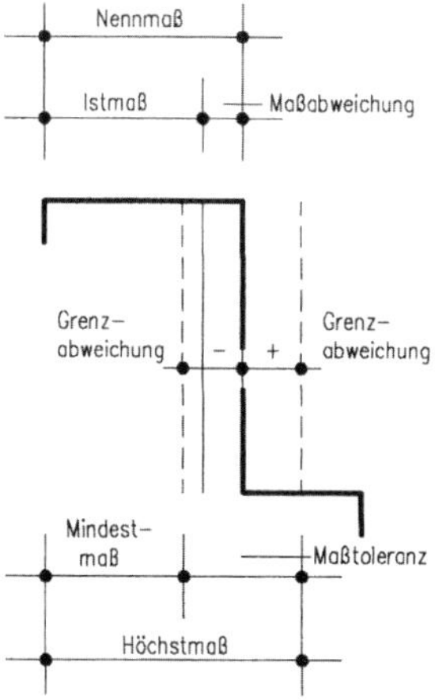

Abbildung Nr. 1: Begriffsdefinitionen (nach DIN 18202, Bild 1)

Für die Ermittlung von Winkel- oder Ebenheitsabweichungen wird die Festlegung einer Bezugslinie erforderlich. Der Abstand eines bestimmten Punktes des zu prüfenden Bauteils zu dieser Bezugslinie wird als **Stichmaß** bezeichnet.

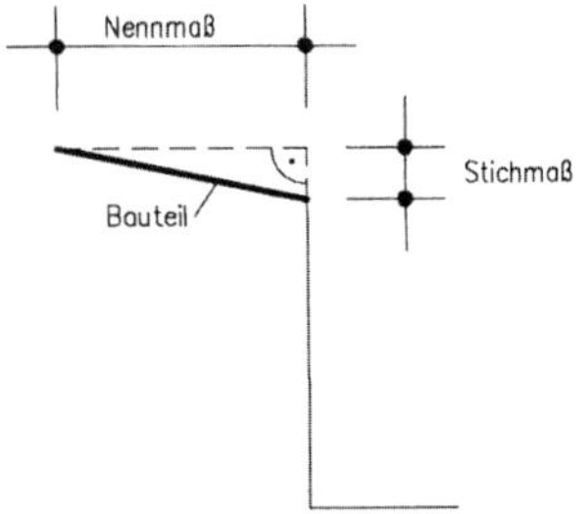

Abbildung Nr. 2: Beispiele für Stichmaße (nach DIN 18202, Bild 2)

Der bisherige Begriff „Istabmaß" als Bezeichnung für die Differenz zwischen dem durch Messung festgestellten Istmaß und dem in Zeichnungen eingetragenen Nennmaß, wurde ersetzt durch den neuen Begriff **„Maßabweichung"**. Die bisher gebräuchlichen Begriffe Nennmaß, Istmaß, Höchstmaß, Mindestmaß, Stichmaß und Maßtoleranz wurden übernommen. Die Begriffe Grenzabmaß, Ebenheitstoleranz und Winkeltoleranz sind nicht mehr in der neuen DIN 18202 enthalten.

Als neue Begriffe wurden mit der DIN 18202 (Ausgabe Oktober 2005) eingeführt:

- Grenzabweichung statt Grenzabmaß
- **Ebenheitsabweichung** statt Ebenheitstoleranz
- **Winkelabweichung** statt Winkeltoleranz

Die **Grenzabweichung** wird beschrieben als die „Differenz zwischen Höchstmaß und Nennmaß oder Mindestmaß und Nennmaß".

Die **Winkelabweichung** ist die „Differenz zwischen Ist- und Nennwinkel, angegeben als Stichmaß bezogen auf ein Nennmaß".

Die **Ebenheitsabweichung** wird definiert als: „Istabweichung einer Fläche von der Ebene, angegeben als Stichmaß bezogen auf einen Messpunktabstand".

Als **Grenzwert für Ebenheitsabweichungen** (Grenzebenheitsabweichung) wird das „Stichmaß als Grenzabweichung von der Ebene" bezeichnet.

Entsprechend sinngemäß bedeutet **Grenzwert für Winkelabweichungen** das „Stichmaß als Grenzabweichung vom Winkel."

Mit der Ausgabe der DIN 18202 (2005-10) wurde außerdem der Begriff „Flucht" neu eingeführt und als Verbindungslinie zwischen zwei Punkten festgelegt.

Eine **Fluchtabweichung** ist definiert als die „Istabweichung eines Punktes von der Flucht, angegeben als Stichmaß bezogen auf ein Nennmaß".

Das Stichmaß als Grenzabweichung von der Flucht beschreibt den **Grenzwert für die Fluchtabweichung.**

Im Abschnitt 4 „Grundsätze" wurde im Zusammenhang mit Toleranzen das modale Hilfsverb „sollte", mit der eher empfehlenden Charakterisierung zu einer Maßnahme, durch eine verbindliche Formulierung ersetzt. Demnach wir nun eindeutig geklärt: „Toleranzen dienen zur Begrenzung der Abweichungen von den Nennmaßen der Größe, Gestalt und der Lage von Bauteilen und Bauwerken." ..... „Die in dieser Norm angegebenen Toleranzen sind anzuwenden."

Soweit keine objektbezognen besonderen Genauigkeiten in Bauzeichnungen, in Leitungsverzeichnissen oder anderen Vertragsunterlagen festgelegt wurden, gelten die angegebenen Toleranzen als vereinbart. Diese genügen den Anforderungen an die Genauigkeit die im Rahmen einer üblichen und sorgfältigen Bauausführung zu erzielen sind. Für erhöhte Anorderungen an die Genauigkeit sind die erforderlichen Maßnahmen besonders zu vereinbaren und dazu notwendigen Kontrollverfahren und Messpunkte rechtzeitig vor Baubeginn festzulegen.

Zu den Grundsätzen gehört auch die Forderung, dass die Toleranzen nach diesen Normen die Grundlagen für Passungsberechnungen darstellen. Dabei sind Maßveränderungen aus zeit- und lastabhängigen Verformungen, auch solche aus Temperatureinflüssen sowie funktionsbedingte

Anforderungen zusätzlich einzubeziehen und zu berücksichtigen.

Neu aufgenommen wurde die Notwendigkeit einer Festlegung von Bezugspunkten vor der Bauausführung zur Überprüfung der Übereinstimmung des Ist-Zustandes mit dem Soll-Zustand.

Messpunktabstände

In der Tabelle 1 „Grenzabweichungen" wurde eine zusätzliche Spalte für einen Messpunktabstand „bis 1,0 m" aufgenommen. Für die einzelnen Bauteile wurden entsprechende neue zulässige Grenzwerte für Abweichungen festgelegt und zugeordnet.

Für die Beurteilung von Grenzabweichungen von Bauteilen mit Nennmaßen über 30 m gilt eine Begrenzung auf bis ca. 60 m Länge. Für Bauteile mit größeren Abmessungen sind besondere Vereinbarungen bezüglich der einzuhaltenden Grenzwerte sowie der anzuwendenden Messverfahren und einzurichtenden Kontrollpunkte usw. erforderlich.

Die Tabelle 2 „Grenzwerte für Winkelabweichungen" wurde um einen kurzen Messpunktabstand „bis 0,5 m" mit einem Grenzwert von ±3 mm für vertikale, horizontale und geneigte Flächen ergänzt.

Die Tabelle 3 „Grenzwerte für Ebenheitsabweichungen" wurde in der DIN 18202 unverändert übernommen.

Die Anmerkung zu den Grenzwerten für Bauteillängen über 30 m gilt hier entsprechend der Regelung zu Grenzabweichungen.

Präzisierungen und neue Inhalte
Der in der DIN 18202 (1997-04) im Zusammenhang mit Ebenheitstoleranzen enthaltene Hinweis auf eine besondere Regelung zur Beurteilung von Absätzen und Höhensprünge zwischen benachbarten Bauteilen wurde dahingehend präzisiert, dass die Tabelle 3 „Grenzwerte für Ebenheitsabweichungen" in diesem Fall keine Anwendung findet. Weiterhin gilt aber die Vorgabe zur Vereinbarung einer gesonderten Regelung für diese Bauteilgrenzlinie.

Grundsätzlich sind Sprünge und Absätze bei flächenfertigen Wänden, Decken, Estrichen und Bodenbelägen zu vermeinden, jedoch ohne Berücksichtigung der baustoffbedingten oder handwerklich gestalteten Oberflächenstruktur.

Außerdem sind stets die für Bauprodukte zulässige Abweichungen zusätzlich zu den Grenzwerten für Ebenheitsabweichungen zu berücksichtigen.

Die Grenzwerte für Ebenheitsabweichungen sind bei Mauerwerk, dessen Dicke gleich einem Steinmaß ist, nur für die bündige Seite anzuwenden. Nach Meinung des Verfassers sollte daher bei Sichtmauerwerk hierzu eine Festlegung (z. B. „Sichtseite") in Bauzeichnungen oder Leistungsbeschreibungen getroffen werden.

Spritzbetonoberflächen sind nicht nach Tabelle 3 zu beurteilen, wenn es sich dabei um „spritzrau belassene" Oberflächen handelt.

Neu enthalten sind Grenzwerte für die zulässigen Fluchtabweichungen bei Stützen.

Im Zusammenhang mit der Prüfung von lichten Maßen im Grundriss und Aufriss und bei Öffnungen wurde die Maßfestlegung für den Messpunktabstand von 10 cm zu Ecken und Kanten bzw. zu Stützenfüßen bzw. -köpfen gelockert. Diese Maßnahme dient dem Ausschluss von eventuell vorhandenen einzelnen Maßabweichungen am Rand eines Bauteils. Diese sind möglicherweise nicht für das gesamte Bauteil charakteristisch und könnten damit das einzelne Messergebnis beeinflussen bzw. die Bewertung verfälschen.

Maßtoleranzen

In der Neufassung der DIN 18202 wurden Grenzabweichungen, Grenzwerte für Winkelabweichungen und Grenzwerte für Ebenheitsabweichungen festgelegt.

Grenzabweichungen – Bauwerksmaße

Grenzabweichungen sind im Abschnitt 5 „Maßtoleranzen“, Ziffer 5.2, der DIN 18202 benannt. Die zulässigen Grenzabweichungen gelten für einzelne Abmessungen (Länge, Breite, Höhe), für Querschnittsmaße und Achs- und Rastermaße von Bauwerken. Die Beurteilung von Abweichungen bei der Herstellung von Öffnungen für Fenster, Türen oder sonstige Einbauteile erfolgt ebenfalls auf der Grundlage dieser Regelung.

Das am Bau ermittelte Istmaß eines Bauteils ist entsprechend der Zuordnung in der Tabelle 1 der DIN für abgestufte Nennmaße im Grund- und Aufriss, für lichte Maße im Grund- und Aufriss sowie für Öffnungen einzuordnen und mit der Angabe der zulässigen Grenzabweichung zu vergleichen.

Bei der Bewertung von Messergebnissen ist zu beachten, dass durch das Ausnutzen der Grenzabweichungen bzw. von Höchst- und Mindestmaßen, die Grenzwerte für Winkelabweichungen nicht überschritten werden. Dies gilt umgekehrt auch für die Ausnutzung der Grenzwerte für die Winkelabweichungen. In diesem Fall darf das Mindest- bzw. Höchstmaß nicht unter- bzw. überschritten werden.

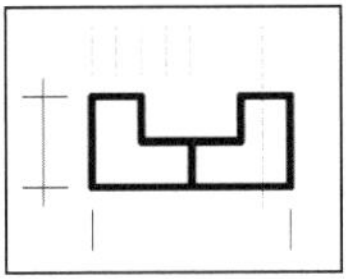

Maße im Grundriss (nach Tabelle 1, Zeile 1)
Die durch Messung an der Deckenoberfläche ermittelten Werte gelten für jedes einzelne Nennmaß und sind ein-

zuhalten. Die Werte für Nennmaße über 30 m können für Bauteillängen bis circa 60 m als geeignet eingestuft werden. Für größere Abmessungen sollten zusätzliche Regelungen zum Messverfahren oder zur Genauigkeitsstufe getroffen werden.

Nennmaß		Grenzabweichung
• bis 1 m	→	±10 mm
• über 1 m bis 3 m	→	±12 mm
• über 3 m bis 6 m	→	±16 mm
• über 6 m bis 15 m	→	±20 mm
• über 15 m bis 30 m	→	±24 mm
• über 30 m	→	±30 mm

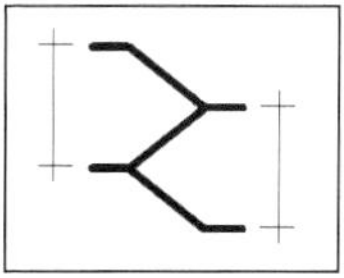

Maße im Aufriss (nach Tabelle 1, Zeile 2)
Die durch Messung ermittelten Werte an markanten Stellen des Gebäudes für einzelne Geschosshöhen, Vorsprünge an Wänden, oder Podesthöhen dürfen für jedes Nennmaß in m bis zu den nachstehend genannten Grenzwerten in mm abweichen. Die Werte für Nennmaße über 30 m können für Bauteillängen bis circa 60 m als geeignet eingestuft werden. Für größere Abmessungen sollten zusätzliche Regelugen zum Messverfahren oder zur Genauigkeitsstufe getroffen werden.

- bis 1 m → ±10 mm
- über 1 m bis 3 m → ±16 mm

- über 3 m bis 6 m → ±16 mm
- über 6 m bis 15 m → ±20 mm
- über 15 m bis 30 m → ±30 mm
- über 30 m → ±30 mm

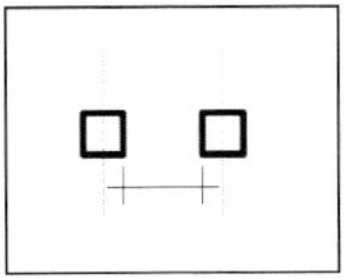

Lichte Maße im Grundriss (nach Tabelle 1, Zeile 3)
Für lichte Maße im Grundriss sind in der Tabelle 1 der DIN 18202 Grenzabweichungen nur für Nennmaße bis 30 m erfasst.
Zwischen Stützen, Wandvorlagen oder Pfeilern dürfen die durch Messung festgestellten Istmaße von den Nennmaßen um die nachstehend genannten Grenzabweichungen differieren. Die Messpunkte an Wänden und Stützen sollen dabei jeweils mit einem Abstand von ungefähr 10 cm zur Wand bzw. Fußboden und Decke eingerichtet werden (weiteres siehe Prüfung nach DIN 18202).

- bis 1 m → ±12 mm
- über 1 m bis 3 m → ±16 mm
- über 3 m bis 6 m → ±20 mm
- über 6 m bis 15 m → ±24 mm
- über 15 m bis 30 m → ±30 mm

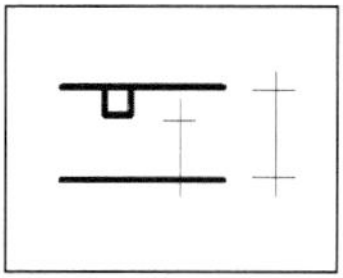

Lichte Maße im Aufriss (nach Tabelle 1, Zeile 4)
Für lichte Maße im Aufriss sind zulässige Grenzabweichungen nur bis zu maximalen Höhen von 15 m in der Tabelle 1, Zeile 4 der DIN 18202 festgelegt. Messungen der lichten Höhen unter Decken oder Unterzügen sind an mindestens 2 Stellen je Wandseite durchzuführen. Die Messpunkte an Boden und Decken sollen dabei jeweils mit einem Abstand von ungefähr 10 cm zur Wand eingerichtet werden (weiteres siehe Prüfung nach DIN 18202).

Für die Nennmaße in m gelten als zulässige Werte für die Grenzabweichungen in mm:

- bis 1 m → ±16 mm
- über 1 m bis 3 m → ±20 mm
- über 3 m bis 6 m → ±20 mm
- über 6 m bis 15 m → ±30 mm

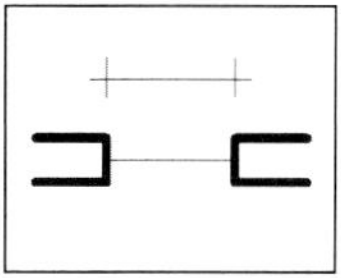

Öffnungen (nach Tabelle 1, Zeile 5)
Für Bauteilöffnungen für den Einbau von Fenstern, Türen oder anderen Einbauelementen wie z.B. Wandhydanten oder Verteilerkästen gelten die folgenden Höchstwerte der Grenzabweichungen für die entsprechenden Nennmaße

- bis 1 m → ±10 mm
- über 1 m bis 3 m → ±12 mm
- über 3 m bis 6 m → ±16 mm

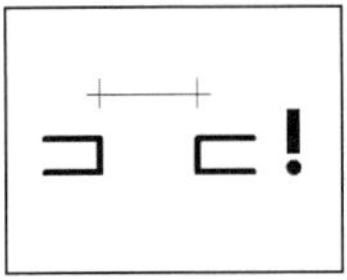

Öffnungen mit oberflächenfertigen Leibungen (nach Tabelle 1, Zeile 6)

• bis 1 m	→	±8 mm
• über 1 m bis 3 m	→	±10 mm
• über 3 m bis 6 m	→	±12 mm

Winkelabweichungen

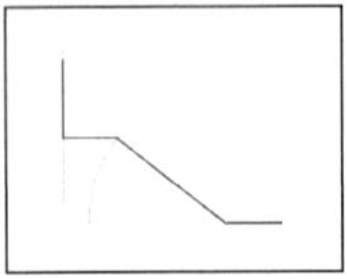

Die **Grenzwerte für Winkelabweichungen** sind im Abschnitt 5 „Maßtoleranzen", Ziffer 5.3 der DIN 18202 festgelegt.

Nennmaß		Stichmaß
• bis 0,5m	→	±3 mm
• über 0,5 m bis 1 m	→	±6 mm
• über 1 m bis 3 m	→	±8 mm
• über 3 m bis 6 m	→	±12 mm
• über 6 m bis 15 m	→	±16 mm
• über 15 m bis 30 m	→	±20 mm
• über 30 m	→	±30 mm

Stichmaße für **Winkelabweichungen** werden an vertikalen, horizontalen und geneigten Flächen ermittelt. Die Grenzwerte für Winkelabweichungen gelten auch für die Bewertung von Öffnungen in den vorgenannten Flächen, z. B. an Tür- und Fensteröffnungen sowie Treppenöffnungen in Decken. Durch die zulässigen maximalen Winkelabweichungen dürfen die Grenzwerte für Grenzabweichungen des Bauwerks nicht überschritten werden.

Ebenheitsabweichungen

Die **Grenzwerte für Ebenheitsabweichungen** sind im Abschnitt 5 „Maßtoleranzen", Ziffer 5.4 der DIN 18202 festgelegt.

Eine Beurteilung der Ebenheit von Bauteilen bzw. Flächen kann mit den in der Tabelle 3 angegebenen Werten für Deckenober- und Unterseiten, Estriche, Bodenbeläge und Wände unabhängig von ihrer Lage erfolgen.

Nach dieser Tabelle werden an Flächen abhängig von deren Fertigungsgrad und die vorgesehene weitere Oberflächenbearbeitung oder Nutzung unterschiedliche Anforderungen an die Ebenheit gestellt.

Für verschiedene Messpunktabstände sind zugeordnete Stichmaße als Grenzwerte für eine zulässige Abweichung von der Ebenheit eines Bauteils festgelegt.

Die Tabelle wurde aus der DIN 18202 (Ausgabe 1997-04) unverändert übernommen, ebenso die Hinweise auf die Vermeidung von Sprüngen und Absätzen bei flächenfertigen Wänden, Decken, Estrichen und Bodenbelägen. Die Einhaltung von erhöhten Anforderungen ist weiterhin auch nach der neuen DIN 18202, Punkt 5.4, gesondert zu vereinbaren.

Gelten für einzelne Baustoffe zulässige Abweichungen z. B. für Wölbungen von Fliesen und Platten, sind diese zusätzlich zu den Ebenheitsabweichungen nach Tabelle 3 zu berücksichtigen.

Für die Beurteilung der Oberseiten von Decken, Estrichen und Fußböden können Zwischenwerte aus einer graphischen Darstellung nach Bild 4 der DIN 18202 abgelesen werden.

Für Wandflächen und Unterseiten von Decken enthält die DIN 18202 im Bild 5 ein Diagramm zur zeichnerischen Ermittlung des Grenzwertes für Ebenheitsabweichungen bei Zwischenwerten zu den in der Tabelle 3 und den im Folgenden genannten runden Stichmaßen.

Als Grenzwert gilt das Stichmaß für den zugeordneten Messpunktabstand für:

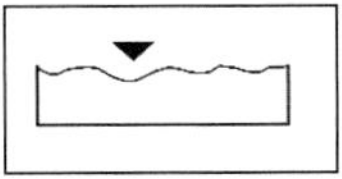

Nichtflächenfertige Oberseiten von Decken, Unterbeton und Unterböden (nach Tabelle 3, Zeile 1)

Messpunktabstand		Stichmaß
• bis 0,1 m	→	10 mm
• bis 1 m	→	15 mm
• bis 4 m	→	20 mm
• bis 10 m	→	25 mm
• bis 15 m	→	30 mm

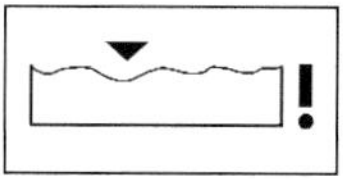

Nichtflächenfertige Oberseiten von Decken, Unterbeton und Unterböden mit **erhöhten Anforderungen** (nach Tabelle 3, Zeile 2). Dies sind z. B. die Aufnahme von schwimmenden Estrichen, Industrieböden, Fliesen- und Plattenbeläge und Verbundestriche. Fertige Oberflächen für untergeordnete Zwecke z. B. in Lager- und Kellerräumen werden ebenfalls nach diesen Stichmaßobergrenzen bewertet.

• bis 0,1 m	→	5 mm
• bis 1 m	→	8 mm
• bis 4 m	→	12 mm
• bis 10 m	→	15 mm
• bis 15 m	→	20 mm

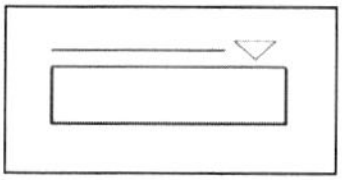

Flächenfertige Böden, in Form von gespachtelten und geklebten Belägen, Bodenbelägen, Fliesenbeläge sowie Estriche als Nutzestriche oder Estriche zur Aufnahme von Bodenbelägen, nach Tabelle 3, Zeile 3.

- bis 0,1 m → 2 mm
- bis 1 m → 4 mm
- bis 4 m → 10 mm
- bis 10 m → 12 mm
- bis 15 m → 15 mm

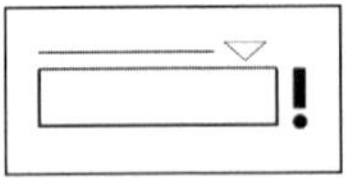

Flächenfertige Böden mit erhöhten Anforderungen (nach Tabelle 3, Zeile 4)

- bis 0,1 m → 1 mm
- bis 1 m → 3 mm
- bis 4 m → 9 mm
- bis 10 m → 12 mm
- bis 15 m → 15 mm

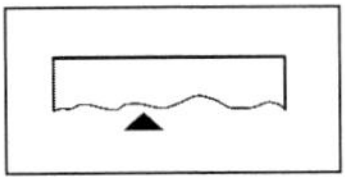

Nichtflächenfertige Wände und Unterseiten von Rohdecken (nach Tabelle 3, Zeile 5)

- bis 0,1 m → 5 mm
- bis 1 m → 10 mm
- bis 4 m → 15 mm
- bis 10 m → 25 mm
- bis 15 m → 30 mm

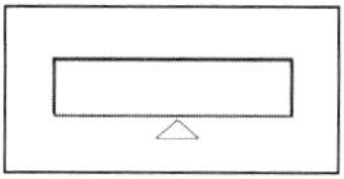

Flächenfertige Wände und Unterseiten von Decken (nach Tabelle 3, Zeile 6)

- bis 0,1 m → 3 mm
- bis 1 m → 5 mm
- bis 4 m → 10 mm
- bis 10 m → 20 mm
- bis 15 m → 25 mm

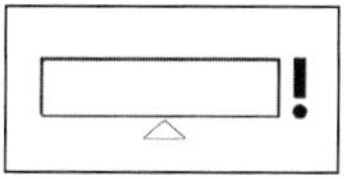

Flächenfertige Wände und Unterseiten von Decken mit erhöhten Anforderungen (nach Tabelle 3, Zeile 7)

- bis 0,1 m → 2 mm
- bis 1 m → 3 mm
- bis 4 m → 8 mm
- bis 10 m → 15 mm
- bis 15 m → 20 mm

Fluchtabweichungen bei Stützen

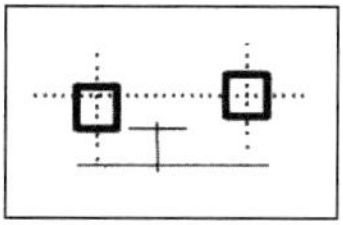

Die **Grenzwerte für Fluchtabweichungen** sind im Abschnitt 5 „Maßtoleranzen“, Ziffer 5.5 der DIN 18202 festgelegt. Für die Prüfung sind die Einrichtung einer um 10 cm zur Stutenaußenante abgesetzten horizontalen Verbindungslinie erforderlich. Der horizontale Achsabstand von drei Stützen bzw. zwei Stützenachsen wird als Nennmaß für den Messpunktabstand festgelegt. Das an der mittleren Stütze ermittelte Stichmaß der Ist-Lage zur abgesetzten Verbindungslinie ist als Grenzwert nach der Tabelle 4 der DIN 18202 zu bewerten. Als Grenzwerte für zulässige Abweichungen von der Flucht sind nachstehende Stichmaße festgelegt:

Messpunktabstand		Stichmaß
• bis 3 m	→	8 mm
• von 3 bis 6 m	→	12 mm
• über 6 bis 15 m	→	16 mm
• über 15 bis 30 m	→	20 mm
• über 30 m	→	30 mm

Prüfung
In der Überarbeitung der DIN wurde der Abschnitt 6, „Prüfung“, um allgemeine Erläuterungen ergänzt. Demzufolge ist die Einhaltung von Toleranzen nur dann zu prüfen, wenn dies erforderlich ist. Um Einflüsse aus zeit- und lastabhängigen Verformungen weitgehend auszuschließen sind die Prüfungen so früh wie möglich, spätestens jedoch bei der Übernahme von Bauteilen durch Folgeunternehmer durchzuführen. Die Baufertigstellung stellt den spätest möglichen Zeitpunkt für eine Prüfung von Toleranzen dar. Für das anzuwendende Messverfahren wird dem Prüfer die Wahlmöglichkeit eines geeigneten Messverfahrens überlassen. Bei der abschließenden Beurteilung ist die mit dem Messverfahren verbundene Messunsicherheit aus optischer Ablesung einer Messskala oder technischer Geräteeinstellung zu berücksichtigen und anzugeben.

Grenzabweichungen für Maße und Grenzwerte für Winkelabweichungen
Die Ermittlung von Maßen für Grenzabweichungen nach Tabelle 1 der DIN 18202 erfolgt nach folgenden Messregeln:

Für Zeile 1 der Tabelle bilden die Gebäudeecken und Achsschnittpunkte eines Bauwerks die Messpunkte für die Ermittlung von **Maßen im Grundriss**. Die Maße sind zwischen den Gebäudeecken und / oder den Achsschnittpunkten an der Deckenoberfläche aufzunehmen.

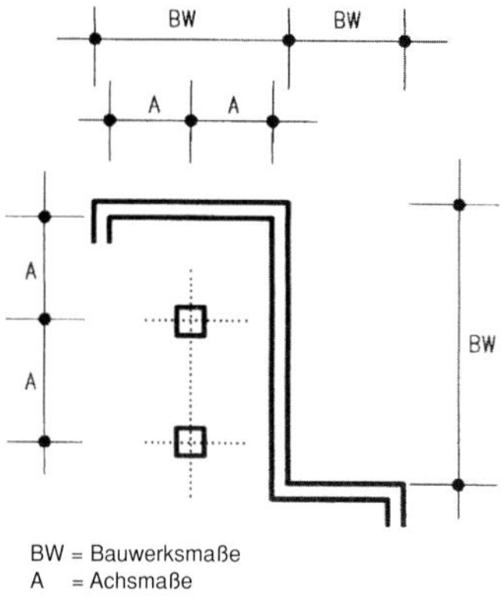

Abbildung Nr. 3: Bezugspunkte für Bauwerks- und Achsmaße (nach DIN 18202, Bild 6)

Maße im Aufriss für den Abgleich mit den Angaben nach Zeile 2 der Tabelle werden an übereinander liegenden Messpunkten an markanten Stellen eines Bauwerks ermittelt.

Lichte Maße im Grundriss für Zeile 3 sind jeweils mit einem Abstand von etwa 10 cm von den Ecken entfernt zu nehmen. Die Messungen sind mit einem Abstand von etwa 10 cm zur Decken- bzw. zur Fußbodenoberfläche durchzuführen. Nicht rechtwinklige Räume sind durch Messung an einer Messlinie senkrecht zu einer Bezugslinie zu prüfen.

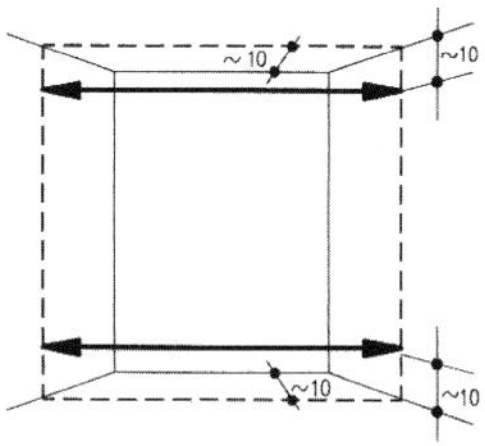

Abbildung Nr. 4: Messpunkte zur Prüfung einer Breite (nach DIN 18202, Bild 7)

Lichte Maße im Aufriss werden in einem Abstand von etwa 10 cm aus den Ecken ermittelt. Bei der Prüfung von Winkeln sind die gleichen Messpunkte heranzuziehen. Für nicht lotrechte Wände oder Stützen ist eine Messlinie senkrecht zu einer Bezugslinie anzuordnen. Für ein Aufmaß des Raumes sind an jeder Wandseite an zwei Stellen mit einem Abstand von etwa 10 cm vor der Wand entsprechenden Messpunkte mit etwa 10 cm Abstand zu den Boden- und Deckenflächen einzurichten.

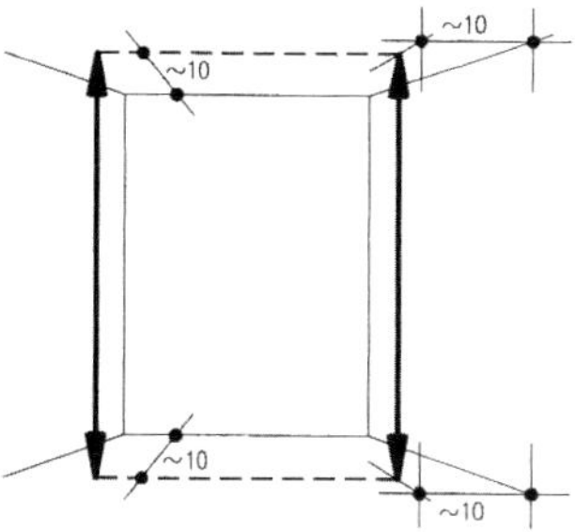

Abbildung Nr. 5: Messpunkte zur Prüfung einer Höhe (nach DIN 18202, Bild 8)

An Unterzügen sind die lichten Höhen an beiden Kanten mit einem Abstand von etwa 10 cm zu den Auflagerkanten zu ermitteln. Die Ermittlung der **Maße von Öffnungen** erfolgt sinngemäß zu den Festlegungen für lichte Maße im Grundriss bzw. im Aufriss.

Ebenheitsabweichungen
Eine Überprüfung der Ebenheit einer Fläche kann stichprobenartig durch Einzelmessungen oder durch das Messen von Abständen zu einer Bezugsfläche mit darin rasterförmig angeordneten Messpunkten erfolgen. Die Lage des Rasters ist mit Bezug auf die überprüfte Fläche einzumessen.

Für die Ermittlung der Stichmaße wird eine Richtlatte auf die Hochpunkte aufgelegt und die Messung an den jeweils tiefsten Stellen mit einem Messkeil vorgenommen

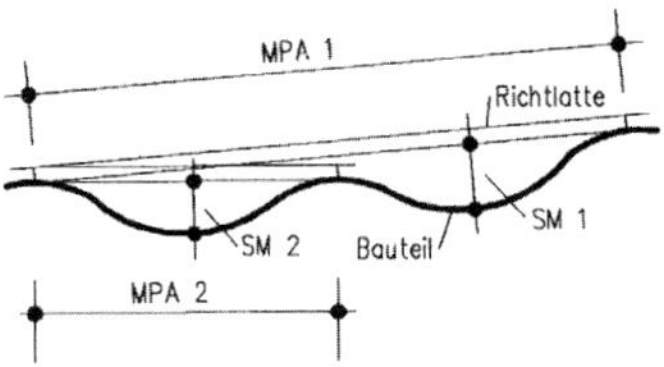

SM = Stichmaß
MPA = Messpunktabstand

Abbildung Nr. 6: Lage des Stichmaßes und Messpunktabstand (nach DIN 18202, Bild 9)

Erfolgt die Ermittlung der Ebenheitsabweichung durch ein Flächennivellement, so wird die Fläche durch ein Raster, abgestimmt auf die Erfordernisse der Oberflächengestaltung und die sonstigen Gegebenheiten der zu überprüfenden Fläche, eingeteilt. Die Messungen erfolgen an den Schnittpunkten der Rasterlinien und werden bezogen auf einzelne Streckenabschnitte ausgewertet.

Fluchten von Stützen
Für die Überprüfung der Lage von Stützen in der Flucht kann die Verbindungslinie zwischen den Endstützen am Stützenfuß oder am Stützenkopf angelegt werden. Für die Verbindungslinie ist ein seitlicher Abstand von etwa 10 cm zu Stützenfuß oder Stützenkopf einzuhalten. Die Ermittlung des Stichmaßes erfolgt zwischen der Verbindungslinie und der Vorderkante der Stütze in der Stützenachse.
Für die Beurteilung der Messergebnisse ist eine Einordnung der Stichmaße in die Tabelle 4 der DIN 18202 und eine Zuordnung des jeweiligen Messpunktabstandes erforderlich.

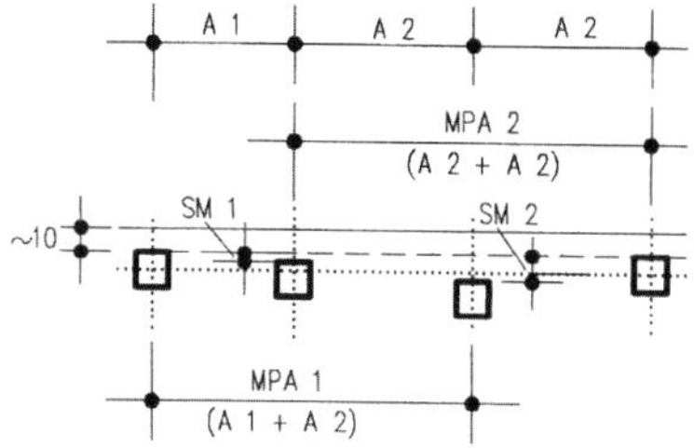

A = Achsabstand
SM = Stichmaß
MPA = Messpunktabstand

Abbildung Nr. 7: Stützen in der Flucht, Messpunktabstände und Stichmaße (nach DIN 18202, Bild 11)

Vermessungstechnische Bezugsysteme
Maßabweichungen für Bauwerksmaße können über die Anlage eines vermessungstechnischen Bezugssystems geprüft bzw. dokumentiert werden. Für die Festlegung des Bezugsystems nach Lage und Höhe ist die Einrichtung eines absoluten Ausgangspunktes (Nullpunkt) im Grundriss und für die Höhe erforderlich. Dieser Punkt sollte außerhalb des Koordinatensystems des Gebäudes liegen um Auswirkungen von vermessungstechnischen Abweichungen auf das Koordinatensystem des Gebäudes zu vermeiden. Die Lage ist so zu wählen das der Punkt auch nach der Fertigstellung des Gebäudes erhalten bleibt und gesichert werden kann. Durch die Festlegung eines zweiten Vermessungspunktes wird eine Orientierung innerhalb des Systems ermöglicht. Auch dieser Punkt sollte außerhalb des Gebäudes, zweckmäßigerweise auf einer durch den Ausgangspunkt verlaufenden Bezugslinie des Vermessungssystems liegen.

DIN 18203

Teil 1 – 3 Toleranzen im Hochbau für vorgefertigte Bauteile

DIN 18203 Teil 1	Toleranzen im Hochbau – Vorgefertigte Teile aus Beton, Stahlbeton und Spannbeton
DIN 18203 Teil 2	Toleranzen im Hochbau – Vorgefertigte Teile aus Stahl
DIN 18203 Teil 3	Toleranzen im Hochbau – Bauteile aus Holz und Holzwerkstoffen

Allgemeines:

Die Normen

DIN18203-1 (Ausgabe 1997-04) Toleranzen im Hochbau, Teil 1; Vorgefertigte Teile aus Beton, Stahlbeton, und Spannbeton,

DIN 18203-2 (Ausgabe 1986-05) Toleranzen im Hochbau – Vorgefertigte Teile aus Stahl

DIN 18203-3 (Ausgabe 1984) Toleranzen im Hochbau, Teil 3; Bauteile aus Holz und Holzwerkstoffen

wurden im Zusammenhang mit der Überarbeitung der DIN 18202 (Ausgabe 2005-10) nicht verändert und sind weiterhin in den oben genannten Fassungen gültig. Die entsprechenden textlichen Querverweise auf die DIN 18201 sind sinngemäß auf die aktuelle DIN 18202 anzuwenden.

Die in den Allgemeinen Technischen Vertragsbedingungen der VOB getroffenen Aussagen zur Zulässigkeit von Abweichungen innerhalb der Grenzen nach DIN 18201 und 18202 sind ebenfalls auf die neuen Angaben in der Norm umzusetzen.

Für die Anwendung der DIN 18202 und DIN 18203-1 bis 18203-3 ist die DIN 18000, „Modulordnung im Bauwesen“ zu berücksichtigen.

DIN 18203-1
Die in der DIN 18203-1 im Abschnitt 3 enthaltenen Werte der Tabellen 1 – 3, „Grenzabmaße für Längen- und Breitenmaße“, „Querschnittsmaße und Winkeltoleranzen“, sind in diesem Handbuch in dem Abschnitt der gewerkespezifischen Maßtoleranzen wiedergegeben.

DIN 18203-2
Toleranzen im Hochbau – Vorgefertigte Teile aus Stahl

Für die DIN 18203-2 liegt seit November 2004 ein neuer Entwurf vor. In diesem Normenentwurf wurden die Anpassungen an die Begriffe der DIN 18202 (2005-10) vorgenommen und die Nennmaßbereiche neu eingeteilt. Die Bereiche „über 12000 bis 16000“ und „über 16000“ wurden auf „über 12000“ zusammengefasst. Gleichzeitig wurden die zulässigen Werte für Grenzabweichungen erhöht.

Tabelle 1 – Grenzwabweichungen in mm bei Nennmaßen in mm

bis 2 000	über 2 000 bis 4 000	über 4 000 bis 8 000	über 8 000 bis 12 000	über 12 000
± 2	± 4	± 5	± 6	± 8

Die genannten Grenzwerte gelten für Stützen, Träger, Binder und Tafeln von Wänden, Decken und Dächer soweit es sich um vorgefertigte Bauteile handelt.
Die Grenzwerte sind auf alle Einzelmaße der Bauteile anzuwenden, sie gelten für Längen, Breiten, Höhen und Diagonalen sowie für Bauteilquerschnittsmaße.

Für die Prüfung sind die Regelungen der DIN 18202 anzuwenden.

Im Entwurf wird ausdrücklich darauf hingewiesen, dass die Norm nicht für Tore, Türen und Zargen gilt. Auch Toleranzen von gewalzten Stahlprofilen und großflächigen Bauelementen die im Rollformverfahren hergestellt wurden sind von den Grenzwertfestlegungen ausgenommen.

Weil der Normenentwurf von den gültigen Regelungen der DIN 18203-2 (Ausgabe 1986) abweicht bedarf es im Anwendungsfall einer besonderen Vereinbarung zwischen den Vertragsparteien.

DIN 18203-3

Angaben zu Grenzabmaßen (Grenzabweichungen) für die in der DIN 18203-3 im Abschnitt 3 genannten Bauteile aus Holz sind im Gewerk „Zimmer- und Holzbauarbeiten" dargestellt.

Normen, Fachregeln, Richtlinien

Im Zuge der Erstellung eines Bauwerks sind durch alle Beteiligten in allen Bauphasen eine Vielzahl von Bestimmungen, Normen, Richtlinien und Gesetze zu berücksichtigen.

Zu diesen Rahmenbedingungen gehören:

- Bauordnungsrechtliche Bestimmungen
- „Schutznormen“ (z. B. Wärmeschutz, Schallschutz, Brandschutz)
- DIN-Normen als Planungsgrundlagen und Ausführungsbestimmungen
- Inhalte der Vergabe- und Vertragsordnung für Bauleistungen (VOB)
- Vorgaben aus den allgemeinen bauaufsichtlichen Zulassungen von Bauprodukten
- Fachregeln und Richtlinien des Handwerks
- Merkblätter von Fachverbänden
- Technische Ausführungsbestimmungen und Verarbeitungsrichtlinien zu Baustoffen

- Verordnungen, z. B. Energieeinsparverordnung, Arbeitsstättenverordnung
- Vorschriften von Berufsgenossenschaften

In allen Fällen ist dabei zunächst bereits in der Planungsphase die Auswahl von geeigneten Materialien und deren typischen „positven" Eigenschaften für eine funktionsgerechte und kostengünstige Lösung der Bauaufgabe von großer Bedeutung. Beispielhaft sei dazu der Einsatz von Beton als tragendes und „abdichtendes" Bauteil oder die Verwendung von Stahl zur Herstellung filigraner Tragwerke, wenn diese sichtbar und ästhetisch gestaltet werden sollen, genannt.

Für alle eingesetzten Baustoffe und die hergestellten Bauteile gilt es im gesamten Planungs- und Bauablauf geeignete „Nahtstellen" vorzusehen, um im Roh- und Ausbau ein Zusammenfügen ohne Anpass- und Nacharbeiten zu ermöglichen.

Das gelingt immer dann, wenn bereits in der Planung wesentliche „Grundregeln" beachtet werden. Dazu zählt die Berücksichtigung von technischen Vorgaben aus den DIN-Normen zu Baustoffen und deren fachgerechte Verarbeitung oder Einbau, aus der VOB und aus den Richtlinien und Fachregeln des Handwerks. Außerdem stellt die Einplanung von Toleranzen i. S. d. DIN 18202 und 18203 ebenfalls eine Grundvoraussetzung für eine einwandfreie Bauleistung dar.

In diesem Zusammenhang ist auch die Beachtung der „allgemein anerkannten Regeln der Technik" als grundlegender

Beitrag zur Herstellung eines mangelfreien Bauwerks von hohem Stellenwert. Die Einhaltung von DIN-Normen allein kann dies nicht garantieren. Oftmals stehen die Inhalte von DIN-Normen gegenüber den aktuellen Erwartungshaltungen und Ansprüchen zurück und erfüllen nicht automatisch den Anspruch, als anerkannte Regeln der Technik zu gelten. Als Beispiel mag dazu die DIN 4109 „Schallschutz im Hochbau" dienen.

Die **„allgemein anerkannten Regeln der Technik"** sind bestimmt durch:

- Inhalte aus gültigen DIN-Normen, Fachregeln u. Ä.
- Ausführungsmethoden, die sich in der handwerklichen Praxis bewehrt haben
- Anerkennung der Notwendigkeit und Richtigkeit dieser Regelungen durch die Mehrzahl der fachlich qualifizierten Bauschaffenden
- Bewehrung dieser Arbeitsweisen über ein längeren Zeitraum

Ferner sind die geregelten herstellungsbedingten Maßabweichungen von Baustoffen, Veränderungen der Bauteile durch Schwinden und Kriechen, Durchbiegungen infolge Belastung, temperatur- und feuchtigkeitsbedingte Verformungen und handwerkliche Ungenauigkeiten bei der Ausführung zu berücksichtigen.

„Toleranzen sind nur dann zu prüfen wenn es erforderlich ist" so regelt es die DIN 18202 „Toleranzen im Hochbau – Bauwerke".

Die in dem gewerkespezifischen Teil des Handbuchs genannten Grenzwerte zu Abweichungen der Bauwerksmaße, von Ebenheiten und Winkeln wurden um Hinweise auf Basisdaten aus den „Allgemeinen Technischen Vertragsbedingungen für Bauleistungen (ATV)“ der VOB Teil C sowie auszugsweise aus anderen Regelwerken oder Richtlinien ergänzt.

Die dazu getroffene Auswahl basiert auf der Einschätzung der Autoren, die dargestellten Inhalte des Handbuchs praxisbezogen für Planungs- und Ausschreibungsleistungen sowie für eine Prüfung im Rahmen der Bauleitung und bei der Durchführung von Abnahmen einsetzen zu können.

Gewerkespezifische Maßtoleranzen und Maßangaben

Abdichtungs-arbeiten

Die Anforderungen an Abdichtungsarbeiten sind im Wesentlichen in der Vergabe- und Vertragsordnung für Bauleistungen (VOB) Teil C in den Allgemeinen Technischen Vertragsbedingungen für Bauleistungen (ATV) in der DIN 18336 beschrieben. Im Folgenden werden die Inhalte der ATV und / oder der ergänzenden Regelungen auszugsweise unter dem Gesichtspunkt von Ausführungstoleranzen und Materialmindestdicken oder Abmessungen dargestellt.

Normen:	DIN 18336	Abdichtungsarbeiten
	DIN 18195	Bauwerksabdichtung Teil 1 – 10

Allgemeines: Die DIN-Norm 18202 enthält keine Angaben zu Toleranzen für Abdichtungsarbeiten.

Spezifische Ergänzungen:

- Untergrund / Bauwerk
- Trennschichten und Schutzlagen
- Abdichtungsstoffe, Verarbeitung und Fügetechnik
- Beanspruchungsgrad – Abdichtungsstoffe – Lagen
- Ausschlusshöhen, Fugen, Durchdringungen

- Schutzschichten
- Lage des Untergrundes benötigt erhöhte Maßgenauigkeit
- Beurteilung der Flächenfertigkeit

Spezifische Ergänzungen

Die Leistungen für Abdichtungsarbeiten sind in der VOB/C und DIN 18195 bauteilbezogen und abgestimmt auf den Grad der Beanspruchung (Lastfall) sowie die Wasserangriffsrichtung auf das Bauteil beschrieben. Angaben zu erforderlichen Materialdicken, der Anzahl der Abdichtungslagen, Angaben zu Fugenanordnungen und Befestigungsabstände u. a. m. sind stets abhängig von dem für die Abdichtung eingesetzten Material.

Außer den Anforderungen an die Materialdicken und die Anzahl von Abdichtungslagen sind in der DIN 18195 (Teil 2) auch die Dicken für Trenn- und Schutzlagen festgelegt.

An den Abdichtungsuntergrund sind Anforderungen in Bezug auf die Zulässigkeit von Vertiefungen und die Ebenheit, z. B. bei Mauerwerkswänden, in der DIN 18195, Teil 3 genannt.

Bestimmend für die erforderlichen Materialdicken, die Anzahl der notwendigen Abdichtungslagen und evtl. von zusätzlichen Sicherungs- und Schutzmaßnahmen sind stets die am Objekt vorhandenen Wasserarten (u. a. der Bemessungswasserstand, die Eintauchtiefe) und die angrenzenden Bodenarten.

Hinweise auf die Toleranzen nach DIN 18202 werden in den Allgemeinen Technischen Vertragsbedingungen nicht gegeben.

Untergrund / Bauwerk
Ausbrüche und Vertiefungen in den abzudichtenden Bauteiloberflächen sind nur bis zu einer Vertiefung von 5 mm zulässig. Bei bauteilumschließenden Abdichtungen sollen Kanten gefast und Kehlen gerundet sein. Offene Stoßfugen bis 5 mm Breite sind im Zuge der Untergrundvorbehandlung dann zu verschließen, wenn durch die Abdichtungsstoffe eine Überbrückung nicht sichergestellt ist.

Bei Abdichtungen gegen nicht drückendes Wasser dürfen Risse im Abdichtungsuntergrund zum Entstehungszeitpunkt nicht größer als 0,5 mm sein. Eine Rissaufweitung muss auf maximal 2 mm konstruktiv begrenzt sein. Ein Versatz der Risskanten muss auf 1 mm beschränkt sein. Die eingesetzten Abdichtungsstoffe müssen diese Risse überbrücken können. Für Abdichtungen mit kunststoffmodifizierten Dickbeschichtung ist die Rissweite auf 1 mm zu beschränken, der Risskantenversatz darf höchsten 0,5 mm betragen.

Bei der Ausführung von Abdichtungen im Verbund mit Bekleidungen und Belägen aus Fliesen und Platten in Innenbereichen ist für die Lage des Untergrundes eine erhöhte Maßgenauigkeit gefordert. Siehe hierzu auch Fliesen- und Plattenarbeiten.

Die Beurteilung der Flächenfertigkeit erfolgt dann nach DIN 18202, Tabelle 3:

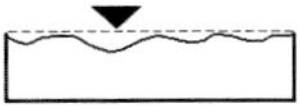

Messpunktabstände in m, Grenzwerte in mm

m	0,1	1[1)]	4[1)]	10[1)]	15[1)2)]
mm	10	15	20	25	30

Nichtflächenfertige Oberseiten von Decken, Unterbeton und Unterböden.

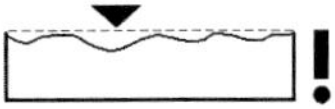

Messpunktabstände in m, Grenzwerte in mm

m	0,1	1[1)]	4[1)]	10[1)]	15[1)2)]
mm	5	8	12	15	20

Nichtflächenfertige Oberseiten von Decken, Unterbeton und Unterböden mit **erhöhten Anforderungen.**
Fertige Oberflächen für untergeordnete Zwecke.

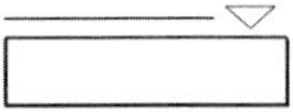

Messpunktabstände in m, Grenzwerte in mm

m	0,1	1[1)]	4[1)]	10[1)]	15[1)2)]
mm	2	4	10	12	15

Flächenfertige Böden zur Aufnahme von Bodenbelägen.

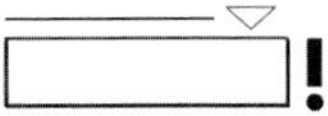

Messpunktabstände in m, Grenzwerte in mm

m	0,1	1[1)]	4[1)]	10[1)]	15[1)2)]
mm	1	3	9	12	15

Wie Zeile zuvor, jedoch mit **erhöhten Anforderungen.**

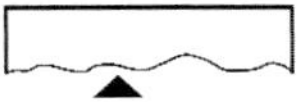

Messpunktabstände in m, Grenzwerte in mm

m	0,1	1[1)]	4[1)]	10[1)]	15[1)2)]
mm	5	10	15	25	30

Nichtflächenfertige Wände und Unterseiten von Rohdecken.

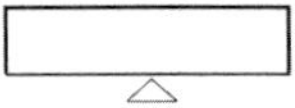

Messpunktabstände in m, Grenzwerte in mm

m	0,1	1[1)]	4[1)]	10[1)]	15[1)2)]
mm	3	5	10	20	25

Flächenfertige Wände und Unterseiten von Decken

	Messpunktabstände in m, Grenzwerte in mm					
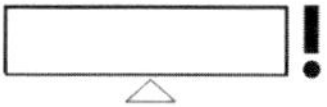	m	0,1	1[1]	4[1]	10[1]	15[1)2)]
	mm	2	3	8	15	20
	Wie Zeile zuvor, jedoch mit **erhöhten Anforderungen.**					

[1] Zwischenwerte sind den Bildern 4 und 5 der DIN 18202 zu entnehmen und auf ganze mm zu runden.
[2] Die Ebenheitsabweichungen der letzten Spalte gelten auch für Messpunktabstände über 15 m.

Trennschichten und Schutzlagen

Für Stoffe als Trennschichten sind nach DIN 18195-2 folgende Materialdicken bzw. Flächengewichte einzuhalten:

Ölpapier	mindestens 50 g/m²
Rohglasvlies	nach DIN 52141
Vliese aus Chemiefasern	mindestens 150 g/m²
Polyethylenfolie	mindestens 0,2 mm dick
Lochglasvlies-Bitumenbahn	mindestens 1500 g/m²

Für Stoffe als Schutzlagen nach DIN 18195-2 sind folgende Materialdicken bzw. Flächengewichte einzuhalten:

Bahnen aus PVC-halbhart	mindestens 1 mm
Bautenschutzplatten und -matten aus Gummigranulat	mindestens 6 mm
Vliese bzw. Geotextilien	mindestens 300 g/m², mindestens 2 mm

Abdichtungsstoffe, Verarbeitung und Fügetechnik

Bei vollflächig miteinander verklebten Bitumenbahnen sind die Nähte um 80 mm zu überlappen, an Stößen und Anschlüssen beträgt die Mindestbreite der Überlappung

100 mm, dies gilt auch für die Kombination mit Gussasphalt. Für edelstahlkaschierte Bitumen-Schweißbahnen beträgt die Mindestüberlappung an Längsnähten 100 mm, an Quernähten, Stößen und Anschlüssen 200 mm. Diese Regelung gilt auch für Metallbänder in Verbindung mit Bitumenwerkstoffen.

Kunststoffdichtungsbahnen und Elastomerbahnen sind mit Mindestüberlappungsbreiten von 50 mm an Längs- und Quernähten zu verbinden, unabhängig ob die Fügung im Quell-, Warmgas- oder Heizelement-Schweißverfahren erfolgt. Werden Kunststoff-Dichtungsbahnen mit Bitumen verklebt, so beträgt die Mindestüberlappungsbreite 80 mm. In der DIN 18195, Teil 3 sind für die Schweißnähte entsprechend der jeweiligen Fügetechnik und der Ausführung als Einzelnaht oder Doppelnaht Breiten von 15 bis 30 mm je Naht vorgeschrieben.

Beanspruchungsgrad – Abdichtungsstoffe – Lagen und Schichtdicken

Gegliedert nach dem Beanspruchungsgrad sind den folgenden Tabellen die Angaben aus der DIN 18336 ergänzt durch die Regelungen der DIN 18195 zusammengestellt.

Abdichtung gegen Bodenfeuchte und nicht stauendes Sickerwasser

VOB/C **DIN 18336, Abs. 3.2** **DIN 18195, Teil 4**	**Abdichtung gegen** **Bodenfeuchte und nicht stauendes Sickerwasser**		
	Bauteil		
Material	**in oder unter Wänden**	**Außenwandflächen**	**Bodenplatten**
Bitumen-dichtungsbahn*	1-lagig, lose verlegt	mind. 1-lagig, auf kaltfl. Voranstrich	*mind. 1-lagig*
Kunststoff- und Elastomer-Dichtungsbahn*	-	mind. 1-lagig auf kaltfl. Voranstrich	*mind. 1-lagig*
Kunststoffmodifizierte Dickbeschichtung	-	mind. 3 mm Trockenschichtdicke	*mind. 3 mm Trockenschichtdicke*
Asphaltmastix	-	-	*mind. 7 mm, max. 15 mm, i. M. 10 mm*
Bitumen-Schweißbahnen	-	-	1-lagig, lose verlegt

- * gilt auch für kaltselbstklebendes Abdichtungsmaterial
- Kursiv aus DIN 18195 Teil 4

Abdichtung gegen nicht drückendes Wasser

VOB/C **DIN 18336, Abs. 3.3** **DIN 18195 Teil 5**	**Abdichtung gegen** **nicht drückendes Wasser**		
	Grad der Beanspruchung		
Material	**Mäßige Beanspruchung**	**Hohe Beanspruchung**	**In Nassräumen**
	Deckenflächen im Freien (z. B. Balkone)	Deckenflächen im Freien und unter Erdreich (z. B. Gründach)	Wand- und Fußbodenflächen (z. B. in Schwimmbädern)
Kunststoff-dichtungsbahn	mind. 1,2 mm, 1-lagig	1-lagig, PIB mind. 1,5 mm ECB mind. 2,0 mm	-
Kunststoff-dichtungsbahn	-	*1-lagig, EVA, PVC-P oder Elastomer mind. 1,5 mm*	-
Nackte Bitumenbahnen	-	*mind. 3-lagig und mit Deckaufstrich*	-

Bitumen-Dichtungsbahn oder Polymerbit.-dicht.b. *	mind. 1-lagig	mind. 2-lagig	2-lagig
Elastomerbahnen	mind. 1-lagig, 1,2 mm	-	-
Kunststoffmodifizierte Dickbeschichtung	*mind. 3 mm*	-	-
Metallbänder (Kupfer oder Edelstahl) mit Bitumenbahnen	-	*mind. eine Lage Metallbänder und eine Schutzlage*	-
Metallbänder (Kupfer oder Edelstahl) mit Gussasphalt	-	*mind. eine Lage Metallbänder und eine Lage Gussasphalt mind. 25 mm*	-
Bitumen-Schweißbahnen mit Gussasphalt	-	*eine Lage und eine Lage Gussasphalt mind. 25 mm*	-
Aspahltmastix mit Gussasphalt	-	*eine Lage und eine Lage Gussasphalt mind. 7, max. 15 mm, i. M. 15 mm*	-
Asphaltmastix	i. M. 15 mm, nicht unter 12 und über 20 mm Dicke, auf Trennlage	-	-

- * gilt auch für kaltselbstklebendes Abdichtungsmaterial
- Kursiv aus DIN 18195 Teil 5

Abdichtung gegen von außen drückendes Wasser

VOB/C DIN 18336, Abs. 3.5 DIN 18195 Teil 6	**Abdichtung gegen von außen drückendes Wasser**		
Material	Eintauchtiefe in m	Bürstenstreich oder Gießverfahren	Gieß- und Einwalzverfahren
Nackte Bitumenbahnen	bis 4	3	3
	über 4 bis 9	4	3
	über 9	5	4
Nackte Bitumenbahnen und Metallbänder	bis 4	3	3
	über 4 bis 9	3	3
	über 9	4	3
		Schweißverfahren, Art der Einlagen	
Bitumenbahnen und / oder Polymerbitumen-Dachdichtungsbahnen und Bitumenschweißbahnen	bis 4	2 Gewebe- oder Polyestervlies	
	über 4 bis 9	3 Gewebe- oder Polyestervlies oder 1 Gewebe- oder Polyestervlies + 1 Kupferbandeinlage	
	über 9	2 Gewebe- oder Polyestervlies + 1 Kupferbandeinlage	

Für die Abdichtung gegen drückendes Wasser ist auch eine Kombination aus Kunststoff- und Elastomer-Dichtungsbahnen und nackten Bitumenbahnen möglich. Dabei ist eine Lage bitumenverträgliche Kunststoffdichtungsbahn zwischen je einer Lage aus nackten Bitumenbahnen einzukleben. Abhängig von der Eintauchtiefe und dem Kunststoffmaterial gelten folgenden Mindestdicken für die Kunststoffdichtungsbahn:

Eintauchtiefe	Kunststoffmaterial	
	EVA, PIB, PVC-P	ECB und EPDM
bis 4 m	1,5 mm	2,0 mm
über 4 m bis 9 m	2,0 mm	2,5 mm
über 9 m	2,0 mm	2,5 mm

Bei Abdichtungen mit Kunststoffdichtungsbahnen aus lose verlegten PVC-P beträgt die Mindestdicke 2,0 mm, die maximale Eintauchtiefe beträgt für diese Ausführungsvariante 4,0 m.

Abdichtung gegen aufstauendes Sickerwasser

VOB/C **DIN 18336, Abs. 3.4** **DIN 18195 Teil 6**	**Abdichtung gegen aufstauendes Sickerwasser**
Material	Anzahl der Lagen, Schichtdicken
Kunststoff modifizierte Dickbeschichtung	mind. 4 mm Trockenschichtdicke und Verstärkungslage
Polymerbitumen-Schweißbahnen	mind. eine Lage
Bitumen- oder Polymerbitumenbahnen	mind. zwei Lagen mit Vlieseinlage
Kunststoff- und Elastomer-Dichtungsbahnen	eine Lage

Abdichtung gegen von innen drückendes Wasser

Bei Abdichtungen gegen von innen drückendes Wasser, also typischerweise beim Bau von Trinkwasserspeichern oder von Regenrückhaltebecken, muss die Abdichtung eine geschlossene Wanne bilden und die Oberkante der Abdichtung muss mind. 30 cm über den höchsten Wasserstand geführt werden. Bezüglich des Untergrundes für die Abdichtung wird in DIN 18195, Teil 7 eine Begrenzung der Rissweite auf 0,5 mm zum Zeitpunkt der Rissentstehung gefordert. Eine Weiterentwicklung der Rissweite auf max. 5 mm ist sicherzustellen, ein Versatz der Risskanten bis maximal 2 mm ist zulässig. Die vorgenannten Angaben gelten unter der Vorraussetzung, dass rissüberbrückende Abdichtungsstoffe eingesetzt werden.

Anschlusshöhen, Fugen, Durchdringungen
Für Abdichtungen gegen drückendes Wasser ist bei stark wasserdurchlässigem Boden die Abdichtung mindestens 30 cm über den Bemessungswasserstand hoch zu führen. Ist dies aufgrund der baulichen Rahmenbedingungen nicht möglich oder wird das Bauwerk von nur wenig wasserdurchlässigem Material umgeben, so ist die Abdichtung aufgrund der Gefahr von Stauwasserbildung bis mindestens 30 cm über die geplante Geländeoberkante zu führen.

In der DIN 18195 sind Abmessungen von Abdichtungs- bzw. Verstärkungsstreifen über Fugen begrenzt auf maximale Bewegungsbreiten und im Zusammenhang mit dem Beanspruchungsgrad geregelt. Andere Fugenabmessungen und Bewegungsrichtungen sind mit Los- und Festflanschkonstruktionen zu überbrücken.

Grundsätzlich wird bei Fugen eine Einteilung in Fugen Typ I (langsam ablaufenden, einmaligen oder selten wiederholten Bewegungen) und Typ II (schnell ablaufenden, häufig wiederholten Bewegungen) unterschieden.

Abdichtung gegen:	**Fugen Typ I**	**Fugen Typ II**
	Breite der Verstärkung / Zulage	
Bodenfeuchtigkeit (Bewegung bis 5 mm)	Bitumenwerkstoff: 1 Streifen, 500 mm breit, mit Gewebe-Metallbandeinlage	-
Bodenfeuchtigkeit (Bewegung über 5 mm)	Bitumenwerkstoff: 2 Streifen mindestens 300 mm breit, 1 Lage als Trennlage (= Zulage)	Bitumenwerkstoff: 2 Streifen mindestens 300 mm breit, 1 Lage als Trennlage (= Zulage)
Nicht drückendes Wasser	Bitumenwerkstoff: 2 Streifen, mindestens 300 mm breit, 1 Lage als Trennlage (= Zulage)	Einzelfestlegung oder Los-/Festflanschkonstruktionen
Von außen Drückendes Wasser	Mindestens 2 Streifen mindestens 300 mm breit	Sonderkonstruktionen, Los-/Festflanschkonstruktionen

Die Übersicht dient der Prüfung von Grundanforderungen zu Streifen und Lagen, die Mindestdicken sind materialabhängig in der DIN 18195, Teil 8 geregelt.

Abdichtungen an Durchdringungen und Anschlüssen sind i. d. R. 15 cm über die Oberfläche der Flächenabdichtung hoch zu führen. Werden für die Anschlussverbindungen Klebeflansche und Manschetten eingebaut, so sind deren Außenkanten mit einem Mindestabstand von 15 cm zu Bauwerkskanten bzw. dem unteren Rand von Kehlen anzuordnen. Der Abstand der Außenkanten zu Bewegungsfugen soll mindestens 50 cm betragen. Anschlüsse können auch mit einer mindestens 25 mm breiten, nachstellbaren Metallschelle ausgeführt werden.

Bei Los- und Festflanschkonstruktionen nach DIN 18195-9 sollen die Stöße von Los- und Festflansch übereinanderliegen. Der Abstand von maximal 1,50 m langen Losflanschen soll nicht größer als 4 mm sein. Zu Bauwerksfugen sind Abstände mit einem Maß von mindestens 50 cm, zu Bauwerkskanten und Kehlen mit einem Maß von mindestens 30 cm einzuhalten.

Weitere detaillierte Einzelheiten zu Verbindungsmitteln und Grundabmessungen können der DIN 18195, Teil 9 entnommen werden.

Schutzschichten

Material		**Schutzschichtdicke**
Mauerwerk	Freistehende Schutzschicht, als Abdichtungsrücklage, vor Herstellung der Abdichtung	11,50 cm Mauerwerk, 1 cm Putz zur Abdichtungsseite
	nach Herstellung der Abdichtung	Fuge zur Abdichtung mindestens 4 cm und Mörtelverfüllung
Beton		Mindestens 5 cm
Mörtel, MG II oder III		Mindestens 2 cm
Betonplatten		Betonplatte mindestens 3 cm In Mörtelbett mindestens 2 cm, alternativ: Mindestens 3 cm auf ungeb. Kiesbett 4/8 mm
Gussasphalt	Bei Bitumenwerkstoffen der Abdichtung auf Trennlage	Mindestens 2 cm

Prüfung

Der Auftragnehmer hat Bedenken gem. VOB/B § 4 Nr. 3 unverzüglich anzumelden, wenn größere Unebenheiten des Untergrundes festzustellen sind.

Die Toleranzen sind im Rahmen der Notwendigkeit so früh wie möglich zu prüfen, spätestens jedoch vor der Ausführung des Folgeunternehmens.
Die Wahl des Messverfahrens ist vom Prüfer in Art und Weise frei wählbar.

Sollten höhere Anforderungen als die gewöhnlich gestellten gelten, so müssen diese gesondert vereinbart werden.

Werden Bauwerksabdichtungen mit kunststoffmodifizierten Dickbeschichtungen ausgeführt, so ist die Nassschichtdicke durch mindestens 20 Messungen je Objekt zu prüfen und zu dokumentieren. Dabei ist die erforderliche Soll-Nassschichtdicke, die zur Erzielung der Mindesttrockenschichtdicke nach DIN 18195 benötigt wird, aus den Angaben des technischen Merkblatts des eingesetzten Produktes zu berücksichtigen.

Eine zerstörende Kontrolle der Trockenschichtdicke mittels Keilschnittverfahren ist an einer auf der Baustelle angelegten Referenzprobe möglich.

Betonarbeiten

Die Anforderungen an Betonarbeiten sind im Wesentlichen in der Vergabe- und Vertragsordnung für Bauleistungen (VOB) Teil C in den Allgemeinen Technischen Vertragsbedingungen für Bauleistungen (ATV) in der DIN 18331 beschrieben. Im Folgenden werden die Inhalte der ATV und / oder der ergänzenden Regelungen auszugsweise unter dem Gesichtspunkt von Ausführungstoleranzen und Qualitätsanforderungen an die Oberflächen von Sichtbeton dargestellt.

Normen: DIN 18331 Betonarbeiten
DIN 1045-3 Beton, Stahlbeton und Spannbeton; Teil 3: Bauausführung
Merkblätter Sichtbeton Deutscher Beton- und Bautechnik-Verein e. V. Bundesverband der Deutschen Zementindustrie

Allgemeines: Toleranzen sind in den durch DIN 18202 sowie 18203-1 zulässigen Grenzen möglich. Werden an die Ebenheit von Flächen erhöhte Anforderungen nach DIN 18202 gestellt, so sind die zu treffenden Maßnahmen besondere Leistungen und sind als solche gesondert auszuschreiben.

Spezifische Ergänzungen:

- Betondeckung der Bewehrung
- Grenzabweichung für die Tragsicherheit
- Maßabweichung durch Kriechen und Schwinden
- Gestalterische Anforderungen an Sichtbeton
- Risse
- Gründungen und Unterfangungen

Bauwerksmaße

Die Bauwerksmaße sind in der DIN 18202, Tabelle 1 festgelegt.

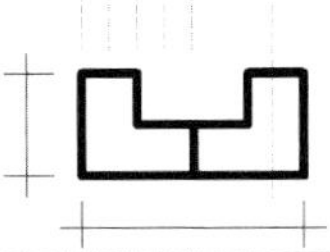

Nennmaß in m, Grenzabweichung in mm

m	–1	>1–3	>3–6	>6–15	>15–30	>30[1]
mm	±10	±12	±16	±20	±24	±30

Maße im Grundriss
z. B. Längen, Breiten, Achs- und Rastermaß

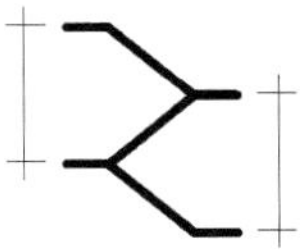

Nennmaß in m, Grenzabweichung in mm

m	–1	>1–3	>3–6	>6–15	>15–30	>30[1]
mm	±10	±16	±16	±20	±30	±30

Maße im Aufriss
z. B. Geschosshöhen, Podesthöhen, Abstände von Aufstandsflächen und Konsolen

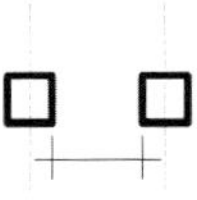

Nennmaß in m, Grenzabweichung in mm

m	–1	>1–3	>3–6	>6–15	>15–30
mm	±12	±16	±20	±24	±30

Lichte Maße im Grundriss
z. B. zwischen Stützen und Pfeilern

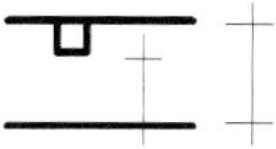

Nennmaß in m, Grenzabweichung in mm

m	–1	>1–3	>3–6	>6–15
mm	±16	±20	±20	±30

Lichte Maße im Aufriss
z. B. unter Decken und Unterzügen

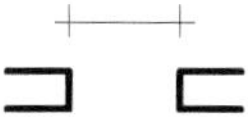

Nennmaß in m, Grenzabweichung in mm

m	–1	>1–3	>3–6
mm	±10	±12	±16

Öffnungen
z. B. Fenster, Türen, Einbauelemente

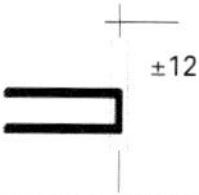

Nennmaß in m, Grenzabweichung in mm

m	–1	>1–3	>3–6
mm	±8	±10	±12

Öffnungen mit oberflächenfertigen Leibungen
z. B. Fenster, Türen, Einbauelemente

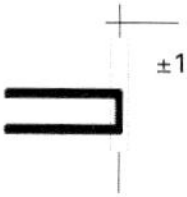

[1] Anwendung bis etwa 60 m. Für größere Abmessungen sind besondere Überlegungen erforderlich.

Bauwerksmaße für vorgefertigte Bauteile

Grenzabweichungen der **Längen- und Breitenmaße** für vorgefertigte Bauteile aus Beton, Stahlbeton und Spannbeton sind in Tabelle 1 der DIN 18203-1 geregelt.

	Längen stabförmiger Bauteile (z. B. Stützen, Unterzüge,..)	Längen, Breiten von Deckenplatten, Wandtafeln	Längen vorgespannter Bauteile	Längen, Breiten von Fassadentafeln
Nennmaße in m	***Grenzabmaße (Grenzabweichungen) in mm***			
–1,5	±6	±8	-	±5
>1,5 – 3	±8	±8	-	±6
>3 – 6	±10	±10	-	±8
>6 – 10	±12	±12	±16	±10
>10 – 15	±14	±16	±16	-
>15 – 22	±16	±20	±20	-
>22 – 30	±18	±20	±25	-
>30	±20	±20	±30	-

Grenzabmaße der Querschnittsmaße für vorgefertigte Bauteile

Grenzabweichungen der **Querschnittsmaße** für vorgefertigte Bauteile aus Beton, Stahlbeton und Spannbeton sind in Tabelle 2 der DIN 18203-1 geregelt.

	Dicken von Deckenplatten	Dicken von Wand- und Fassadentafeln	Querschnittsmaße stabförmiger Bauteile (z. B. Stützen, Binder, Unterzüge ...)
Nennmaße in m	***Grenzabmaße (Grenzabweichungen) in mm***		
bis 0,15	±6	±5	±6
>0,15 – 0,3	±8	±6	±6
>0,3 – 0,6	±10	±8	±8
>0,6 – 1,0	-	-	±12
>1,0 – 1,5	-	-	±16
>1,5	-	-	±20

Winkelabweichungen

Für die Winkelabweichungen gilt neben der Tabelle 2 der DIN 18202 auch die Tabelle 3.

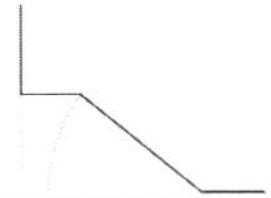

Nennmaß in m, Stichmaße als Grenzwerte in mm							
m	>0,5	>0,5–1	>1–3	>3–6	>6–15	>15–30	>30[1]
mm	3	6	8	12	16	20	30
Vertikale, horizontale und geneigte Flächen							

[1] Anwendung bis etwa 60 m. Für größere Abmessungen sind besondere Überlegungen erforderlich.

Winkelabweichungen für vorgefertigte Bauteile

Für **vorgefertigte Teile aus Beton, Stahlbeton und Spannbeton** gelten die Winkeltoleranzen der DIN 18203-1 Tabelle 3.

	Nicht oberflächenfertige Wandtafeln und Deckenplatten	Oberflächenfertige Wandtafeln und Fassadentafeln	Querschnitte stabförmiger Bauteile (z. B. Stützen, Binder, Unterzüge...)
Nennmaße in m	***Grenzabmaße (Grenzabweichungen) in mm***		
bis 0,4	8	5	4
>0,4 – 1,0	8	5	6
>1,0 – 1,5	8	5	8
>1,5 – 3,0	8	6	-
>3,0 – 6,0	10	8	-
>6,0	12	10	-

Ebenheitsabweichungen

Für die Ebenheitsabweichungen gilt Tabelle 3 der DIN 18202.

Bei flächenfertigen Wänden und Decken sind Absätze und Sprünge zu vermeiden. Die sich durch die Struktur ergebende Flächengestaltung ist hierunter jedoch nicht zu verstehen.

Nach DIN 18202, Abschnitt 5 sind Absätze und Höhenversprünge zwischen benachbarten Bauteilen gesondert zu regeln.

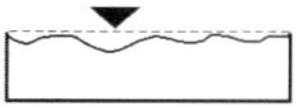

Messpunktabstände in m, Grenzwerte in mm

m	0,1	1[1]	4[1]	10[1]	15[1,2]
mm	10	15	20	25	30

Nichtflächenfertige Oberseiten von Decken, Unterbeton und Unterböden.

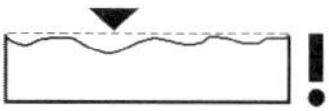

Messpunktabstände in m, Grenzwerte in mm

m	0,1	1[1]	4[1]	10[1]	15[1,2]
mm	5	8	12	15	20

Nichtflächenfertige Oberseiten von Decken, Unterbeton und Unterböden mit **erhöhten Anforderungen.** Fertige Oberflächen für untergeordnete Zwecke.

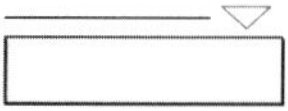

Messpunktabstände in m, Grenzwerte in mm

m	0,1	1[1]	4[1]	10[1]	15[1,2]
mm	2	4	10	12	15

Flächenfertige Böden zur Aufnahme von Bodenbelägen.

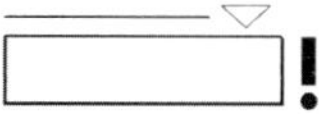

Messpunktabstände in m, Grenzwerte in mm

m	0,1	1[1]	4[1]	10[1]	15[1,2]
mm	1	3	9	12	15

Wie Zeile zuvor, jedoch mit **erhöhten Anforderungen.**

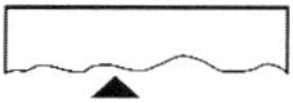

Messpunktabstände in m, Grenzwerte in mm

m	0,1	1[1]	4[1]	10[1]	15[1,2]
mm	5	10	15	25	30

Nichtflächenfertige Wände und Unterseiten von Rohdecken.

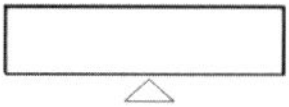

Messpunktabstände in m, Grenzwerte in mm

m	0,1	1[1]	4[1]	10[1]	15[1,2]
mm	3	5	10	20	25

Flächenfertige Wände und Unterseiten von Decken

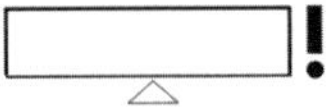

Messpunktabstände in m, Grenzwerte in mm

m	0,1	1[1]	4[1]	10[1]	15[1)2)]
mm	2	3	8	15	20

Wie Zeile zuvor, jedoch mit **erhöhten Anforderungen.**

1) Zwischenwerte sind den Bildern 4 und 5 der DIN 18202 zu entnehmen und auf ganze mm zu runden.
2) Die Ebenheitsabweichungen der letzten Spalte gelten auch für Messpunktabstände über 15 m.

Fluchtabweichungen
Die Grenzwerte für zulässige Abweichungen von der Flucht beinhaltet die Tabelle 4 der DIN 18202.

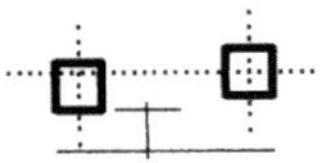

Stichmaße als Grenzwerte in mm bei Nennmaßen in m als Messpunktabstand

m	–2	3–6	>6–15	>15–30	>30
mm	8	12	16	20	30

als zulässige Abweichung von der Flucht bei Stützen

Spezifische Ergänzungen

Betondeckung der Bewehrung
Angaben über die erforderliche Mindestbetondeckungen zur Sicherstellung der Dauerhaftigkeit von Stahlbeton sind in der DIN 1045-1 enthalten. Die maßlichen Festlegungen zum Schutz gegen Korrosion entsprechen den Einteilungen nach den Expositionsklassen. Für besondere Anforderungen (Verbundsicherung, Leichtbeton, Verschleiß) sind abweichende bzw. ergänzende Regelungen getroffen.

Mindestbetondeckung zum Korrosionsschutz, in mm Gegen: C = Carbonatisierung, D = Chloride, S = Chloride aus Meerwasser					
Betonstahl		Expositions-klasse	Vorhalte-maß	Spannglieder im sofortigen und im nachträglichen Verbund	
C nom	**C min**		Delta C	C min	C nom
20	10	XC1	10	20	30
35	20	XC2		30	45
35	20	XC3	15	30	45
40	25	XC4		35	50
		XD1			
55	40	XD2	15	50	65
		XD3			
		XS1			
55	40	XS2	15	50	65
		XS3			
C min: Angabe für erhärtetes Bauteil					
C nom: Angabe für statische Berechnung					
Delta C (mm): Vorhaltemaß zur Gewährleistung von C min					

Zur Sicherstellung des Verbundes darf die Betondeckung grundsätzlich nicht kleiner sein als der Stabdurchmesser der Betonstahlbewehrung.

Bei einer zusätzlichen Verschleißbeanspruchung des Bauteils sind nach DIN 1045-2 zusätzliche Anforderungen an die Gesteinskörnungen zu berücksichtigen, alternativ können für die jeweiligen Expositionsklassen die Angaben zur Mindestüberdeckung erhöht werden:

- Bei mäßiger Beanspruchung (XM1) um 5 mm
- Bei schwerer Beanspruchung (XM2) um 10 mm
- Bei extremer Verschleißbeanspruchung (XM3) um 15 mm

Für Betonbauteile, die angrenzend zu unebenen Flächen hergestellt werden, sollte die Mindestbetonüberdeckung um das Differenzmaß der Unebenheit größer sein, mindestens jedoch um 20 mm.

Im Allgemeinen gilt: Die Mindestbetondeckung darf nicht unterschritten werden.

Bei der Herstellung von „Weißen Wannen" muss die Betondeckung der Bewehrung mindestens 30 mm betragen, soweit nicht aus anderen Gründen nach DIN 1045 ein höheres Überdeckungsmaß gefordert wird.

Bei Bauteilen mit Einwirkungen aus taumittelbehandelten Straßen und bei direkt befahrenen Parkdecks sind zum Schutz gegen Bewehrungskorrosion außer der Bemessung der Mindestbetondeckung nach den Expositionsklassen der DIN 1045 zusätzliche Oberflächenschutzsysteme erforderlich.

Nach der Richtlinie „Schutz und Instandsetzung von Betonbauteilen" des deutschen Ausschusses für Stahlbeton werden Beschichtungssysteme für Stahlbetonoberflächen nach den verschiedenen Anwendungsbereichen in die Systeme OS 10, OS 11 und OS 13 gegliedert. Die zur Erzielung der Schutzfunktion notwendigen Schichtdicken sind herstellerabhängig.

Grenzabweichungen für die Tragsicherheit
In der DIN 1045-3 sind die zulässigen Abweichungen für Querschnittsabmessungen von Betonbauteilen geregelt. (Definition für Betonquerschnitt: Gesamtdicke eines Balkens oder Platte, Breite eines Balkens oder Steges, seitliche Abmessung einer Stütze)

Abmessung l des Betonquerschnitts	Grenzabweichung delta l
Für $l \leq 150$ mm	delta $l = \pm 10$ mm
Für $150 < l \leq 400$ mm	delta $l = \pm 15$ mm
Für $400 < l \leq 2500$ mm	delta $l = \pm 30$ mm

Die Festlegung anderer Granzabweichungen ist dann zulässig, wenn diese das nach DIN 1045-1 geforderte Sicherheitsniveau nicht verringern. I. d. R. werden die Grenzabweichungen delta l eingehalten, wenn die Grenzabweichungen zur Passgenauigkeit nach DIN 18202 und 18203 eingehalten wurden.

Maßabweichungen durch Kriechen und Schwinden
Last- und zeitabhängige Verformungen, wie Kriechen oder Schwinden sind weder Gegenstand der DIN 18202 noch der DIN 18203-1 und sind daher gesondert zu ermitteln.

Anhaltswerte für temperaturbedingte Längenänderungen von Betonbauteilen:

- Stahl- und Schwerbeton 0,012 bis 0,015 mm / (mK)
- Betonwerksteinplatten 0,015 mm / (mK)
- Leichtzuschlagbeton und Porenbeton 0,011 mm / (mK)

Gestalterische Anforderungen an Sichtbeton

In dem im August 2004 aktualisierten Merkblatt „Sichtbeton“ wurden vier Sichtbetonklassen **(SB1 bis SB4)** mit Anforderungen an die Textur **(T)**, Porigkeit **(P)**, Farbtongleichungen **(FT)**, Ebenheit **(E)** und Arbeits-/Schalhautfugen **(AF)** eingeführt. Weiterhin werden zugehörige Anforderungen an Schalhautklassen **(SHK)**, Erprobungsflächen und Referenzflächen angegeben. Die Tafeln 1 bis 4 enthalten die jeweiligen Anforderungen an die Sichtbetonklassen.

Tafel 1, Sichtbetonklasse SB 1 mit geringen gestalterischen Anforderungen

Sichtbetonklasse SB 1 – Betonflächen mit geringen gestalterischen Anforderungen, z. B. Kellerwände, Bereiche vorwiegend gewerblicher Nutzung		
Textur Elementstoß	**T1**	- Weitgehend geschlossene Zementleim- bzw. Mörteloberfläche erforderlich - In Schalelementstößen ausgetretener Zementleim / Feinmörtel bis ca. 20 mm Breite und ca. 10 mm Tiefe zulässig - Rahmenabdruck des Schalelementes zugelassen.
Porigkeit	**P1**	Porenanteil (ø ≥ 2 mm und ø ≤15 mm): ≤ ca. 3000 mm² der Prüffläche zulässig
Farbtongleichmäßigkeit für saugenden und nicht saugenden Schalung	**FT1**	- Hell-/Dunkelverfärbungen zulässig - Rost- und Schmutzflecken nicht zulässig
Arbeits- und Schalhautfugen	**AF1**	Versatz der Flächen zwischen zwei Betonanschnitten bis ca. 10 mm zulässig
Ebenheit	**E1**	Ebenheitsanforderungen nach DIN 18202, Tabelle 3, Zeile 5 (z. B. zulässiges Stichmaß ≤15 mm auf 4 m Länge)

Schalhautklasse	**SHK1**	Beeinträchtigung der Schalhaut: - Bohrlöcher müssen mit Kunststoffstöpsel verschlossen sein - Nagel- und Schraublöcher zulässig - Aufquellen der Schalhaut im Schraub- bzw. Nagelbereich zulässig - Beschädigung der Schalhaut durch Innenrüttler zulässig - Kratzer zulässig - Betonreste in Vertiefungen (z. B. in Nagellöchern oder Kratern) zulässig, jedoch keine flächigen Anhaftungen - Zementschleier zulässig - Reparaturstellen zulässig
Erprobungsfläche		Freigestellt (wenn, dann mindestens zwei Stück)
Referenzfläche		Freigestellt

Tafel 2, Sichtbetonklasse SB 2 mit normalen gestalterischen Anforderungen

Sichtbetonklasse SB 2 – Betonflächen mit normalen gestalterischen Anforderungen, z. B. Stützwände, Treppenhausräume		
Textur Elementstoß	**T2**	- Geschlossene und weitgehend einheitliche Betonfläche erforderlich - In den Schalelementstößen austretender Zementleim / Feinmörtel bis ca. 10 mm Breite und ca. 5 mm Tiefe zulässig - Versatz der Elementstöße bis ca. 5 mm zulässig - Höhe verbleibender Grate bis ca. 5 mm zulässig - Rahmenabdruck des Schalelements zugelassen
Porigkeit	**P2** saugend	Porenanteil (ø ≥2 mm und ø ≤15 mm): ≤ ca. 2250 mm^2 der Prüffläche zulässig
	P1 nichtsaugend	Porenanteil (ø ≥2 mm und ø ≤ 5 mm): ≤ ca. 3000 mm^2 der Prüffläche zulässig
Farbtongleichmäßigkeit für saugende und nicht saugende Schalung	**FT2**	- Gleichmäßige, großflächige Hell-/Dunkelverfärbungen zulässig - Unterschiedliche Arten und Vorbehandlungen der Schalhaut sowie Ausgangsstoffe verschiedener Art und Herkunft unzulässig

Sichtbetonklasse SB 2 – Betonflächen mit normalen gestalterischen Anforderungen, z. B. Stützwände, Treppenhausräume		
Arbeits- und Schalhautfugen	**AF2**	- Versatz der Flächen zwischen zwei Betonabschnitten bis ca. 10 mm zulässig - Feinmörtelaustritte auf dem vorgehenden Betonierabschnitt müssen rechtzeitig entfernt werden - Trapezleisten o. Ä. bei Arbeitsfugen empfohlen
Ebenheit	**E1**	Ebenheitsanforderungen nach DIN 18202, Tabelle 3, Zeile 5 (z. B. zulässiges Stichmaß ≤15 mm auf 4 m Länge) Beeinträchtigung der Schalhaut: - Bohrlöcher als Reparaturstellen zulässig - Nagel- und Schraublöcher ohne Absplitterungen zulässig
Schalhautklasse	**SHK2**	- Aufquellen der Schalhaut im Schraub- bzw. Nagelbereich nur in Abstimmung mit dem Auftraggeber zulässig - Beschädigung der Schalhaut durch Innenrüttler nicht zulässig - Kratzer als Reparaturstellen zulässig - Betonreste nicht zulässig - Zementschleier zulässig - Reparaturstellen zulässig
Erprobungsfläche		empfohlen (wenn, dann mindestens zwei Stück)
Referenzfläche		Festlegung anhand einer Erprobungsfläche empfohlen

Tafel 3, Sichtbetonklasse SB 3 mit hohen gestalterischen Anforderungen

Sichtbetonklasse SB 3 – Betonflächen mit hohen gestalterischen Anforderungen, z. B. Fassaden im Hochbau		
Textur Elementstoß	**T2**	- Geschlossene und weitgehend einheitliche Betonfläche erforderlich - In den Schalelementstößen austretender Zementleim / Feinmörtel bis ca. 10 mm Breite und ca. 5 mm Tiefe zulässig - Versatz der Elementstöße bis ca. 5 mm zulässig - Höhe verbleibender Grate bis ca. 5 mm zulässig - Rahmenabdruck des Schalelements zugelassen

Porigkeit	**P3** saugend	Porenanteil (ø ≥ 2 mm und ø ≤15 mm): ≤ ca. 1500 mm^2 der Prüffläche zulässig
	P2 nicht-saugend	Porenanteil (ø ≥ 2 mm und ø ≤15 mm): ≤ ca. 2250 mm^2 der Prüffläche zulässig
Farbtongleichmäßigkeit für saugende und nicht saugende Schalung	**FT2**	- Gleichmäßige, großflächige Hell-/Dunkelverfärbungen zulässig - Unterschiedliche Arten und Vorbehandlungen der Schalhaut sowie Ausgangsstoffe verschiedener Art und Herkunft unzulässig
Arbeits- und Schalhautfugen	**AF3**	- Versatz der Flächen zwischen zwei Betonabschnitten bis ca. 5 mm zulässig - Feinmörtelaustritte auf dem vorgehenden Betonierabschnitt müssen rechtzeitig entfernt werden - Trapezleisten bei Arbeitsfugen empfohlen
Ebenheit	**E2**	Ebenheitsanforderungen nach DIN 18202, Tabelle 3, Zeile 6 (z. B. zulässiges Strichmaß ≤10 mm auf 4 m Länge)
Schalhautklasse	**SHK2**	Beeinträchtigung der Schalhaut: - Bohrlöcher als Reparaturstellen zulässig - Nagel- und Schraublöcher ohne Absplitterungen zulässig - Aufquellen der Schalhaut im Schraub- bzw. Nagelbereich nur in Abstimmung mit dem Auftraggeber zulässig - Beschädigung der Schalhaut durch Innenrüttler nicht zulässig - Kratzer als Reparaturstellen zulässig - Betonreste nicht zulässig - Zementschleier zulässig - Reparaturstellen zulässig
Erprobungsfläche		Dringend empfohlen (wenn, dann mindestens zwei Stück)
Referenzfläche		Festlegung anhand einer Erprobungsfläche dringend empfohlen

Tafel 4, Sichtbetonklasse SB 4 mit besonders hohen gestalterischen Anforderungen

Sichtbetonklasse SB 4 – Betonflächen mit besonders hoher gestalterischen Bedeutung, z. B. repräsentative Bauteile im Hochbau		
Textur Elementstoß	**T3**	- Glatte, geschlossene und weitgehend einheitliche Betonfläche erforderlich - In den Schalelementstößen austretender Zementleim / Feinmörtel bis ca. 3 mm Breite zulässig - Feine, technisch unvermeidbare Grate bis 3 mm zulässig - Weitere Anforderungen (z. B. Schalungsstöße, Rahmenabdruck) sind detailliert festzulegen
Porigkeit	**P4** saugend	Porenanteil (ø ≥2 mm und ø ≤15 mm): ≤ ca. 750 mm^2 der Prüffläche zulässig
	P3 nichtsaugend	Porenanteil (ø ≥2 mm und ø ≤15 mm): ≤ ca. 1500 mm^2 der Prüffläche zulässig
Farbtongleichmäßigkeit für saugende Schalung	**FT2**	- Gleichmäßige, großflächige Hell-/Dunkelverfärbungen zulässig - Unterschiedliche Arten und Vorbehandlungen der Schalhaut sowie Ausgangsstoffe verschiedener Art und Herkunft sind unzulässig
Farbtongleichmäßigkeit für nicht saugende Schalung	**FT3**	- Großflächige Verfärbungen, verursacht durch Ausgangsstoffe verschiedener Art und Herkunft, unterschiedliche Art und Vorbehandlung der Schalhaut und ungeeignete Nachbehandlung des Betons sind unzulässig - Geringe Hell-/Dunkelverfärbungen (z. B. leichte Wolkenbildung, geringe Farbtonabweichungen) sind zulässig - Rost- und Schmutzflecken, deutlich sichtbare Schüttlagen sowie Verfärbungen - Auswahl eines besonderen und geeigneten Trennmittels notwendig
Arbeits- und Schalhautfugen	**AF4**	- Planung der Detailausführung erforderlich - Versatz der Flächen zwischen zwei Betonierabschnitten bis ca. 5 mm zulässig. - Feinmörtelaustritte auf dem vorgehenden Betonierabschnitt müssen rechtzeitig entfernt werden. - Weitere Anforderungen (z. B. Ausbildung von Arbeits- und Schalhautfugen) sind detailliert festzulegen.

Ebenheit	**E3**	Ebenheitsanforderungen nach DIN 18202, Tabelle 3, Zeile 6 (z. B. zulässiges Stichmaß ≤10 mm auf 4 m Länge) Höhere Ebenheitsanforderungen sowie dafür erforderliche Aufwendungen und Maßnahmen sind gesondert zu vereinbaren. Hinweis: Höhere Ebenheitsanforderungen, z. B. nach DIN 18202, Tabelle 3, Zeile 7 (z. B. zulässiges Stichmaß ≤8 mm auf 4 m Länge) ist technisch nicht zielsicher erfüllbar
Schalhautklasse	**SHK3**	Beeinträchtigung der Schalhaut: - Bohrlöcher sind nicht zulässig - Nagel- und Schraublöcher als Reparaturstellen in Abstimmung mit dem Auftraggeber zulässig - Aufquellen der Schalhaut im Schraub- bzw. Nagelbereich nicht zulässig - Beschädigung der Schalhaut durch Innenrüttler nicht zulässig - Kratzer als Reparaturstellen in Abstimmung mit dem Auftraggeber zulässig - Betonreste nicht zulässig - Zementschleier in Abstimmung mit dem Auftraggeber zulässig - Reparaturstellen in Abstimmung mit dem Auftraggeber zulässig
Erprobungsfläche		erforderlich (mindestens zwei Stück)
Referenzfläche		erforderlich

Risse

Risse in Stahlbetonbauteilen sind stets unter den Kriterien Standsicherheit, Dichtigkeit und optisches Erscheinungsbild zu beurteilen. Neben der Rissweite ist der Rissverlauf, die Risstiefe und Risslänge sowie die Lage im Bauteil von entscheidender Bedeutung. Die Bewertung von Rissen unter dem Aspekt einer Auswirkung auf die Standsicherheit eines Bauteils erfordert meist umfangreiche weitere Untersuchungen zur Ursache und Auswirkung.

Für Stahlbetonbauteile ohne besondere Anforderungen an die Oberflächenbeschaffenheit (siehe Sichtbetonklassen) können Risse mit einer maximalen Weite von 0,25 mm für Außenbauteile als zulässig angesehen werden. Für Innenbauteile beträgt die maximale Rissweite 0,4 mm.

Für Bauteile aus wasserundurchlässigem Beton kann vereinfachend ein Wert von $<0{,}15$ mm als maximale Rissweite definiert werden, da bis zu dieser Rissweite mit dem "Selbstheilungseffekt" von Rissen in Beton gerechnet werden kann.

Zu Fertigteilplatten für Dreifachwände haben Lohmeyer / Eberling in ihrer Veröffentlichung „Die Dreifachwand für Keller – Bewehrung der Dreifachwand, Betonverlag Düsseldorf 1996“ für die Beanspruchung aus „Bodenfeuchte“ eine maximal zulässige Rissweite von 0,20 mm festgelegt. Für eine Beanspruchung durch „drückendes Wasser“ ist die maximale Rissweite abhängig von dem Verhältnis aus Druckwasserhöhe (h) zu Bauteildicke (d) dort angeben mit:

- h/d $\leq 2{,}5$ $\rightarrow$ Rissweite $\leq 0{,}20$ mm
- h/d $\leq 5{,}0$ $\rightarrow$ Rissweite $\leq 0{,}15$ mm
- h/d $>5{,}0$ $\rightarrow$ Rissweite $\leq 0{,}10$ mm

Diese Werte gelten nicht für wasserdichte Baukonstruktionen.

Risse mit einer Rissweite um 0,1 mm sind auch unter optischen Bewertungskriterien wie „gebrauchsüblichem Betrachtungsabstand“, der Oberflächenstruktur des Bauteils und den Beleuchtungsverhältnissen, als zulässig einzustufen.

Gründungen und Unterfangungen
Für die Herstellung von Gründungen und Unterfangungen sind grundsätzlich die Vorraussetzungen und Einzelbestimmungen nach DIN 4123 „Ausschachtungen, Gründungen und Unterfangungen im Bereich bestehender Gebäude" einzuhalten (siehe auch Erdarbeiten).

Sollen neue Fundamente unmittelbar neben vorhandenen Fundamenten hergestellt werden, so sind sie auf der gleichen Gründungsebene anzuordnen und durch eine Bewegungsfuge vom Bestand zu trennen. Für unbewehrte oder nur mit einer konstruktiven Längsbewehrung herzustellende Fundamente gilt eine Mindestabmessung von 50 cm für die Höhe und 50 cm für die Breite. Sie sind mit Beton der Festigkeitsklasse ≥ C 15 und abschnittsweise einzubauen.

Für tieferliegende neue Fundamente sind im Bereich des bestehenden Gebäudes Unterfangungswände auszuführen. Die Gründungstiefe muss dann mindestens der Gründungstiefe der neuen Fundamente entsprechen.

Werden neue Fundamente mit einer statisch erforderlichen Längsbewehrung hergestellt, so sind darunter unbewehrte Fundamente mit einer Mindestabmessung 50 x 50 cm für Breite und Höhe notwendig. Diese sind mit vorhandenen Fundamenten oder den Fundamenten einer hergestellten Unterfangungswand unterkantengleich anzuordnen und abschnittsweise zu betonieren.

Unterfangungswände aus Beton der Güte C 15 sind mindestens in der gleichen Dicke wie die zu unterfangenden Fundamente herzustellen, ansonsten nach dem Standsicherheitsnachweis.

Die Gründung der Unterfangungswand ist mit gleicher Gründungstiefe wie die neuen Fundamente herzustellen. Werden die Fundamente des neuen Gebäudes mit einer statisch notwendigen Längsbewehrung ausgeführt, so ist, wegen des zusätzlich erforderlichen unbewehrten Fundamentes von mindestens 50 cm Höhe, die Fundamentunterkante der Unterfangungswand 50 cm unterhalb der Unterkante des bewehrten neuen Fundamentes anzuordnen.

Prüfung

Die Prüfung der Toleranzen erfolgt nach dem Abschnitt 6 der DIN 18202. Die in dieser Norm für die Ausführung von Bauwerken festgelegten Toleranzen gelten baustoffunabhängig.

Die Einhaltung der Toleranzen ist erforderlich, um trotz unvermeidlicher Ungenauigkeiten, bei der Fertigung, bei der Montage und beim Messen die vorgesehene Funktion zu erfüllen und das funktionsgerechte Zusammenfügen von Bauwerken und Bauteilen des Roh- und Ausbaus ohne Anpass- und Nacharbeiten zu ermöglichen.

Betonwerkstein-arbeiten

Die Anforderungen an Betonwerksteinarbeiten sind im Wesentlichen in der Vergabe- und Vertragsordnung für Bauleistungen (VOB) Teil C in den Allgemeinen Technischen Vertragsbedingungen für Bauleistungen (ATV) in der DIN 18333 beschrieben. Im Folgenden werden die Inhalte der ATV und / oder der ergänzenden Regelungen auszugsweise unter dem Gesichtspunkt von Ausführungstoleranzen und Materialmindestdicken dargestellt.

Normen: DIN 18333 Betonwerksteinarbeiten

Allgemeines: Die DIN 18333 Betonwerksteinarbeiten findet ihren Anwendungsbereich ausschließlich für das Einbauen, Verlegen und Versetzen von Betonwerksteinen.

Anforderungen an Beläge mit Platten oder Steinen aus Beton sind in der DIN 18318 Verkehrswegebauarbeiten geregelt.

Das Herstellen und Verlegen / Versetzen von Bauteilen aus bewehrtem und unbewehrtem Beton regelt die DIN 18331 „Betonarbeiten“.

Spezifische Ergänzungen:

- Maßhaltigkeit und Beschaffenheit
- Verlegung im Mörtelbett
- Versetzen
- Fugen
- Höhendifferenzen benachbarter Platten
- Treppen

Bauwerksmaße

Die Grenzabweichungen sind nach DIN 18202, Tabelle1 geregelt.

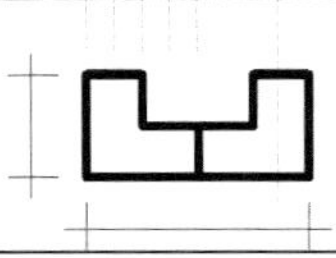

Nennmaß in m, Grenzabweichung in mm

m	–1	>1–3	>3–6	>6–15	>15–30	>30[1)]
mm	±10	±12	±16	±20	±24	±30

Maße im Grundriss
z. B. Längen, Breiten, Achs- und Rastermaß

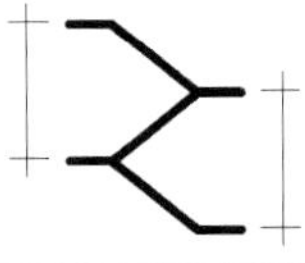

Nennmaß in m, Grenzabweichung in mm

m	–1	>1–3	>3–6	>6–15	>15–30	>30[1)]
mm	±10	±16	±16	±20	±30	±30

Maße im Aufriss
z. B. Geschosshöhen, Podesthöhen, Abstände von Aufstandsflächen und Konsolen

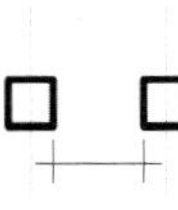

Nennmaß in m, Grenzabweichung in mm

m	–1	>1–3	>3–6	>6–15	>15–30
mm	±12	±16	±20	±24	±30

Lichte Maße im Grundriss
z. B. zwischen Stützen und Pfeilern

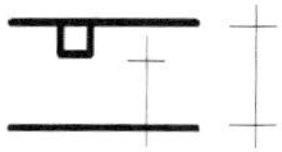

Nennmaß in m, Grenzabweichung in mm

m	–1	>1–3	>3–6	>6–15
mm	±16	±20	±20	±30

Lichte Maße im Aufriss
z. B. unter Decken und Unterzügen

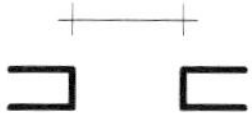

Nennmaß in m, Grenzabweichung in mm

m	–1	>1–3	>3–6
mm	±10	±12	±16

Öffnungen
z. B. Fenster, Türen, Einbauelemente

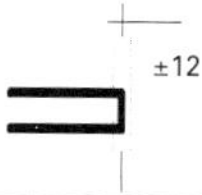

Nennmaß in m, Grenzabweichung in mm

m	–1	>1–3	>3–6
mm	±8	±10	±12

Öffnungen mit oberflächenfertigen Leibungen
z. B. Fenster, Türen, Einbauelemente

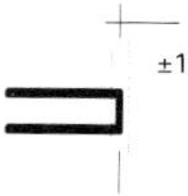

[1] Anwendung bis etwa 60 m. Für größere Abmessungen sind besondere Überlegungen erforderlich.

Winkelabweichungen

siehe Winkelabweichungen DIN 18202 Tabelle 2

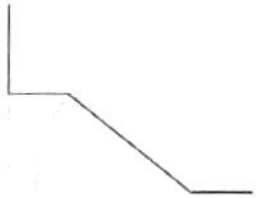

Nennmaß in m, Stichmaße als Grenzwerte in mm

m	>0,5	>0,5–1	>1–3	>3–6	>6–15	>15–30	>30[1]
mm	3	6	8	12	16	20	30

Vertikale, horizontale und geneigte Flächen

[1] Anwendung bis etwa 60 m. Für größere Abmessungen sind besondere Überlegungen erforderlich.

Bodenplatten sind flucht- und waagerecht oder mit dem vorgegebenen Gefälle in Bezug auf einen angegebenen Höhenbezugspunkt zu verlegen (vgl. Abschnitt 3.3.1 ATV DIN 18333).

Platten für Wandbekleidungen sind entsprechend flucht- und senkrecht zu versetzen (vgl. Abschnitt 3.4.3 der Norm).

Ebenheitsabweichungen

Die Ebenheitstoleranzen sind in der DIN 18202 unter Abschnitt 5 geregelt. In der Tabelle 3 sind Einzelangaben für die maximal zulässigen Ebenheitsabweichungen bei flächenfertigen Oberflächen von Wänden, Decken und Böden enthalten.

Erhöhte Anforderungen an die Oberflächenebenheit sind gesondert zu vereinbaren. Für Absätze und Höhenversprünge benachbarter Bauteile sind gesonderte Anforderungen im Einzelfall festzulegen.

Unebenheiten in der Oberfläche unterhalb der zulässigen Grenzwerte sind auch dann zu tolerieren, wenn diese bei Streiflicht sichtbar werden.

Die Ebenheit für die jeweiligen Baustoffe sind dabei gesondert zu berücksichtigen (vgl. DIN 18202, Abschnitt 5).

Zulässige Ebenheitsabweichungen zu einzelnen Werkstükken sind in der DIN 18500 „Betonwerkstein" geregelt.

Siehe Tabelle in Abschnitt Maßhaltigkeit und Beschaffenheit.

Ebenheitsabweichungen einzelner Bauteile aus Betonwerkstein sind in der ATV DIN 18333 nicht angegeben.

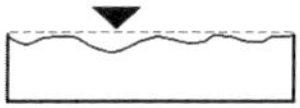

Messpunktabstände in m, Grenzwerte in mm

m	0,1	1[1)]	4[1)]	10[1)]	15[1)2)]
mm	10	15	20	25	30

Nichtflächenfertige Oberseiten von Decken, Unterbeton und Unterböden.

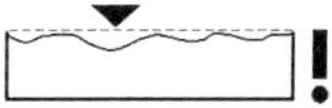

Messpunktabstände in m, Grenzwerte in mm

m	0,1	1[1)]	4[1)]	10[1)]	15[1)2)]
mm	5	8	12	15	20

Nichtflächenfertige Oberseiten von Decken, Unterbeton und Unterböden mit **erhöhten Anforderungen.**
Fertige Oberflächen für untergeordnete Zwecke.

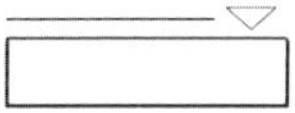

Messpunktabstände in m, Grenzwerte in mm

m	0,1	1[1)]	4[1)]	10[1)]	15[1)2)]
mm	2	4	10	12	15

Flächenfertige Böden zur Aufnahme von Bodenbelägen.

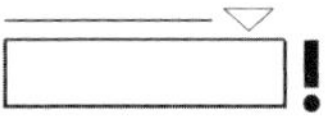

Messpunktabstände in m, Grenzwerte in mm

m	0,1	1[1)]	4[1)]	10[1)]	15[1)2)]
mm	1	3	9	12	15

Wie Zeile zuvor, jedoch mit **erhöhten Anforderungen**.

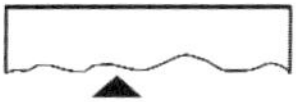

Messpunktabstände in m, Grenzwerte in mm

m	0,1	1[1)]	4[1)]	10[1)]	15[1)2)]
mm	5	10	15	25	30

Nichtflächenfertige Wände und Unterseiten von Rohdecken.

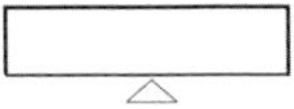

Messpunktabstände in m, Grenzwerte in mm

m	0,1	1[1]	4[1]	10[1]	15[1,2]
mm	3	5	10	20	25

Flächenfertige Wände und Unterseiten von Decken

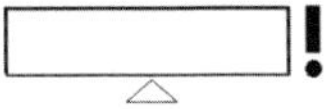

Messpunktabstände in m, Grenzwerte in mm

m	0,1	1[1]	4[1]	10[1]	15[1,2]
mm	2	3	8	15	20

Wie Zeile zuvor, jedoch mit **erhöhten Anforderungen.**

[1] Zwischenwerte sind den Bildern 4 und 5 der DIN 18202 zu entnehmen und auf ganze mm zu runden.

[2] Die Ebenheitsabweichungen der letzten Spalte gelten auch für Messpunktabstände über 15 m.

Spezifische Ergänzungen

Maßhaltigkeit und Beschaffenheit

Die Anforderungen an die Maßhaltigkeit und Beschaffenheit von bewehrtem und unbewehrtem Betonwerkstein, einschichtig oder mehrschichtig hergestellt, sind in der DIN 18500 Betonwerkstein geregelt. Für die zulässigen Maßabweichungen gelten die Festlegungen gem. Tabelle 1 der DIN 18500, abhängig von den Werkstückformaten bzw. dem Verwendungszweck.

DIN 18500, Tabelle 1				
	Seitenlänge	Länge	Breite	Dicke
Fußbodenplatten	<500 mm	±1 mm	±1 mm	±2 mm
Stufen und Stufenbeläge	-	±5 mm	±5 mm	±2 mm
Fassadenplatten, nichttragend	<1000 mm	±3 mm	±3 mm	±3 mm
	>1000 bis 2500 mm	±4 mm	±4 mm	±3 mm
Sonstige Fassadenplatten	>2500 bis 4000 mm	±5 mm	±5 mm	±3 mm
Sonstige Werkstücke	-	±2 mm	±2 mm	±3 mm

Für glatt geschalte oder geschliffene Oberflächen gilt eine Ebenheitstoleranz von 0,3 % bezogen auf die Seitenlänge des Werkstückes.

Bei mehrschichtigen Betonwerksteinelementen aus Vorsatzbeton und Kernbeton beträgt die Mindestdicke für den Vorsatzbeton 8 mm, bei Stufen und Stufenbelägen mindestens 15 mm.

Verlegung im Mörtelbett
Für Bodenbeläge aus Betonwerksteinplatten, die im Dickbett verlegt werden, beträgt die Mindestdicke des Mörtelbetts 15 mm und darf das Höchstmaß von 30 mm nicht überschreiten. Werden Bodenbeläge auf Dämmschichten ausgeführt, so beträgt die Mindestdicke des Mörtelbettes 45 mm.

Versetzen
Angemörtelte Platten aus Betonwerkstein als Außenwandbekleidungen müssen nach DIN 18515 Teil 1 eine Mindestseitenlänge von 40 cm und eine maximale Dicke von 15 mm aufweisen. Die Fläche ist auf 0,12 m² begrenzt.

Fugen
Die Fugenbreite beträgt ca. 3 mm. Alle Belagsfugen sind gleichmäßig breit und vollfugig auszuführen, wobei die geringen Maßtoleranzen der Betonwerksteinplatten in der Fuge auszugleichen sind.

In Bodenbelägen sind Feldbegrenzungsfugen abhängig vom verlegten Plattenformat in einem Abstand von ca. 6 m herzustellen.

Fugen sind in Belägen aus Betonwerksteinplatten im Mörtelbett wie folgt anzulegen:

- Bei Kantenlängen bis 60 cm: 3 mm
- Bei Kantenlängen größer 60 cm: 5 mm
- Betonwerksteinplatten ohne Mörtelbett, z. B. auf Stelzlagern: 5 mm
- Lager- und Stoßfugen bei Bekleidungen, Treppenstufen und sonstigen Bauteilen sind in Gebäuden 2 mm, im Freien 5 mm breit anzulegen.

Höhendifferenzen benachbarter Platten
Nach DIN 18202, Abschnitt 5 sollen Versprünge innerhalb oberflächenfertiger Flächen von Wänden und Decken vermieden werden.

Für die Zulässigkeit von Höhendifferenzen zwischen benachbarten Platten von Bodenbelägen wird in der DIN 18333 in Abs. 3.1.2 ergänzend ein maximales Differenzmaß von 1,5 mm festgelegt.

„Höhendifferenzen / Überzähne zwischen benachbarten Platten dürfen 1 mm nicht überschreiten.“ [L6]

Unebenheiten, die im Streiflicht sichtbar werden und aus den Oberflächen von Bauteilen resultieren, sind im Rahmen der Toleranzen nach 18202 zulässig.

Über Toleranzen benachbarter Platten bei Wandbekleidungen werden in der DIN 18333 keine Angaben gemacht. Um optische Mängel zu vermeiden sollte die Differenz jedoch unter 1,5 mm liegen. Um Streitigkeiten zu vermeiden sind die Ansprüche auf Oberflächenbeschaffenheit vor Ausführungsbeginn zu definieren.

Treppen

Grundsätzlich sind Treppen gem. DIN 18065 Gebäudetreppen Messregeln, Hauptmaße auszuführen. Die Toleranzen sind hier für das Maß der Treppensteigung und des Auftritts auf 5 mm begrenzt.

Die lichte Durchgangshöhe zwischen Treppenvorderkante und der Unterkante darüber liegender Bauteile darf 2,00 m nicht unterschreiten. Des Lichtraumprofil darf oben durch eine beidseitige dreiecksförmige Einschränkung von ≤25 cm Kantenlänge eingeengt werden. Unten ist eine Einschränkung durch Treppenwangen in der Höhe bis 5 cm und je Seite um bis zu 10 cm zugelassen.

Das Fertigmaß der nutzbaren Laufbreite beträgt für Wohnhäuser mit nicht mehr als zwei Wohnungen mindestens 80 cm. Dies gilt auch für die Kellertreppen, wenn diese nicht zu Aufenthaltsräumen führen. Bodentreppen, die nicht zu Aufenthaltsräumen führen, müssen eine Mindestbreite von 50 cm haben.

Bei anderen Gebäuden beträgt die Laufbreite für baurechtlich notwendige Treppen mindestens 100 cm.

In Wohngebäuden mit nicht mehr als zwei Wohnungen kann bei **vorgefertigten** Treppenläufen das Maß der ersten Steigung (Antrittstufe) bis maximal 1,5 cm vom Nennmaß abweichen.

Die Stufen angewendelter Treppen müssen in einem seitlichen Abstand von 15 cm zum schmalen Stufenende eine Auftrittsbreite von mindestens 10 cm aufweisen. Bei sonstigen Gebäuden gilt ein Mindestauftrittmaß von 10 cm an der schmalsten Stelle der nutzbaren Treppenlaufbreite.

Zwischen Handlauf und Wand ist ein Mindestabstand von 5 cm einzuhalten. Der lichte Abstand zwischen der zu sichernden Grundfläche und Umwehrungen darf 4 cm nicht überschreiten (Höhen von Umwehrungen siehe Abschnitt Metallarbeiten).

Für Treppen mit Trittplatten aus Betonwerkstein müssen diese mindestens 40 mm dick sein. Im Einzelfall ist entsprechend der Art und dem Abstand der Lagerung oder Aufhängung der Trittplatten eine statische Berechung zu erstellen.

Prüfung

Die Prüfung der Toleranzen hat nach dem Abschnitt 6 der DIN 18202 zu erfolgen. Der Auftragnehmer hat ggf. Bedenken gem. VOB/B § 4 Nr. 3 unverzüglich anzumelden, wenn der Untergrund bzw. die Höhenlage der Oberfläche nicht eindeutig definiert ist oder die Höhenbezugspunkte je Geschoss fehlen (vgl. ATV DIN 18333, Abschnitt 3.1.1.).

Insbesondere hat der Auftragnehmer Bedenken anzumelden, wenn:

- Der Untergrund eine ungeeignete Beschaffenheit aufweist
- Die Unebenheiten größer sind, als in DIN 18202 zulässig
- Höhenbezugspunkte je Geschoss fehlen
- Angaben in den Ausführungsunterlagen fehlen
- Das Gefälle nicht den Angaben entspricht
- Die Konstruktionshöhen nicht ausreichen
- Die Werkstücke unzureichend bemessen sind

Bodenbelag-arbeiten

Die Anforderungen an Bodenbelagarbeiten sind im Wesentlichen in der Vergabe- und Vertragsordnung für Bauleistungen (VOB) Teil C in den Allgemeinen Technischen Vertragsbedingungen für Bauleistungen (ATV) in der DIN 18357 beschrieben. Im Folgenden werden die Inhalte der ATV und / oder der ergänzenden Regelungen auszugsweise unter dem Gesichtspunkt von Ausführungstoleranzen und Materialmindestdicken dargestellt.

Normen:
DIN 18365 Bodenbelagarbeiten
DIN 18367 Holzpflasterarbeiten
DIN 68701 Holzpflaster GE
DIN 68702 Holzpflaster RE

Allgemeines: Die ATV DIN 18365, Bodenbelagarbeiten gilt grundsätzlich für das Verlegen von Bodenbelägen. Dies kann in Bahnen und Platten aus Kunststoff, Linoleum, natürlichen oder synthetischen Stoffen bzw. Textilien oder dergleichen erfolgen.

Nicht enthalten sind hierbei Estriche, Parkettfußböden, Asphalt- und Holzpflasterarbeiten. Hier wird auf die jeweilige ATV DIN-Norm verwiesen.

Abweichungen in den vorgeschriebenen Maßen sind zulässig, wenn die Toleranzen der DIN 18202 eingehalten sind.

Spezifische Ergänzungen:

- Holzpflasterarbeiten nach DIN 18367
- Textile Bodenbeläge
- Barrierefreiheit

Bauwerksmaße

Grenzabweichungen sind im Rahmen der Toleranzen der DIN 18202, Tabelle 1 zulässig.

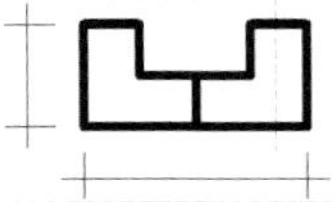

Nennmaß in m, Grenzabweichung in mm

m	–1	>1–3	>3–6	>6–15	>15–30	>30[1)]
mm	±10	±12	±16	±20	±24	±30

Maße im Grundriss
z. B. Längen, Breiten, Achs- und Rastermaß

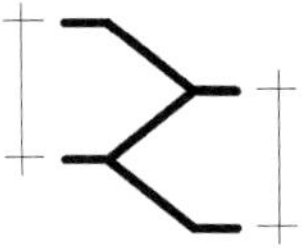

Nennmaß in m, Grenzabweichung in mm

m	–1	>1–3	>3–6	>6–15	>15–30	>30[1)]
mm	±10	±16	±16	±20	±30	±30

Maße im Aufriss
z. B. Geschosshöhen, Podesthöhen, Abstände von Aufstandsflächen und Konsolen

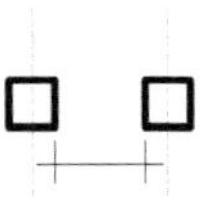

Nennmaß in m, Grenzabweichung in mm

m	–1	>1–3	>3–6	>6–15	>15–30
mm	±12	±16	±20	±24	±30

Lichte Maße im Grundriss
z. B. zwischen Stützen und Pfeilern

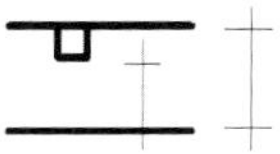

Nennmaß in m, Grenzabweichung in mm

m	–1	>1–3	>3–6	>6–15
mm	±16	±20	±20	±30

Lichte Maße im Aufriss
z. B. unter Decken und Unterzügen

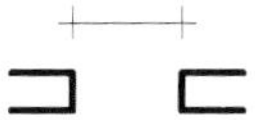

Nennmaß in m, Grenzabweichung in mm

m	–1	>1–3	>3–6
mm	±10	±12	±16

Öffnungen
z. B. Fenster, Türen, Einbauelemente

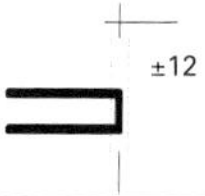

Nennmaß in m, Grenzabweichung in mm

m	–1	>1–3	>3–6
mm	±8	±10	±12

Öffnungen mit oberflächenfertigen Leibungen
z. B. Fenster, Türen, Einbauelemente

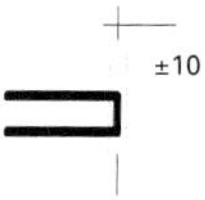

[1] Anwendung bis etwa 60 m. Für größere Abmessungen sind besondere Überlegungen erforderlich.

Winkelabweichungen

Winkelabweichungen sind im Rahmen der DIN 18202, Tabelle 2 zulässig.

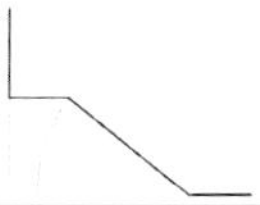

Nennmaß in m, Stichmaße als Grenzwerte in mm

m	>0,5	>0,5–1	>1–3	>3–6	>6–15	>15–30	>30[1]
mm	3	6	8	12	16	20	30

Vertikale, horizontale und geneigte Flächen

[1] Anwendung bis etwa 60 m. Für größere Abmessungen sind besondere Überlegungen erforderlich.

Ebenheitsabweichungen

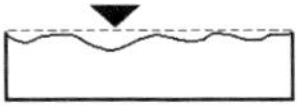

Messpunktabstände in m, Grenzwerte in mm

m	0,1	1[1]	4[1]	10[1]	15[1,2]
mm	10	15	20	25	30

Nichtflächenfertige Oberseiten von Decken, Unterbeton und Unterböden.

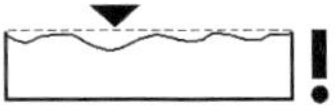

Messpunktabstände in m, Grenzwerte in mm

m	0,1	1[1]	4[1]	10[1]	15[1,2]
mm	5	8	12	15	20

Nichtflächenfertige Oberseiten von Decken, Unterbeton und Unterböden mit **erhöhten Anforderungen.**
Fertige Oberflächen für untergeordnete Zwecke.

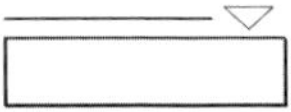

Messpunktabstände in m, Grenzwerte in mm

m	0,1	1[1]	4[1]	10[1]	15[1,2]
mm	2	4	10	12	15

Flächenfertige Böden zur Aufnahme von Bodenbelägen.

Messpunktabstände in m, Grenzwerte in mm

m	0,1	1[1]	4[1]	10[1]	15[1,2]
mm	1	3	9	12	15

Wie Zeile zuvor, jedoch mit **erhöhten Anforderungen.**

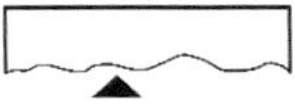

Messpunktabstände in m, Grenzwerte in mm

m	0,1	1[1]	4[1]	10[1]	15[1,2]
mm	5	10	15	25	30

Nichtflächenfertige Wände und Unterseiten von Rohdecken.

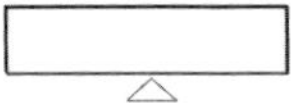

Messpunktabstände in m, Grenzwerte in mm

m	0,1	1[1]	4[1]	10[1]	15[1,2]
mm	3	5	10	20	25

Flächenfertige Wände und Unterseiten von Decken

	Messpunktabstände in m, Grenzwerte in mm					
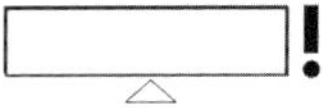	m	0,1	1[1]	4[1]	10[1]	15[1,2]
	mm	2	3	8	15	20
	Wie Zeile zuvor, jedoch mit **erhöhten Anforderungen.**					

[1] Zwischenwerte sind den Bildern 4 und 5 der DIN 18202 zu entnehmen und auf ganze mm zu runden.
[2] Die Ebenheitsabweichungen der letzten Spalte gelten auch für Messpunktabstände über 15 m.

Die Ebenheitsabweichungen sind nach DIN 18202, Tabelle 3 geregelt. Anforderungen an flächenfertige Böden sind dort in den Zeilen 3 bzw. 4 festgelegt.

Anforderungen an flächenfertige Böden mit erhöhten Anforderungen sind gesondert zu vereinbaren.

Unebenheiten die im Streiflicht sichtbar werden sind nach Maßgabe der DIN 18202 zulässig.

Spezifische Ergänzungen

Holzpflasterarbeiten
Für Holzpflasterarbeiten gelten neben den Regelungen der DIN 18367 Holzpflaster auch die Einzelangaben aus der DIN 68701 „Holzpflaster GE“ und der DIN 68702 „Holzpflaster RE“ in denen die Holzpflasterarten nach den jeweiligen Anwendungsbereichen unterschieden werden.

Das Holzpflaster GE dient als Fußboden für gewerbliche und industrielle Zwecke. Die Abmessungen der Holzklötze betragen in der Höhe 50, 60, 80 und 100 mm, jeweils mit einer zulässigen Abweichung von ±1 mm. Die Breite ist einheitlich auf 80 mm festgelegt und darf um ±1,5 mm variieren. Die Länge der Holzklötze kann zwischen 80 und 160 mm betragen.

Das Holzpflaster RE wird als Fußboden in Versammlungsstätten, Schulen und Wohnungen (RE-V) bzw. als RE-W in Werk- und Ausbildungsstätten eingesetzt. Die Abmessungen der verfügbaren Holzklötze betragen in der Höhe 22, 25, 30, 40, 50, 60 und 80 mm mit einer maximalen Abweichung von ±1 mm. Breiten stehen in Abstufungen von 40 – 80 mm zur Verfügung, je Klotz darf die Abweichung ±1 mm betragen. Die Längenabmessungen der Klötze liegen zwischen 40 – 120 mm, bei RE-W zwischen 40 und 140 mm.

Bei beiden Pflasterarten sind die Klötze im Verband und mit gradlinigen durchgehenden Längsfugen parallel zur Schmalseite der Fläche zu verlegen.

Zu angrenzenden Wänden sind Arbeitsfugen herzustellen, an Schienen sind die Klötze unmittelbar anzustoßen.

Für die Unterböden bestehen abhängig von der vorgesehen Nutzung, der Art und der Materialien des Unterbodens unterschiedliche Anforderungen, in allen Fällen jedoch die Einhaltung der maximalen Ebenheitsabweichungen nach DIN 18202, Tabelle 3.

Unterböden	Art des Holzpflasters	
	Holzpflaster GE nach DIN 68701	Holzpflaster GE nach DIN 68701
Verbundestrich ZE 30 oder Beton C 20 / 25	Oberfläche abgerieben, nicht geglättet, Nachbehandlung notwendig	
Schwimmender Estrich oder Estrich auf Trennschicht, ZE 30	-	Wohnungsbau mindestens 45 mm, sonst mindestens 60 mm mit Bewehrung

Fertigverlegte Holzpflasterflächen sind zu schleifen und so zu versiegeln, dass eine **gleichmäßige Oberfläche** hergestellt wird. Die Schichtdicke der Versiegelung kann abhängig von der Ebenheit der geschliffenen Oberfläche variieren (siehe Schichtdickenmessung).

Nach DIN 18367 Abs. 3.1.3 sind Abweichungen von vorgeschriebenen Maßen innerhalb der Grenzwerte der DIN 18202 zulässig. Unebenheiten von Oberflächen, die bei Streiflicht sichtbar werden, sind dann zulässig, wenn die Maßtoleranzen eingehalten worden sind.

Textile Bodenbeläge – Maßhaltigkeit

Für textile Bodenbeläge als Bahnenware beträgt die größte zulässige Maßänderung unter wechselnder Einwirkung von Feuchtigkeit und Wärme 0,4 % für die Ausdehnung und 0,8 % für die Schrumpfung. Für andere Beläge gelten als Maximalwerte:

Maximalwerte für Ausdehnung und Schrumpfung von Bodenbelägen			
Belag	Schrumpfung in %	Ausdehnung in %	Maßänderung in mm auf 1,0 m
Teppichboden	≤0,80	≤0,40	–8 bis +4
Teppichfliese	≤0,20	≤0,20	–2 bis +2
Nadelvlies	≤1,20	≤0,50	–12 bis +5
Linoleum	≤0,10	≤0,10	1,0
Gummi / Elastomer		≤0,40	4,0
PVC	≤0,40 Verschweißung ≤0,25 Trockenfugen		4,0 bis 2,5

Textile Bodenbeläge – Musterverzug

Für einem bogenförmigen Musterverzug zur Bahnenmitte (Bogigkeit) bei textilen Bodenbelägen besteht abhängig von der Bahnenbreite eine zulässige Toleranz für quer orientierte Muster:

- Bis 1,0 m Bahnenbreite → max. 10 mm
- 1,0 bis 2,0 m Bahnenbreite → max. 20 mm
- über 2,0 m Bahnenbreite → max. 30 mm

Die Bogigkeit in Längsrichtung darf auf 2,0 m maximal 6 mm betragen.

Barrierefreiheit

Im Bereich von Türen sind zur Sicherstellung der barrierefreien Zugänglichkeit einer Wohnung oder eines Raumes bestimmte Bewegungsflächen und Abstände zu berücksichtigen. In der DIN 18025 „Barrierefreie Wohnungen" sind dazu folgende Festlegungen getroffen worden:

- Lichte Durchgangsbreite: >0,90 m
- Lichte Durchgangshöhe: >2,10 m

- Platzbedarf bandseitig: Breite ≥1,50 m, Tiefe: ≥1,50 m
- Platzbedarf Laibungseite: Breite ≥1,50 m, Tiefe ab Wandfläche ≥1,20 m

Der seitliche Abstand vom Türdrücker bis zu einer seitlichen Raumbegrenzung muss mindestens 50 cm betragen.

Sind Türschwellen aus konstruktiven oder technischen Gründen, wie z. B. bei Terrassenausgangstüren, nicht zu vermeiden, dann darf deren Höhe nicht mehr als 2,0 cm betragen.

Prüfung

Der Auftragnehmer hat, wenn der Untergrund mangelbehaftet ist, unverzüglich Bedenken gem. VOB/B § 4 Nr. 3 anzumelden.

Dies gilt insbesondere bei Unebenheiten und unrichtiger Höhenlage der Oberfläche des Untergrundes (vgl. ATV DIN 18365, Abschnitt 3.2 und 3.3).

Dachdeckungs- und Dachabdichtungs-arbeiten

Die Anforderungen an Dachdeckungs- und Dachabdichtungsarbeiten sind im Wesentlichen in der Vergabe- und Vertragsordnung für Bauleistungen (VOB) Teil C in den Allgemeinen Technischen Vertragsbedingungen für Bauleistungen (ATV) in der DIN 18338 beschrieben. Im Folgenden werden die Inhalte der ATV und / oder der ergänzenden Fachregeln aus dem Regelwerk des Deutschen Dachdeckerhandwerks, auszugsweise unter dem Gesichtspunkt von Materialtoleranzen, Materialmindestdicken und Mindestanschlusshöhen dargestellt.

Normen: ATV DIN 18338 Dachdeckungs- und Dachabdichtungsarbeiten
Regelwerk und Fachregeln des Deutschen Dachdeckerhandwerks

Allgemeines: In der ATV DIN 18338 sind keine Angaben in Bezug auf zulässige Toleranzen, insbesondere keine Bezüge auf die DIN 18202 getroffen.

Spezifische Ergänzungen:

- Fachregeln Dachdeckungsarbeiten
- Regeln für Dächer mit Abdichtungen (Flachdachrichtlinien)
- Barrierefreiheit

Spezifische Ergänzungen

Fachregeln Dachdeckungsarbeiten
Für den Bereich der Dachdeckungsarbeiten werden im Folgenden die Regelungen für Dachdeckungen mit Dachziegeln, Dachsteinen und Schiefer dargestellt.

Dachziegel. Formate, Maßabweichungen
Dachziegel sind in vielfältigen Formen und unterschiedlichen Abmessungen im Handel erhältlich. Für die zulässigen herstellungs- und materialbedingten Maßabweichungen gelten die Produktblätter als verbindlich.

- **Regeldachneigung – Regensicherheit**
  Für Dacheindeckungen aus Dachziegeln mit und ohne Verfalzung bestehen abhängig von der Dachziegelform bzw. der Deckungsart Einteilungen nach Regeldachneigungen.

	Form	Regeldachneigung
Dachziegel mit Verfalzung		
Mehrfach Ringverfalzung	Flachdachziegel	22°
Unterbrochene Ringverfalzung	Doppelmuldenfalz-/ Reformziegel	30°
Verschiebefalz		30°
Seitenfalz		35°
Dachziegel ohne Verfalzung		
Seitenaufkantung	Krempziegel	35°
Gewölbt	Hohlpfanne* Hohlpfanne**, Mönch- und Nonne	35° 40° 40°
Eben	Biberschwanzziegel	30 ° - 40°
* Aufschnittdeckung, ** Vorschnittdeckung		

Durch Zusatzmaßnahmen können in Abhängigkeit von den Anforderungen aus der Nutzung, der Konstruktion und den klimatischen Verhältnissen auch bei einer Unterschreitung der Regeldachneigung sichere Dacheindeckungen ausgeführt werden.

Dachdeckungen mit Dachziegeln auf Dachflächen mit weniger als 10° Neigung sind auch unter Einsatz von zusätzlichen Maßnahmen nicht mehr herzustellen.

Zuordnung von Zusatzmaßnahmen				
	Weitere erhöhte Anforderung			
Dachneigung	keine	eine	zwei	drei
Regeldachneigung (RDN)	-	Unter-spannung	Unter-spannung	Überlappte oder verfalzte Unterdeckung
≥ RDN – 6°	Unter-spannung	Unter-spannung	Überlappte oder verfalzte Unterdeckung	Verschweißte oder verklebte Unterdeckung
≥ RDN – 10°	Regensicheres Unterdach	Regensicheres Unterdach	Regensicheres Unterdach	Wasserdichtes Unterdach
≤ RDN – 10°	Regensicheres Unterdach	Wasserdichtes Unterdach	Wasserdichtes Unterdach	Wasserdichtes Unterdach

- **Seiten- und Höhenüberdeckung**
  Bei verfalzten Ziegeln ist die Seitenüberdeckung durch die Verfalzung des Ziegels vorgegeben. Ebene Strangfalzziegel benötigen eine Höhenüberdeckung ≥12 cm, gewölbte Strangfalzziegel eine Höhenüberdeckung ≥10 cm. Die Höhenüberdeckung von Dachziegeln mit Ringfalzen ist produktbedingt vorgegeben.

  Bei ebenen und gewölbten Dachziegeln ohne Verfalzung ist die Seiten- und Höhenüberdeckung abhängig von der Dachziegelart, der Deckungsart und der Dachneigung. Für ebene Dachziegel ohne Verfalzung variiert das Maß der Höhenüberdeckung zwischen ≥7 cm und ≥10 cm je nach Dachneigung. Ebene Dachziegel ohne Verfalzung benötigen eine Höhenüberdeckung von ≥5 cm bis ≥7 cm.

Dachsteine
Formate, Maßabweichungen Dachsteine sind in vielfältigen Formen und unterschiedlichen Abmessungen im Handel erhältlich, überwiegend im Standardformat 330 x 420 mm und 245 x 420 mm. Die Abmessungen und Maßtoleranzen sind produktspezifisch geregelt.

- **Regeldachneigung – Regensicherheit**

	Form	Deckungsart	Regeldachneigung
Dachsteine mit Seitenfalz			
Hochliegender Seitenfalz	profiliert	Einfachdeckung	22°
Tiefliegender Seitenfalz	eben	Einfachdeckung	25°
Dachsteine ohne Verfalzung			
Eben	Biberschwanz	Doppel- und Kronendeckung	30°
		Einfachdeckung mit Spließen	40°

Bei Unterschreitung der Regeldachneigung sind zusätzliche Maßnahmen gem. der Tabelle im Abschnitt Dachziegel erforderlich.

- **Seiten- und Höhenüberdeckung**
  Die Seitenüberdeckung ist durch die produktabhängigen Wasser- und Deckfalzmaße vorgegeben. Die Höhenüberdeckung ist variabel und abhängig von der Dachsteinart, der Dachdeckungsart und der Dachneigung. Die Höhenüberdeckungen variieren zwischen 5 cm bis zu 17 cm.

Schiefer, Materialeigenschaften

Die Spaltdicke von Schiefer soll 4 mm bis 6 mm, im Mittel 5 mm betragen. Wegen den natürlichen Farbunterschiede sollen zur Herstellung eines optisch einheitlichen Farbbildes der Dachfläche nur Schiefer aus einem Bruch verwendet werden.Bei einem Sparrenabstand von bis zu 0,60 m sollen für die Schalung Bretter mit einer Mindestdicke von 24 mm eingesetzt werden, bei größeren Abständen ist die Dicke der Schalung zu erhöhen. Die Mindestbreite der Bretter beträgt 120 mm. Die erforderliche Vordeckung aus geeigneten Dichtungsbahnen muss eine Überdeckung von mindesten 80 mm aufweisen, unabhängig von der Verlegerichtung dieser Vordeckungsbahnen.

- **Mindestüberdeckungen**
  Für die Schuppendeckung gilt eine Mindesthöhen- und Mindestseitenüberdeckung von 29 % der Steinhöhe, bei Steinhöhen ≤170 mm beträgt dieses Maß mindestens 50 mm.

  Für eine Altdeutsche Deckung gilt diese Regelung auch für Schiefer mit stumpfen und normalem Hieb, bei scharfem Hieb beträgt die Seitenüberdeckung mindestens 38 % der Steinhöhe.

  Für Dacheindeckungen mit Deutscher Deckung (Bogenschnittdeckung) ist die Mindestüberdeckung abhängig vom Steinformat und der Dachneigung geregelt:

Deutsche Deckung	Format 30/30 cm		Format 25/25 cm	
Regeldachneigung	Höhe [mm]	Seite [mm]	Höhe [mm]	Seite [mm]
≥25°	110	90	-	-
≥30°	100	90	-	-
≥35°	90	90	-	-
≥40°	90	90	90	80
≥45°	80	90	80	80
≥55°	70	90	70	80

  Rechteckdoppeldeckungen sind mit ca. 3 mm bis 6 mm breiten Fugen herzustellen. Abhängig vom Schieferformat beträgt die Höhenüberdeckung 120 mm bei großformatigen Steinen und geringer Dachneigung (≥22°) und bis zu 60 mm bei Mittel- und Kleinformaten mit Dachneigungen ≥50°.

Bei seitlichen Anschlüssen der Dacheindeckung mit Metall müssen die Schiefer die Nocken bei einer Dachneigung ≤35° mindestens 150 mm, bei größeren Dachneigungen mindestens 120 mm überdecken.

An Blechkehlen beträgt das Überdeckungsmaß bis zur Kehllinie bei Dachneigungen ≥50° mindestens 120 mm, bei größeren Dachneigungen mindestens 100 mm.

Firstseitige Anschlüsse aus Metall sind an aufgehende Bauteile mindestens 180 mm und auf der Dachfläche mindestens 280 mm hochzuführen. Die Schieferüberdeckung entspricht dem Maß der Dachflächendeckung, jedoch nicht weniger als 100 mm.

- **Befestigung**
  Die Befestigung der Schiefer für eine Schuppendeckung oder Altdeutsche Deckung erfolgt abhängig von der Steinhöhe: Bei Steinhöhen ≥240 mm mit mindestens drei Schiefernägeln. Bei Steinhöhen <240 mm mit mindestens zwei Schiefernägeln

Regeln für Dächer mit Abdichtungen (Flachdachrichtlinien)
Für die Herstellung von Dachabdichtungen sind die Regeln der DIN 18531 „Dachabdichtungen – Begriffe, Anforderungen, Planungsgrundsätze" zu beachten. Ergänzend sind in der VOB/C, DIN 18338 unter Abs. 3.3.2 und 3.3.3 detaillierte Angaben über die erforderliche Anzahl der Lagen, Zuschnittbreiten und Abmessungen von Dämmstoffkeilen bei Dachanschlüssen und Bewegungsfugen enthalten.

Nach der „Fachregel für Dächer mit Abdichtungen – Flachdachrichtlinien" sollen die Flächen für zusammenhängende Abdichtungsschichten mit einem Mindestgefälle von 2 % geplant werden. Auf dieses „Mindestgefälle" wird auch in der DIN 18338 in Abs. 3.3.2.5 und in Abs. 3.3.2.6 bei der Beschreibung erforderlicher Abdichtungslagen Bezug genommen. Dachflächen mit geringeren Dachneigungen gelten als Sonderkonstruktionen.

- **Gefälle bei flach geneigten Dächern**

  Bei der Planung des Dachaufbaus und der Dachabdichtung von Dachflächen mit einer Dachneigung bis ca. 3° (ca. 5 %) ist zu berücksichtigen, dass durch zulässige Toleranzen in der Ebenheit der Unterkonstruktion, der Dicke der Werkstoffe sowie durch Überlappungen und Verstärkungen mit behindertem Wasserablauf und Pfützenbildung gerechnet werden muss.

  Darüber hinaus ist bei der Bemessung des Dachgefälles eine zeit- und lastabhängige Durchbiegung der Dachkonstruktion zu beachten. Das Mindestgefälle sollte daher mit 5 %, zuzüglich der durch die Durchbiegung der Dachkonstruktion zu erwartenden Toleranz, ausgeführt werden.

- **Dachabdichtung**

  Für die Dachabdichtung stehen eine Vielzahl von Abdichtungsstoffen mit den entsprechenden Materialstärken und Verarbeitungsbedingungen zur Verfügung. Die nachstehende Tabelle gibt eine Übersicht über die Grundsystematik.

Dachabdichtungen für Konstruktion mit Dachneigung ≥ 2 % aus			
	Bitumenbahnen	**Kunststoff- und Elastomerbahnen**	**Flüssigkunststoffen**
Anzahl der Lagen	≥2 Lagen	i. d. R. 1 Lage, auf Trennlage	Einlagig, eventuell auf Trennlage
Verbindung durch	kleben	schweißen, kleben	vollflächig haftend
Überlappungen an Längs- und Quernaht	≥80 mm	≥40 mm Baustellennaht, Schweißnähte je nach Material 20 – 30 mm breit, bei Verklebung 50 mm, Dichtungsband mindestens 40 mm breit	Ausführung in zwei Arbeitsgängen (Schichten) mit Armierung
Versatz der Bahnen	erforderlich	erforderlich	Einlage mit mind. 50 mm Versatz

- **Sicherung gegen Abheben durch Windkräfte**
  Zur Sicherung der flächig aufliegenden Dachabdichtungen können Maßnahmen durch Aufkleben, mechanische Befestigung mit dem Untergrund oder durch Auflast getroffen werden.

  Ohne weiteren rechnerischen Nachweis sind für Gebäudehöhen bis 20 m Dachabdichtungen aus Bitumenbahnen dann lagesicher, wenn sie auf mindestens 10 % der Fläche (Innenbereich) bei gleichmäßiger Verteilung mit der Unterlage mit Heißbitumen **verklebt** sind. Im Randbereich beträgt der Anteil der Klebefläche 20 % und im Eckbereich 40 % des jeweiligen Flächenanteils.

  Bei Dachkonstruktionen aus Profilblechen sind in einem Randbereich von einem Achtel der Gebäudebreite zusätzlich mindestens drei mechanische Befestigungen je Quadratmeter einzubauen (nach DIN 18531 „Dachabdichtungen“).

Bei **mechanischen Befestigungen** mit Tellerdübeln, Breitkopfstiften u. a., abhängig von der Dacheindeckung und dem konstruktiven Dachaufbau, sind mindestens nachstehende Befestigungspunkte herzustellen:

- Randbereich 6 Befestigungspunkte/m^2, allgemein
  6 Stück/m^2 bei Trapezprofilen
- Eckbereich 8 Befestigungspunkte/m^2, allgemein
  9 Stück/m^2, bei Trapezprofilen
- Innenbereich 4 Befestigungspunkte/m^2, allgemein
  3 Stück/m^2, bei Trapezprofilen

Durch eine ca. 5 cm dicke, flächig aufgebrachte Kiesschüttung, gleichzeitig als Oberflächenschutz dienend, oder durch das Auflegen von Betonplatten kann eine Sicherung gegen Abheben erfolgen. Bei Gebäudehöhen über 20 m kann eine Kombination gem. nachstehender Tabelle erfolgen:

Sicherung gegen Abheben durch Auflast nach DIN 18531		
Höhe der Dachfläche über Gelände	Innenbereich	Randbereich, mit und ohne Befestigung am Dachrand
Bis 8 m	40 kg/m^2	80/120 kg/m^2
8 bis 10 m	65 kg/m^2	130/190 kg/m^2
Über 20 m	80 kg/m^2	160/260 kg/m^2

- **Anschlusshöhen, Abschlusshöhen**
  Die oberen Anschlüsse der Dichtungsbahnen sind mit biegesteifen Aluminiumprofilen herzustellen und alle 20 cm zu befestigen.

Dachneigungsgruppe nach DIN 18531		Anschlüsse an aufgehende Bauteile, über OK Kiesschüttung, Plattenbelag		Abschlüsse an Dachrandaufkantungen, bei Dachflächen mit Innenentwässerung	
		DIN 18531	Flachdachr.l.	DIN 18531	Flachdachr.l.
I	Über 3°	≥15 cm	Bis 5° ≥15 cm	≥10 cm	Bis 5° ≥10 cm
II	Über 3° bis 5°	≥15 cm	Bis 5° ≥15 cm	≥10 cm	Bis 5° ≥10 cm
III	Über 5° bis 20°	≥10 cm	Über 5° ≥10 cm	≥5 cm	Über 5° ≥5 cm
IV	Über 20°	≥10 cm	Über 5° ≥10 cm	≥5 cm	Über 5° ≥5 cm

- **Anschlusshöhe an Durchdringungen**
  Die Anschlusshöhe von Dachabdichtungen an durchdringende Bauteile (z. B. Dunstrohre, Maste) soll mindestens 15 cm betragen und muss am oberen Anschluss gegen Abrutschen gesichert sein.

- **Anschlüsse an Türen**
  Die Anschlusshöhe an Wandflächen oder Schwellen von Türkonstruktionen soll i. d. R. 15 cm betragen. Durch die Anordnung von zusätzlichen Maßnahmen (z. B. Gitterroste, Entwässerungsrinnen) kann die Anschlusshöhe auf 5 cm von Oberkante Nutzebene bis Oberkante Abdichtungsabschluss reduziert werden.

- **Abstände von Einbauteilen und Durchdringungen**
  Für den Abstand von Durchdringungen untereinander, zu Fugen oder zu anderen Bauteilen ist nach DIN 18531 ein Mindestmaß von 50 cm einzuhalten, nach den Flachdachrichtlinien 2003 ist ein Abstand von 30 cm zulässig.

Dies gilt auch für die Abstände von Dachentwässerungspunkten (Flanschaußenkante) zu Dachaufbauten, Fugen und Durchdringungen.

Die Ränder der Klebeflansche der Aufsatzkränze von eingeklebten Lichtkuppen sollen einen Mindestabstand von 30 cm aufweisen.

Für Flanschkonstruktionen nach DIN 18195 „Bauwerksabdichtungen", Klebeflansche an Durchdringungen oder für Anschlüsse mit eingeklebten Blechen muss die Anschlussbreite mindestens 120 mm betragen.

- **Bewegungsfugen**
  Bewegungsfugen des Bauwerks sollen wegen der Einbindung der Zusatzmaßnahmen für Fugen in die Flächenabdichtung und mit einem Abstand von mindestens 50 cm parallel zu Anschlüssen an aufgehende Bauteile (Kehlen) verlaufen.

- **Schutzlagen**
  Für die Herstellung von Schutzlagen können neben Drainagematten (d = 8 mm – 18 mm) oder Platten aus PS-Extruderschaum auch Matten aus Gummigranulat mit einer Dicke von mindestens 6 mm oder Kunststoffgranulate mit mindestens 4 mm Dicke eingesetzt werden. Schutzbahnen aus PVC-halbhart erfordern eine Mindestdicke von 1 mm, aus PVC-P mindestens 1,3 mm.

  Bei Abdichtungen aus Flüssigkunststoffen auf weniger als 2 % geneigten Dachflächen (Sonderkonstruktionen) ist neben der Erhöhung der Mindestabdichtungsdicke auf 2 mm eine Versiegelung der Oberfläche erforderlich.

- **Oberflächenschutz**
  Die Wahl des Oberflächenschutzes ist abhängig von der Art der Bahnen der Dachabdichtung. Eine Kiesschüttung (Körnung 16/32) ist mit einer Dicke von mindestens 5 cm aufzubringen. Alternativ können auch werkseitig vorbeschieferte Dichtungsbahnen oder die Platten einer Sicherung durch Auflast den Oberflächenschutz gewährleisten. Für die Herstellung einer schweren Auflast sind Betonplatten im Format 50 cm x 50 cm x 5 cm auf einem ca. 30 mm starken Splittbett (Körnung 5/8) geeignet.

- **Flüssigabdichtungen**
  Die Mindestdicken für Dachabdichtungen aus Flüssigkunststoffen auf der Basis von Reaktionsharzen sind im „Produktblatt für Flüssigabdichtungen" des Zentralverbandes des Deutschen Dachdeckerhandwerks formuliert. Dabei ist nach der Art des Abdichtungsmaterials und der Nutzung der Dachfläche zu unterscheiden:

  Die Abdichtung aus flexiblen ungesättigten Polyesterharzen (UP), flexiblen Polyurethanharzen (PU) und flexiblen Methylmethanacrylaten (PMMA) ist mindestens zweischichtig herzustellen. Die Mindestdicke der Abdichtung beträgt 1,5 mm für nicht genutzte Dächer, für genutzte Dächer mindestens 2,0 mm.

  Die Flüssigabdichtungsebene ist immer mit einem Kunststoffvlies (110 g/m^2) zu armieren, die Mindestüberlappung der Einlagen beträgt 50 cm.

Barrierefreiheit
Im Bereich von Ausgängen auf Dachterrassen kann die Regelanschlusshöhe von 15 cm durch die Anordnung von zusätzlichen Maßnahmen (z. B. Gitterroste, Entwässerungsrinnen) auf eine Anschlusshöhe von 5 cm ab Oberkante Nutzebene bis Oberkante Abdichtungsabschluss reduziert werden. Eine geringe „Schrägstellung" des Rostes ermöglicht die Herstellung der maximal zulässigen Übergangshöhe von 2 cm.

Prüfung

Nach ATV 18338 Abschnitt 3.1.2 hat der Auftragnehmer bei seiner Prüfung i. S. d. VOB/B § 4 Nr. 3 Bedenken, insbesondere bei ungeeigneter Beschaffenheit des Verlegeuntergrundes, geltend zu machen.

Dränarbeiten

Normen: Grundlage für die Ausführung von Dränarbeiten ist die DIN 4095 „Baugrund – Dränung zum Schutz baulicher Anlagen – Planung, Bemessung und Ausführung". Die Norm gilt in Verbindung mit den Arbeiten zur Bauwerksabdichtung nach DIN 18095 und berücksichtigt nur Regelfälle für definierte Voraussetzungen.

Allgemeines: Für die Ausführung von Dränarbeiten zum Schutz von baulichen Anlagen gelten die allgemeinen Technischen Vertragsbedingungen (ATV) der VOB/C DIN 18308 „Dränarbeiten". Außerdem ist die ATV „Allgemeine Regelungen für Bauarbeiten jeder Art" DIN 18299, Abschnitt 0 zu beachten.

Zulässige Verlegetoleranzen sind in einer Leistungsbeschreibung gesondert anzugeben soweit diese nicht in anderen Normen festgelegt sind.

Regelausführungen nach DIN 4095

Durch Bodenerkundungen und Feststellung des ungünstigsten / höchsten Grundwasserstandes können sogenannte Regelfälle ermittelt werden. Für diese Fälle gelten dann die unten genannten Richtwerte zur Ausführung von Drainanlagen.

- Fall a)
  Ausschließliches Vorhandensein von Bodenfeuchtigkeit in stark durchlässigem Boden.
- Fall b)
  Anfallendes Wasser kann über eine Dränung beseitigt werden und es entsteht kein Wasserdruck auf der Bauwerksabdichtung.
- Fall c)
  Vorhandensein von drückendem Wasser, meist in Form von Grundwasser, Ableitung über Dränung nicht möglich.

DIN 4095	**Richtwerte für Ausführung in Regelfällen a) – c)**		
Einflußgröße	vor Wänden	auf Decken	unter Bodenplatten
Geländeoberfläche Deckengefälle	eben bis leicht geneigt	 Ab 3 %	-
Durchlässigkeit des Bodens	schwach durchlässig	-	schwach durchlässig
Einbautiefe	Bis 3 m	-	-
Gebäudehöhe	Bis 15 m	Bis 15 m	-
Angrenzende Gebäudehöhe	-	Bis 15 m	-
Deckenteilfläche bzw. bebaute Fläche	-	Bis 150 m^2	Bis 200 m^2
Länge der Dränleitung	Bis 60 m	Bis 15 m	-

Planungs- und Ausführungsgrundlagen als Richtwerte von Regelausführungen nach DIN 4095 für Dränanlagen

vor Wänden:

- Alle erdberührten Flächen durch Dränschicht (Filterschicht und Sickerschicht) abgedeckt, Oberkante der Schicht bis 15 cm unter Geländeoberfläche

- Dränleitung mind. DN 100, mit 0,5 % Gefälle als Ringleitung
- Rohrsohle der Dränleitung am Hochpunkt mind. 20 cm unter OK Rohfußboden / Rohbodenplatte
- Rohrgrabentiefe maximale Tiefe bis Unterkante der Fundamentsohle
- Spülrohre mind. DN 300
- Übergabeschacht mind. DN 1000
- Dränschicht aus: (Beispiele)
  - Kiessand der Körnung 0/8 mm, Mindestdicke 50 cm
  - Filterschicht der Körnung 0/4 mm, Mindestdicke 10 cm und Sickerschicht der Körnung 4/16 mm, Mindestdicke 20 cm
  - Kies der Körnung 8/16 mm, Mindestdicke 20 cm mit Abdeckung durch Geotextil.
- Vor Wänden darf ein maximaler Wasseraufstau bis zu 20 cm über Dränrohrsohle auftreten.

auf Decken:

- Alle Decken- und angrenzenden erdberührten Flächen abgedeckt durch Dränschicht
- Stoßüberdeckung bei Geotextilien mind. 0,1 m
- Dränrohroberkante maximal bis Oberfläche Sickerschicht
- Sammelleitungen mit mindestens 0,5 % Gefälle
- Dränschicht aus Kies der Körnung 8/16 mm, Mindestdicke 0,15 m und Geotextil

unter Bodenplatten:

- Horizontale Entwässerungsmöglichkeit, Fundamentdurchbrüche mind. DN 50
- Dränschicht aus:
  - Kies Körnung 8/16 mm, Mindestdicke 10 cm und Geotextil
  - Filterschicht Körnung 0/4 mm und Sickerschicht Körnung 4/16 mm, jeweils mit Mindestdicke 10 cm

Dränrohre sind zu ummanteln. Für die Ummantelung mit Kiessand der Körnung 0/8 mm ist eine umlaufenden Mindestschichtdicke von 15 cm erforderlich. Alternativ kann eine Sickerschicht der Körnung 4/16 mm (Dicke mind.15 cm) und eine Filterschicht der Körnung 0/4 mm (Dicke mind. 10 cm) ausgeführt werden. Bei Einsatz von Kies der Körnung 8/16 mm beträgt die umlaufende Mindestschichtdicke 10 cm.

Prüfung

Vor der Verfüllung der Baugrube bzw. des Arbeitsraumes ist die Funktionsfähigkeit von Dränleitungen zu prüfen und das Prüfergebnis in einem Protokoll zu dokumentieren.

Elektro-installationen

Die Anforderungen an Elektroinstallationen sind in der Vergabe- und Vertragsordnung für Bauleistungen (VOB) Teil C nicht detailliert beschrieben. Im Folgenden werden einzelne Regelungen auszugsweise unter dem Gesichtspunkt von Ausführungsvorgaben und Mindestausstattungen dargestellt.

Normen:

DIN 18012 Hausanschlussraum
DIN 18013 Nischen für Zählerplätze
DIN 18015-1 Elektrische Anlagen in Wohngebäuden, Planungsgrundlagen
DIN 18015-2 Elektrische Anlagen in Wohngebäuden, Art und Umfang der Mindestausstattung
HEA-Merkblätter / RAL-RG 678
DIN VDE 0100-701 Errichten von Niederspannungsanlagen (Schutzbereiche)
DIN 43870 Zählerplätze

Spezifische Ergänzungen

- Hausausschlussraum
- Hausanschlussnische
- Zählernische
- Schlitze und Aussparungen im Mauerwerk
- Mindestausstattung von Wohnungen nach DIN 18015-2 und HEA
- Leistungsprüfung und Anordnung der Betriebsmittel
- Schutzbereiche in Räumen mit Dusch- und Badewannen (DIN VDE 0100-701)
- Barrierefreiheit

Spezifische Ergänzungen

Hausanschlussraum
Für die Einrichtung und Planung von Hausanschlussräumen in Wohngebäuden mit mehr als vier Wohnungen gelten die Regelungen der DIN 18012 „Hausanschlussräume". Für die Hausanschlussnische in nicht unterkellerten Einfamilienhäuser und die Hausanschlusswand in Gebäuden mit bis zu vier Wohnungen gelten die Grundanforderungen bzgl. der Installation und der Wartung der Mess- und Absperreinrichtungen sinngemäß.

Als Mindestanforderungen für den Platzbedarf im Hausanschlussraum gilt ein freier Arbeitsbereich vor den Anschlusseinrichtungen mit einer Tiefe von 1,20 m. Im Bereich der Installation des Wasserzählers und der Absperreinrichtungen wird eine Wandlänge von ca. 2,00 m benötigt. Die lichte Durchgangshöhe darf unter den an der Decke installierten Leitungen oder anderen Bauteilen 1,80 m nicht unterscheiten.

Die Wandfläche für die Anordnung der Installationen muss eben sein, mechanischen Belastungen standhalten und einen ausreichenden Schallschutz gewährleisten. Die Mindestwanddicke beträgt 6 cm, nicht unter statischen Gesichtpunkten sondern vielmehr als Schutz gegen mechanische Einflüsse von der Montagerückseite.

Für die Lage von Wanddurchgängen der Hauseinführungen für Versorgungsleitungen können die nachstehenden Tiefenzonen als Anhaltswerte angenommen werden.

Mantelrohre für Art der Leitung	**Tiefenzone unter der Geländeoberfläche**
Wasserversorgung	1,20 m bis 1,50 m
Fernwärme	0,60 m bis 1,00 m
Starkstromversorgung	0,60 m bis 0,80 m
Fernmeldekabel	0,35 m bis 0,60 m
Gasversorgung	0,50 m bis 1,00 m
Fernwärmeleitung	0,60 m bis 1,00 m

Hausanschlussnische

Die Abmessungen der Hausanschlussnische resultieren aus dem Rohbau-Richtmaß der Öffnung einer Tür mit den Abmessungen 875 mm Breite und 2000 mm Höhe. Die Mindesttiefe beträgt 250 mm. Für die Verteilung der Installationen ist in der DIN 18012 eine Aufteilung nach Funktionsflächen enthalten.

Zählernische

Abhängig von der Zahl der zu installierenden Zählerplätze sind Zählernischen mit den nachstehenden lichten Abmessungen herzustellen:

<table>
<tr><th colspan="4">DIN 18013 Zählernischen (für Zählerschränke mit Türen, Bautiefe max. 225 mm)</th></tr>
<tr><th>Zahl der Zählerplätze</th><th>Mindestbreite (cm)</th><th>Mindesttiefe (cm)</th><th>Mindesthöhe (cm)</th></tr>
<tr><td>1</td><td>30</td><td>14</td><td rowspan="5">95, 110, 125, 140
abhängig von der Bestückung</td></tr>
<tr><td>2</td><td>55</td><td>14</td></tr>
<tr><td>3</td><td>80</td><td>14</td></tr>
<tr><td>4</td><td>105</td><td>14</td></tr>
<tr><td>5</td><td>130</td><td>14</td></tr>
</table>

Zählernischen sind mit einer Höhe der Oberkante von 1,80 m über fertiger Fußbodenfläche herzustellen. Die Höhentoleranz beträgt ±5 cm.

Die Abmessungen der Schlitze und Aussparungen, die ohne statischen Nachweis gem. DIN 1053-1 „Mauerwerk – Berechnung und Ausführung" ausgeführt werden können, reichen wegen der für die Herstellung von Zählernischen erforderlichen Tiefe von 14 cm nicht aus. Aus Gründen des baulichen Brand- und Schallschutzes sind zusätzliche Maßnahmen (Abmauerungen, Brandschutzplatten u. Ä.) objektbezogen erforderlich.

Schlitze und Aussparungen im Mauerwerk

Für die Zulässigkeit von Schlitzen und Aussparungen in gemauerten tragenden Wänden wird nach dem Schlitzverlauf (horizontal, schräg oder vertikal) sowie der Herstellungsform (nachträglich durch Stemmarbeiten oder im Zuge der Mauerarbeiten) unterschieden. In der DIN 1053-1 „Mauerwerk – Berechnung und Ausführung“ sind dazu in Tabelle 10 detaillierte Einzelangaben für verschiedene Wandstärken zusammengestellt.

Grundsätzlich sind nachträglich gestemmte horizontale Schlitze nur in einem Bereich von bis zu 40 cm oberhalb oder unterhalb der Rohdecke zulässig. Vertikale Schlitze und Aussparungen, die nachträglich hergestellt werden, sind von Öffnungen mit einem Mindestabstand von 11,5 cm anzuordnen.

Schlitze und Aussparungen im gemauerten Verband sind von Öffnungen mindestens mit einem Abstand entsprechend der 2-fachen Schlitzbreite herzustellen, der Mindestabstand beträgt 24 cm. Der Abstand von Schlitzen und Aussparungen untereinander muss mindestens gleich groß oder größer als die Schlitzbreite sein.

Mindestausstattung von Wohnungen, nach DIN 18015-2 und HEA

In der DIN 18015-2 (2004) ist die Anzahl der Stromkreise abhängig von der Größe der Wohnfläche der Wohnung geregelt. Nachstehende Übersicht zeigt die erforderliche Anzahl von Stromkreisen für Steckdosen und Beleuchtung:

Wohnfläche der Wohnung	Anzahl der Stromkreise
<50 m²	3
>50 – 75 m²	4
>75 – 100 m²	5
>100 – 125 m²	6
>125 m²	7

Zusätzliche Stromkreise sind für Gemeinschaftsanlagen und die den Wohnungen zugeordnete Keller- und Bodenräume vorzusehen. Für besondere Raumnutzungen sind ggf. getrennte Stromkreise für Beleuchtung und Steckdosen herzustellen. Besondere Verbrauchsstellen sind durch einen eigenen Stromkreis abzusichern.

Steckdosen, Auslässe und Anschlüsse innerhalb der Wohnung sind in einer nutzungsgerechten Anzahl und geeigneter räumlicher Verteilung anzuordnen. Außerdem sind in der Wohnung eine Klingelanlage, ein Telekommunikationsanschluss und mindestens eine Anschlussdose für den Empfang von Rundfunk- und Fernsehprogrammen zu installieren. Neben jeder Antennenanschlussdose ist eine Dreifachsteckdose zu montieren, diese zählt als eine Steckdoseneinheit bzgl. der Anzahl Mindestraumausstattung.

Ergänzend zu der vorgenannten Regelung der DIN 18015 wurde durch die Hauptberatungsstelle für Elektrizitätsanwendung (HEA) eine Gliederung der Ausstattung nach verschiedenen Werten (1 Stern = Mindest-, 2 Sterne = Standard-, und 3 Sterne = gehobene Ausstattung) aufgestellt. Nachstehende Tabelle gibt einen Überblick über die Merkmale für Wohnungen nach DIN 18015 (Angaben für Mindestausstattung) und „HEA-Ausstattungswert 2“ (Angaben für Standardausstattung).

Raumnutzung	Steckdosen *		Auslässe	
	DIN 18015-2	HEA - **	DIN 18015-2	HEA - **
Wohnfläche bis 12 m²	3	6	1	2
Wohnfläche > 12 bis 20 m²	4	8	1	2
Wohnfläche > 20 m²	5	11	2	3
Kochnische	3	7	2	2
Küche, ohne Imbissplatz	5	10	2*	3
Bad	2	4	2	3
WC-Raum	1	2	1*	1
Hausarbeitsraum, ohne Wasseranschluss	3	8	1	2
Flur	1	2	1	3
Abstellraum	-	2	1	1
Hobbyraum	3	6	1	2
* ohne Geräteanschlüsse ** = HEA-Klassifizierung nach Sternen				

Leitungsführung und Anordnung der Betriebsmittel
Für die Anordnung von elektrischen Leitungen an Wänden sind in der DIN 18015-3 Leitungszonen festgelegt. Eine obere waagerechte Installationszone liegt im Bereich von 15 bis 45 cm unter der fertigen Deckenfläche, die untere waagerechte Installationszone 15 bis 45 cm über der fertigen Fußbodenfläche. Eine mittlere Installationszone kann im Bedarfsfall, z. B. für Arbeitsflächen, auf einer Höhe von 90 cm bis 120 cm über der fertigen Fußbodenfläche eingerichtet werden.

Senkrechte Installationszonen reichen von der Deckenunterkante bis zur Fußbodenoberkante und sind in einem seitlichen Abstand von 10 cm bis 30 cm neben den Rohbaukanten von Türöffnungen vorzusehen. Diese Regelung gilt auch für den seitlichen Abstand neben den Rohbaukanten an Fenstern und neben Raumecken.

Elektrische Leitungen sind innerhalb der vorgenannten Installationszonen zu verlegen, als Vorzugsmaße gelten dabei:

- Für waagerechte Leitungsführungen ca. 30 cm unter der Deckenunterkante und ca. 30 cm über der fertigen Fußbodenoberfläche.
- Für senkrechte Leitungsführungen ca. 15 cm neben den senkrechten Rohbaukanten.

Für die Lage der horizontalen Mittelachse von Bedienteilen, bei Mehrfachschaltern die Achse der obersten Schalterwippe, soll eine Höhe von nicht mehr als 105 cm über fertiger Fußbodenfläche eingehalten werden. In mittleren waagerechten Installationszonen sind für Schalter und Steckdosen, wegen der Kollision mit der Höhe von Arbeitsflächen, eine Vorzugshöhe von 115 cm zu berücksichtigen.

Für überwachte Notausgangstüren mit elektrischer Verriegelung muss der für die Öffnung erforderliche rote, beleuchtete Nottaster auf der Tür oder unmittelbar neben der Tür in einer Höhe von 85 cm bis maximal 120 cm über dem Fußboden angebracht werden.

Schutzbereiche in Räumen mit Dusch- und Badewannen (DIN VDE 0100-701)

Schutzbereich 1: Im Bereich von Ausstattungsgegenständen (Dusche, Badewanne) dürfen in dem unmittelbaren Einflussbereich (senkrechte Projektion der Objekt-Begrenzungskanten auf die Wandfläche, Höhe bis 2,25 m über Fußbodenfläche) nur Verbindungs- und Anschlussdosen für solche Verbrauchsmittel installiert werden, die für diesen Bereich ausdrücklich zulässig sind. Dabei handelt es sich um Wassererwärmer, Whirlpool-Einrichtungen, Abluftgeräte und Verbrauchsmittel mit maximal AC 25 V bzw. DC 60 V. Für nicht durch Objekte abgegrenzte Bereiche (z. B. Duschen ohne Wanne) gilt ein Radius von 1,20 m um die Wasseraustrittstelle über eine Höhe von 2,25 m.

Schutzbereich 2: Für den Bereich von jeweils 60 cm neben den Raumkanten der Objekte gelten die vorgenannten Festlegungen. Eine spezielle Rasiersteckdosen-Einheit ist zulässig.

Außerhalb des Schutzbereiches 2 sind Schalter und Steckdosen zulässig, wenn diese mit einer Fehlerstromschutzeinrichtung (mindestens 30mA) geschützt sind.

Barrierefreiheit

Schalter für kraftbetätigte Drehflügeltüren sind mit einem Abstand von 2,50 m auf der Bandseite der Tür, auf der Gegenseite mit 1,50 m Abstand vorzusehen. Die Bedieneinrichtungen sind in diesem Fall wie auch im Allgemeinen in einer Höhe von 0,85 m über der fertigen Fußbodenfläche zu montieren. Dies entspricht der Forderung nach DIN 18015 in der für die Anordnung von Schaltern eine Höhe von **bis** 1,05 m über der fertigen Fußbodenoberfläche festgelegt ist.

Erdarbeiten

Die Anforderungen an Erdarbeiten sind im Wesentlichen in der Vergabe- und Vertragsordnung für Bauleistungen (VOB) Teil C in den Allgemeinen Technischen Vertragsbedingungen für Bauleistungen (ATV) in der DIN 18300 beschrieben. Im Folgenden werden die Inhalte der ATV und / oder der ergänzenden Regelungen nur auszugsweise unter dem Gesichtspunkt von Maßangaben zu Ausführungsbestimmungen dargestellt.

Normen: DIN 18300 Erdarbeiten
Ergänzend gelten die Abschnitte 1 bis 5 der ATV DIN 18299 Allgemeine Regelungen für Bauarbeiten jeder Art

Allgemeines: Die DIN-Norm 18202 enthält keine Angaben zu Toleranzen für Erdarbeiten.

Die DIN 18300 „Erdarbeiten“ gilt für das Lösen, Laden, Fördern, Einbauen und Verdichten von Boden und Fels. Sie gilt auch für das Lösen von Boden und Fels im Grundwasser und Uferbereich unter Wasser, wenn diese Arbeiten im Zusammenhang mit dem Lösen von Boden und Fels über Wasser an Land ausgeführt werden.

Spezifische Ergänzungen:

- Lösen und Laden
- Herstellen von Baugruben und Gräben
- Böschungswinkel von Baugruben
- Gräben
- Verfüllen von Leitungsgräben
- Ausschachtung
- Gründungen
- Sicherheitsabstände an Baugruben und Gräben
- Absturzsicherungen an Baugruben und Gräben

Spezifische Ergänzungen

Lösen und Laden

Sind Abtragsquerschnitte nicht festgelegt so sind bei der Festlegung insbesondere der Böschungsneigungen folgende Vorgaben zu beachten:

- DIN 4124 Baugruben und Gräben – Böschungen, Verbau, Arbeitsraumbreiten
- Für die Mindestgrabenbreite von Gräben für Abwasserleitungen und -kanälen DIN EN 1610 Verlegung und Prüfung von Abwasserleitungen und -kanälen

Herstellen von Baugruben und Gräben

Bodenklassen	
Klasse 1	Oberboden
Klasse 2	Fließende Bodenarten
Klasse 3	Leicht lösbare Bodenarten
Klasse 4	Mittelschwer lösbare Bodenarten
Klasse 5	Schwer lösbare Bodenarten
Klasse 6	Leicht lösbarer Fels und vergleichbare Bodenarten
Klasse 7	Schwer lösbarer Fels

Für die Erstellung und Sicherung von Baugruben und Gräben sowie für die Arbeitsraumbreiten und lichten Grabenbreiten gilt neben den Vorgaben der Berufsgenossenschaft die DIN 4124 und für die Mindestgrabenbreiten von Abwasserleitungen und -kanälen die DIN EN 1610.

Wenn nicht anders vorgegeben, umfasst die Leistung den Aushub von Baugruben nur bis Tiefen von 1,75 m, von Gräben für Fundamente oder Leitungen bis 1,25 m und für Gräben für Abwasserleitungen und -kanäle bis Tiefen von 1,00 m.

Die Maße der Baugrubensohle ergeben sich aus den Außenmaßen des Baukörpers zuzüglich

- den Mindestbreiten betretbarer Arbeitsräume nach DIN 4124 und zuzüglich
- der erforderlichen Maße für Schalungs- und Verbaukonstruktionen.

Als Außenmaße des Baukörpers gelten die Nennmaße nach DIN 18202, denen ggf. Abdichtungs-, Vorsatz- oder Schutzschichten bzw. Schalkonstruktionen des Baukörpers hinzuzurechnen sind. Die Breiten von betretbaren Arbeitsräumen müssen nach DIN 4124 mindestens 0,50 m betragen; als Breiten werden angenommen:

- Bei abgeböschten Baugruben und Gräben der waagerecht gemessene Abstand zwischen dem Böschungsfuß und der Außenseite des Bauwerks
- Bei verbauten Baugruben und Gräben der lichte Abstand zwischen der Luftseite der Verkleidung und der Außenseite des Bauwerks

Böschungswinkel von Baugruben

Werden für Baugrubenböschungen keine statischen Nachweise geführt, sind bestimmte Böschungswinkel, abhängig von der Bodenart im Bereich der Baugrube, einzuhalten. In der VOB/C, DIN 18300, Abs. 5.2.3 und der BG-Information D 112 sind die einzuhaltenden maximalen Böschungswinkel festgelegt:

Bodenklasse	VOB DIN 18300	Bodenbeschreibung	BG D 112
3 und 4	40°	Nicht bindig oder weichbindig	45°
5	60°	Steif oder halbfestbindig	60°
6 und 7	80°	Fels	80°

Gräben

Nach DIN 4124 gelten für Gräben für Leitungen und Kanäle folgende lichte Breiten, sofern nicht die weiter unten beschriebenen Einschränkungen maßgebend sind:

- Bei geböschten Gräben die Sohlbreite in Höhe der Rohrschaftunterkante

- Bei unverkleideten, mit senkrechten Wänden ausgehobenen Gräben sowie bei Gräben, die mit geböschten Kanten teilweise gesichert sind oder Saumboden erhalten, der lichte Abstand der Erdwände
- Bei waagerechtem Verbau der lichte Abstand der Holzbohlen
- Bei senkrechtem Verbau der lichte Abstand der Holzbohlen oder Kanaldielen
- Bei gepfändetem Verbau der mittlere Abstand der Holzbohlen oder Kanaldielen
- Bei großflächigen Stahlverbauplatten der lichte Abstand der Platten
- Bei Spundwandverbau der lichte Abstand der baugrubenseitigen Bohlenrücken
- Bei Trägerbohlwänden der lichte Abstand der Verbohlung

Lichte Mindestbreiten für Gräben mit betretbarem Arbeitsraum:

Äußerer Leitungs- bzw. Rohrschaftdurchmesser d in m	Lichte Mindestbreite b in m			
	Verbauter Graben		Nicht verbauter Graben	
	Regelfall	Umsteifung	$\beta \leq 60$ Grad	$\beta > 60$ Grad
bis 0,40	b=d+0,40	b=d+0,70	b=d+0,50	
über 0,40 bis 0,80	b=d+0,70		b=d+0,40	b=d+0,70
über 0,80 bis 1,40	b=d+0,85			
über 1,40	b=d+1,00			

Lichte Mindestbreiten für Gräben ohne betretbaren Arbeitsraum:

Regelverlegetiefe	–0,70 m	>0,70 m –0,90 m	>0,90 m –1,00 m	>1,00 m –1,25 m
Lichte Grabenbreite	0,30 m	0,40 m	0,50 m	0,60 m

Verfüllen von Leitungsgräben
Für die Verfüllung von Leitungsgräben dürfen bis zu einer Höhe von 30 cm über dem Rohrscheitel nur solche Stoffe nach DIN EN 1610 „Verlegung und Prüfung von Abwasserleitungen – Kanälen" eingebaut werden, die keine Materialien enthalten, die eine Schädigung der Leitung hervorrufen können.

Ausschachtungen
Für Ausschachtungen zum Zwecke der Herstellung von Gründungen und Unterfangungen sind grundsätzlich die Vorraussetzungen und Einzelbestimmungen nach DIN 4123 „Ausschachtungen, Gründungen und Unterfangungen im Bereich bestehender Gebäude" einzuhalten. Dazu gehören unter anderem:

- Die Bestimmungen und Regeln gelten nur für mindestens mitteldicht gelagerte nichtbindige Böden oder mindestens steife bindige Böden.
- Die Einhaltung der zulässigen Bodenpressungen (DIN 1054) und Grundbruchsicherheit (DIN 4017).
- Für die Dauer der Bauausführung ist ein Abstand des Grundwasserspiegels von mindestens 50 cm zur Unterkante vorhandener oder neu herzustellender Fundamen-

te, des Kellerfußbodens sowie unter der geplanten Aushubsohle zu gewährleisten.

- Die zu unterfangende Wand wirkt als „Scheibe".
- Die vorhandenen Gebäude oder Gebäudeteile sind auf Streifenfundamenten oder biegesteifen Stahlbetonbodenplatten gegründet.

Gebäude dürfen nicht ohne zusätzliche Sicherungsmaßnahmen bis zu ihrer Fundamentunterkante oder tiefer freigeschachtet werden. Durch die Erhaltung eines Erdblocks neben dem freizuschachtenden Gebäude kann die Geländebruchsicherheit gewahrt werden. Als maximale Bodenaushubgrenzen gelten dazu:

- Größte Aushubtiefe (Bermeoberfläche) neben dem Bestandsgebäude mit einer Höhenlage von mindestens 50 cm über der vorhandenen Gründung des Gebäudes, nicht tiefer als die Oberkante des Kellerfußbodens.
- Abböschung des Erdblocks neben der Berme nicht steiler als im Verhältnis 1:2 (Höhe : Breite).
- Breite der Berme mindestens 2,00 m.
- maximaler Höhenunterschied von 4,00 m zwischen der vorhandenen Gründungsebene und der Aushubsohle.

Ein Abtrag des Erdblocks zum Zwecke der Herstellung von Gründungen und Unterfangungen kann abschnittsweise erfolgen. Die dazu erforderlichen Stichgräben oder Schächte sind mit einer maximalen Breite von 1,25 m (lichtes Maß zwischen nahezu senkrechten Erdwänden) und einem seitlichen Abstand untereinander von mindestens der dreifachen Breite eines Stichgrabens / Schachtes auszuheben.

Gründungen
Fundamente für neu zu errichtende Gebäude sind im Allgemeinen so tief zu gründen wie die Fundamente bestehender Gebäude. Werden neue Fundamente tiefer als bestehende hergestellt, so sind die vorhandenen Fundamente zu unterfangen. Für die Ausführung einer gegenüber der vorhandenen Gründungsebene höher liegenden Gründung, ist ein Nachweis über die gesicherte Aufnahme der Lasten aus der Neubaumaßnahme auf die vorhandenen Gebäudeteile zu führen.

Sollen neue Fundamente unmittelbar neben vorhandenen Fundamenten hergestellt werden, so sind sie auf der gleichen Gründungsebene anzuordnen und durch eine Bewegungsfuge zum Bestand zu trennen. Für **unbewehrte oder nur mit einer konstruktiven Längsbewehrung** herzustellende Fundamente gilt eine Mindestabmessung von 50 cm für die Höhe und 50 cm für die Breite.

Werden neue Fundamente mit einer **statisch erforderlichen Längsbewehrung** hergestellt, so sind darunter unbewehrte Fundamente mit einer Mindestabmessung 50 x 50 cm für Breite und Höhe notwendig. Diese sind mit vorhandenen Fundamenten oder den Fundamenten einer hergestellten Unterfangungswand unterkantengleich anzuordnen und abschnittsweise auszuführen.

Die Gründung einer Unterfangungswand ist mit gleicher Gründungstiefe wie die neuen Fundamente herzustellen. Werden die Fundamente des neuen Gebäudes mit einer statisch notwendigen Längsbewehrung ausgeführt, so ist die Fundamentunterkante der Unterfangungswand 50 cm unterhalb der Unterkante des bewehrten neuen Fundamentes anzuordnen.

Sicherheitsabstände an Baugruben und Gräben
Die notwendigen Sicherheitsabstände von Straßen- und Baufahrzeugen sind abhängig von dem Gesamtgewicht des Fahrzeuges und der Beschaffenheit des Materials der angrenzenden Oberflächenbefestigung. Von den Regelabmessungen kann durch den Einsatz stärkerer Verbaumaterialien, durch die Verringerung der Stützweiten im Graben oder durch Verlegung von Lastverteilungsplatten auf den Verkehrswegen nach sorgfältiger Prüfung abgewichen werden.

Fahrzeuge, Baumaschinen und Baugeräte mit einem Gesamtgewicht bis 12 t müssen einen Sicherheitsabstand von mindestens 1,00 m zum Böschungsrand einhalten. Für schwerere Fahrzeuge mit mehr als 12 t und bis zu 40 t Gesamtgewicht gilt ein Mindestsicherheitsabstand von 2,00 m.

Bei verbauten Gräben mit einem waagerechten Normverbau nach DIN 4124 „Baugruben und Gräben – Böschungen, Verbau, Arbeitsraumbreiten" ist ein Mindestsicherheitsabstand von 0,60 m einzuhalten von:

- Allgemein zugelassenen Fahrzeugen mit einem zulässigen Gesamtgewicht bis zu 44 t während der Arbeit
- Baufahrzeugen nach StVZO allgemein zugelassen, während der Arbeit

- Baggern und Hebezeugen bis 18 t die unbelastet am Grabenrand fahren
- Baggern und Hebezeugen bis 12 t Gesamtgewicht während der Arbeit

Der untere Grenzwert des Sicherheitsabstandes beträgt 1,00 m wenn im Bereich der Baugrube bzw. des Grabens Fahrzeuge mit höheren Achslasten als in der Straßenverkehrsordnung genannt, verkehren. Ebenso wenn Bagger und Hebezeuge mit einem Gewicht von 12 bis 18 t eingesetzt sind. Der Mindestabstand von 1,00 m ist auch dann einzuhalten wenn die Dicke des Oberbaus weniger als 15 cm beträgt und keine ausreichende Lastverteilung sichergestellt ist.

Absturzsicherung an Baugruben und Gräben
Bei Baugruben mit einem Böschungswinkel von mehr als 60° und einer möglichen Absturzhöhe von mehr als 2,00 m sind Absturzsicherungen an der Böschungskante herzustellen. Werden feste Absperrungen mit einem Abstand von mehr als 2,00 m zur Böschungskante eingerichtet, bedarf es keiner unmittelbaren Sicherung durch Seitenschutz.

Für die Sicherung von geböschten und verbauten Gräben ist bei einer Absturzhöhe von mehr als 2,00 m ein Seitenschutz auszuführen.

Ein Seitenschutz besteht aus Geländer, Zwischenholm und Bordbrett. Ohne statischen Nachweis können für Geländer und Zwischenholm Gerüstbretter mit der Abmessung 15 x 3 cm bei einem Pfostenabstand bis 2,00 m eingesetzt werden.

Für Pfostenabstände bis 3,00 m sind Gerüstbretter mit einem Mindestquerschnitt von 20 cm x 4 cm, Stahlrohre d = 48 mm x 3,2 mm oder Aluminiumrohre d = 48,3 mm x 4 mm erforderlich. Die Mindestdicke für Bordbretter beträgt 3 cm. Die Oberkante von Bordbrettern darf maximal 10 cm über der zu sichernden Fläche liegen.

Estricharbeiten

Die Anforderungen an Estricharbeiten sind im Wesentlichen in der Vergabe- und Vertragsordnung für Bauleistungen (VOB) Teil C in den Allgemeinen Technischen Vertragsbedingungen für Bauleistungen (ATV) in der DIN 18353 beschrieben. Im Folgenden werden die Inhalte der ATV und / oder der ergänzenden Regelungen auszugsweise unter dem Gesichtspunkt von Ausführungstoleranzen und Materialmindestdicken dargestellt.

Normen: DIN 18353 Estricharbeiten

Allgemeines: Toleranzen sind in den durch DIN 18202 Toleranzen im Hochbau geregelten Grenzen zulässig (ATV DIN 18353, Abschnitt 3.1.3).

Spezifische Ergänzungen:

- Estrichdicke und Estrichmindestdicke
- Dickentoleranzen
- Dämmschicht
- Schwimmende Estriche und Estriche auf Trennlage
- Kunstharze und Kunstharzestriche
- Terrazzoböden
- Beschichtungen
- Fugen

- Haftzugfestigkeit der Oberfläche
- Belegereife
- Risse
- Ebenheitsabweichungen aus Verformungen
- Nutzungsspezifische Sonderfälle

Bauwerksmaße

Die zulässigen Toleranzen für Bauwerksmaße sind in der Tabelle 1 der DIN 18202 geregelt.

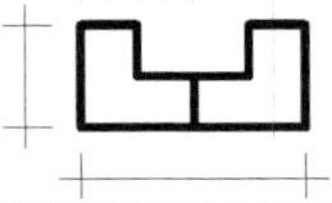

Nennmaß in m, Grenzabweichung in mm

m	–1	>1–3	>3–6	>6–15	>15–30	>30[1]
mm	±10	±12	±16	±20	±24	±30

Maße im Grundriss
z. B. Längen, Breiten, Achs- und Rastermaß

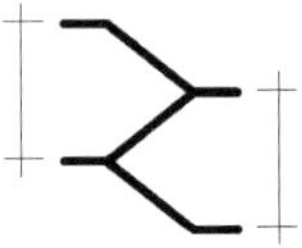

Nennmaß in m, Grenzabweichung in mm

m	–1	>1–3	>3–6	>6–15	>15–30	>30[1]
mm	±10	±16	±16	±20	±30	±30

Maße im Aufriss
z. B. Geschosshöhen, Podesthöhen, Abstände von Aufstandsflächen und Konsolen

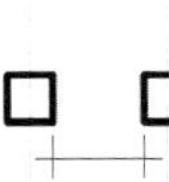

Nennmaß in m, Grenzabweichung in mm

m	–1	>1–3	>3–6	>6–15	>15–30
mm	±12	±16	±20	±24	±30

Lichte Maße im Grundriss
z. B. zwischen Stützen und Pfeilern

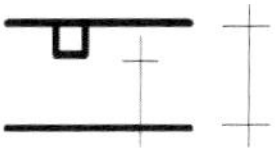

Nennmaß in m, Grenzabweichung in mm

m	–1	>1–3	>3–6	>6–15
mm	±16	±20	±20	±30

Lichte Maße im Aufriss
z. B. unter Decken und Unterzügen

Nennmaß in m, Grenzabweichung in mm

m	–1	>1–3	>3–6
mm	±10	±12	±16

Öffnungen
z. B. Fenster, Türen, Einbauelemente

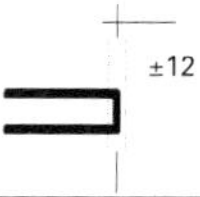

Nennmaß in m, Grenzabweichung in mm

m	–1	>1–3	>3–6
mm	±8	±10	±12

Öffnungen mit oberflächenfertigen Leibungen
z. B. Fenster, Türen, Einbauelemente

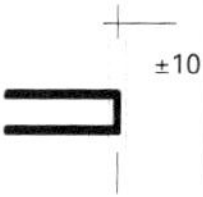

[1] Anwendung bis etwa 60 m. Für größere Abmessungen sind besondere Überlegungen erforderlich.

Winkelabweichungen

Für die Winkelabweichungen gilt neben der Tabelle 2 der DIN 18202 auch die Tabelle 3.

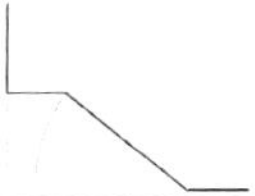

Nennmaß in m, Stichmaße als Grenzwerte in mm

m	>0,5	>0,5–1	>1–3	>3–6	>6–15	>15–30	>30[1]
mm	3	6	8	12	16	20	30

Vertikale, horizontale und geneigte Flächen

[1] Anwendung bis etwa 60 m. Für größere Abmessungen sind besondere Überlegungen erforderlich.

Ebenheitsabweichungen

Für die Ebenheitsabweichungen gilt die Tabelle 3 der DIN 18202.

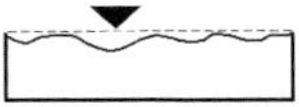

Messpunktabstände in m, Grenzwerte in mm

m	0,1	1[1]	4[1]	10[1]	15[1,2]
mm	10	15	20	25	30

Nichtflächenfertige Oberseiten von Decken, Unterbeton und Unterböden.

Messpunktabstände in m, Grenzwerte in mm

m	0,1	1[1]	4[1]	10[1]	15[1,2]
mm	5	8	12	15	20

Nichtflächenfertige Oberseiten von Decken, Unterbeton und Unterböden mit **erhöhten Anforderungen.** Fertige Oberflächen für untergeordnete Zwecke.

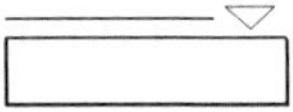

Messpunktabstände in m, Grenzwerte in mm

m	0,1	1[1]	4[1]	10[1]	15[1,2]
mm	2	4	10	12	15

Flächenfertige Böden zur Aufnahme von Bodenbelägen.

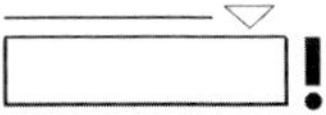

Messpunktabstände in m, Grenzwerte in mm

m	0,1	1[1]	4[1]	10[1]	15[1,2]
mm	1	3	9	12	15

Wie Zeile zuvor, jedoch mit **erhöhten Anforderungen.**

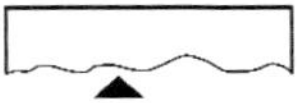

Messpunktabstände in m, Grenzwerte in mm

m	0,1	1[1]	4[1]	10[1]	15[1,2]
mm	5	10	15	25	30

Nichtflächenfertige Wände und Unterseiten von Rohdecken.

Messpunktabstände in m, Grenzwerte in mm					
m	0,1	1[1]	4[1]	10[1]	15[1,2]
mm	3	5	10	20	25
Flächenfertige Wände und Unterseiten von Decken					
Messpunktabstände in m, Grenzwerte in mm					
m	0,1	1[1]	4[1]	10[1]	15[1,2]
mm	2	3	8	15	20
Wie Zeile zuvor, jedoch mit **erhöhten Anforderungen.** (!)					

[1] Zwischenwerte sind den Bildern 4 und 5 der DIN 18202 zu entnehmen und auf ganze mm zu runden.

[2] Die Ebenheitsabweichungen der letzten Spalte gelten auch für Messpunktabstände über 15 m.

Für **flächenfertige Böden,** z. B. wenn der Estrich als Nutzestrich oder zur Aufnahme von Boden-, Fliesenbelägen oder gespachtelten und geklebten Belägen dient, gilt die DIN 18202, Tabelle 3, Zeile 3.

Für **fertige Oberflächen untergeordneter Zwecke,** z. B. in Lagerräumen und Kellern ist Tabelle 3 Zeile 2 anzuwenden.

Absätze und Höhensprünge zwischen Bauteilen sind gesondert zu regeln, vgl. DIN 18202, Abschnitt 5.

Spezifische Ergänzungen

Estrichdicke und Estrichmindestdicke

Die Estrichdicke ist in der DIN 18560 „Estriche im Bauwesen" geregelt. Sie ist abhängig von der Estrichart, der geplanten Nutzung und Belastung, der Dämmschichtdicke und deren Komprimierung bei schwimmenden Estrichen und den Rohrdurchmessern bei einer Ausführung als Heizestriche.

Die nachstehende Tabelle zu Estrich-Nenndicken berücksichtigt für die Lastfälle 1 + 2 eine maximale Komprimierung des Materials der Dämmschicht von ≤5 mm. Für Werte bis ≤10 mm sind die Angaben zur Estrichnenndicke um 5 mm zu erhöhen.
Für höhere Einzel- und Flächenlasten (hier Lastfall 3 + 4) ist die Komprimierung der Dämmschicht auf maximal 3 mm zu begrenzen.

Bei Gussasphaltestrichen darf die Dämmschicht nicht mehr als 3 mm zusammengedrückt werden. Die Mindestdicke für Gussasphaltestriche beträgt 25 mm, die Regeldicke 30 mm und die Maximaldicke für eine einlagige Ausführung 40 mm.

Für unbeheizte Estriche auf Dämmschichten gelten die nachstehende Mindest-Nenndicken anhängig vom Lastfall für lotrechte Verkehrslasten nach DIN 18560 bzw. der Gruppeneinteilung nach DIN 1055, Eigen- und Nutzlasten für Hochbauten.

Lastfall 1:	Einzellast ≤1,0 kN, Flächenlast ≤2 kN/m^2 (A1, A2, A3, Wohnungsbau)
Lastfall 2:	Einzellast ≤2,0 kN, Flächenlast ≤3 kN/m^2 (B1, D1, T1, Gewerbe- und Wohnungsbau)
Lastfall 3:	Einzellast ≤3,0 kN, Flächenlast ≤4 kN/m^2 (B2, Gewerbebau)
Lastfall 4:	Einzellast ≤4,0 kN, Flächenlast ≤5 kN/m^2 (B3, C, D2, D3, E, T2, T3, Z, Gewerbebau)

Nenndicken in mm für unbeheizte Estriche auf Dämmschichten (Innenräume), nach DIN 18560, für Härteklassen nach DIN EN 13813										
Lastfall	Calcium -sulfatestrich		Zement -estrich		Magnesia -estrich		Gussasphalt -estrich		Kunstharz- -estrich	
		CA		CT		MA		AS		SR
1	F 4	≥45	F 4	≥45	F 4	≥45	IC 10	≥25	F 7	≥35
	F 5	≥40	F 5	≥40	F 5	≥40			F 10	≥30
	F 7	≥35			F 7	≥35				
2	F 4	≥65	F 4	≥65	F 4	≥65	IC 10	≥30	F 7	≥50
	F 5	≥55	F 5	≥55	F 5	≥55			F 10	≥40
	F 7	≥50			F 7	≥50				
3	F 4	≥70	F 4	≥70	F 4	≥70	IC 10	≥30	F 7	≥55
	F 5	≥60	F 5	≥60	F 5	≥60			F 10	≥45
	F 7	≥55			F 7	≥55				
4	F 4	≥75	F 4	≥75	F 4	≥75	IC 10	≥35	F 7	≥60
	F 5	≥65	F 5	≥65	F 5	≥65			F 10	≥50
	F 7	≥60			F 7	≥60				

Estrichmindestdicke:

- ≥25 mm → Gussasphaltestrich
- ≥30 mm → Im Allgemeinen

unter Stein- und keramischen Belägen:

- ≥40 mm → bei Calciumsulfastfließestrich
- ≥45 mm → bei allen anderen Estrichen

Estriche sind, auch wenn sie im Gefälle ausgeführt werden, gleichmäßig dick und ebenflächig herzustellen (vgl. ATV DIN 18353 Abschnitt 3.1.4.).

Dickentoleranzen

Die zulässigen Toleranzen für Estrichdicken sind in der DIN 18560-1 „Estriche im Bauwesen; Allgemeine Anforderungen, Prüfung“, Abschnitt 4.2.2. geregelt. Hiernach wird die Toleranz als die Differenz zwischen der Nenndicke und dem kleinsten Einzelwert definiert:

- 5 mm für Nenndicken bis 5 cm
- 10 mm für Nenndicken von 6 cm bis 8 cm

Der Mittelwert aus mindestens 4 Proben bzw. Messstellen darf den Wert der Estrichnenndicke nicht unterscheiten. Eine Überprüfung der Estrichdicke an 10 Messstellen wird empfohlen.

Werden mehrschichtige Estriche mit einer Ober- oder Nutzschicht oder mit einer Hartstoffschicht nach DIN 18560-1 ausgeführt, so gelten für diese Schichten abhängig von der Nenndicke die kleinsten zulässigen Einzelwerte bzw. die Mittelwerte aus mindestens 4 Proben:

Nenndicke der Nutzschicht	Einzelwert	Mittelwert
≤4 mm	Nenndicke - 20 %	≥Nenndicke
4 mm	≥3	≥4
5 mm	≥3	≥5
6 mm	≥4	≥6
8 mm	≥5	≥8
10 mm	≥6	≥10
15 mm	≥10	≥15
20 mm	≥5	≥20

Dämmschicht

In die Planung eines Fußbodenaufbaus mit Dämmschichten aus Mineralwolle ist neben einer Berücksichtigung der vorgesehenen Nutzung, der Flächen- und Punktbelastung, der Zusammendrückbarkeit der Dämmung auch die zulässige Grenzabweichung von dem Nennmaß der Dämmschicht einzubeziehen. In der DIN EN 13162 „Wärmedämmstoffe für Gebäude, werkmäßig hergestellte Produkte aus Mineralwolle“ sind Toleranzklassen für Produkte aus Mineralwolle geregelt:

- Toleranzklasse T5 → Grenzabweichung –1 % oder –1 mm bzw. +3 mm
- Toleranzklasse T6 → Grenzabweichung –5 % oder –1 mm bzw. +15 % oder + 3 mm
- Toleranzklasse T7 → Grenzabweichung +10 % oder +2 mm

Der größte numerische Wert ist ausschlaggebend.

Schwimmende Estriche und Estriche auf Trennlage

Für die Ausführung von Fliesen- und Plattenarbeiten sind Estriche auf Dämmstoffschichten mit einer Mindestdicke von 45 mm herzustellen. Mit Ausnahme von Anhydrit-, und Magnesiaestrichen sind schwimmende Estriche dann auch zu bewehren. Die dazu eingesetzten Stahlgitter müssen eine Maschenweite von 50/50 mm und einen Stabdurchmesser von 2 mm haben.

Heizestriche sind grundsätzlich und unabhängig von der Materialwahl für die Nutzschicht mit einer Nenndicke von 45 mm auszuführen. Bei einer Einbettung der Heizrohre im unteren Estrichbereich ist diese Nenndicke oberhalb der Heizrohre auszuführen.

Die Oberfläche von schwimmenden Estrichen und Estrichen auf Trennlage muss die Anforderungen aus der DIN 18202 Toleranzen im Hochbau erfüllen. Soll ein Estrich mit einem dünnen Oberbodenmaterial, wie z. B. Linoleum belegt werden, so ist es nach Meinung des Autors sinnvoll, die Einhaltung der erhöhten Anforderungen an die Oberflächenebenheit vor Beginn der Arbeiten zu vereinbaren.

Kunstharze und Kunstharzestriche
Nach ATV DIN 18353 Abschnitt 3.2.6 sind Kunstharzestriche aus Kunstharzen und mit entsprechenden Zuschlägen alkalibeständig und mit einer Nenndicke von 5 mm herzustellen.

Werden auf Estrichen und Betonflächen **Nutz- und Schutzschichten** aus Kunstharzen aufgebracht, so richtet sich die erforderliche Mindestdicke nach der vorgesehenen Funktion und Nutzung des Beschichtungssystems. Grundsätzlich ist dabei zu unterscheiden nach:

- Kunstharzversiegelung Mindestnenndicke 0,1 mm
- Kunstharzbeschichtung Mindestnenndicke 0,5 mm
- Kunstharzbeläge Mindestnenndicke 2,0 mm

Die Nenndicken dieser Nutz- und Schutzschichten dürfen bei Nenndicken bis 1 mm an keiner Stelle unterschritten werden. Bei Schichtdicken über 1 mm darf die Schichtdicke der ausgeführten Leistung um maximal 20 % unter der Soll-Schichtdicke liegen. Da ein Ebenheitsausgleich wegen der geringen Schichtdicke kaum möglich ist, müssen die Anforderung an den Untergrund dem einer fertigen Estrichoberfläche entsprechen.

Terrazzoböden

Bei Terrazzoböden muss die Dicke der Vorsatzschicht mindestens 15 mm betragen.

Beschichtungen

Estrichbeschichtungssysteme werden nach deren Schichtdicken unterschieden in Imprägnierung, Versiegelung, Belag und Reaktionsharzestrich. Festlegungen über die Zuordnung von Schichtstärken sind durch die Arbeitsgemeinschaft Industriebau (AGI) und den Bundesverband Estrich und Belag (BEB) getroffen worden.

Bodenbeschichtungssysteme, Trockenschichtdicken		
	BEB	AGI
Imprägnierung	nicht definiert *	nicht definiert *
Versiegelung	mind. 0,1 mm, i. d. R. 0,2 – 0,3 mm	0,1 bis 0,3 mm
Belag	mind. 2,0 mm, i. d. R. 3,0 – 6,0 mm	Nicht definiert-
Reaktionsharzestrich	mind. 5,0 mm, i. d. R. 8,0 – 15,0 mm	5,0 bis 15,0 mm
* = keine Filmbildung		

Nach der Richtlinie „Schutz und Instandsetzung von Betonbauteilen" des deutschen Ausschusse für Stahlbeton werden Beschichtungssysteme für Stahlbetonoberflächen nach den verschiedenen Anwendungsbereichen in die Systeme OS 10, OS 11 und OS 13 gegliedert. Die zur Erzielung der

Schutzfunktion notwendigen Mindesttrockenschichtdicken sind herstellerabhängig.

Fugen
Bewegungsfugen des Bauwerks sind in der Estrichschicht an der gleichen Stelle zu übernehmen.

Fugen in unbeheizten Estrichen
Zwischen unbeheizten Estrichen und Wänden oder an aufgehenden Bauteilen müssen Randfugen durch Dämmstreifen mit einer Mindestdicke von 8 mm hergestellt werden. Für die Flächen unbeheizter Estriche mit einer Kantenlänge von über 20 m und einer möglichen ungleichmäßigen Erwärmung durch starke Sonneneinstrahlung wird die Herstellung von Bewegungsfugen empfohlen.

Fugen in Heizestrichen
Bei beheizten Estrichen muss der Randdämmstreifen eine horizontale Bewegung von mind. 5 mm gewährleisten, die Dicke des Randdämmstreifen soll 10 mm nicht unterschreiten. Für größere fugenlose Flächen ist die Randfuge auf die temperaturbedingten Längenänderungen abzustimmen und zu dimensionieren.
Am Übergang von beheizten zu unbeheizten Estrichflächen sind ebenfalls Fugen herzustellen, nicht jedoch zu unbeheizten Randzonen bis 1,0 m Breite, z. B. unter Küchenzeilen.

Die Anordnung von Fugen in beheizten Calciumsulfat-Fließestrichen ist von der Raumgeometrie abhängig. Dabei ist gemäß dem Merkblatt Nr. 5 der Industriegruppe Estrichstoffe nach sogenannten unzergliederten, geschlossenen Flächen, L-Flächen und U-Flächen zu unterscheiden.

Für unzergliederte geschlossene Flächen gilt für starre Bodenbeläge ein Grenzwert von 10 m maximaler Estrichkantenlänge, ansonsten ab 20 m Kantenlänge (s.o.).
Vollflächig beheizte Estriche für elastische Bodenbeläge sind auch mit größeren Kantenlängen herstellbar.

Für L- und U-förmige Grundrissflächen ist die Lage des Schwerpunktes für die Anordnung von Fugen ausschlaggebend. Für eine Schwerpunktlage im Mittelteil von L-Flächen und die Länge des kürzere Schenkels ist größer als 6 m wird die Anordnung einer Bewegungsfuge empfohlen. Bei einer Schwerpunktlage in einem Schenkel und der kürzer Schenkel länger als 3 Meter, oder der Abstand von Schwerpunkt zur vorspringenden Ecke mehr als 3 Meter, wird ebenfalls eine Bewegungsfuge empfohlen. Liegt der Schwerpunkt außerhalb der Fläche wird die Ausführung einer Bewegungsfuge unabhängig von Bauteillängen empfohlen.

Durch die Anordnung von Fugen sollen möglichst gedrungene Teilflächen gebildet werden.

Flächen von Heizestrichen mit Zement als Bindemittel sollen auf eine maximale Größe von ca. 40 cm und Kantenlängen von bis zu 8 m x 5 m beschränkt werden. Die Ausführung möglichst gedrungener oder quadratischer Teilflächen wir empfohlen.

Haftzugfestigkeit der Oberfläche
Ausschlaggebend für die Herstellung eines schadenfreien Oberbodens ist neben der Ebenheit der Oberfläche auch die Sicherstellung einer ausreichenden Haftung des Bodenbela-

ges auf dem Verlegeuntergrund / Estrich. Zur Beurteilung der Oberflächenfestigkeit des Estrichs kann eine normierte „Stempelhaftzugsprüfung" nach den Vorgaben der DIN ISO 4624 „Abreißversuch zu Beurteilung der Haftfestigkeit" durchgeführt werden. Nach einer Vorgabe durch den Bundesverband Estrich und Belag e.V. sollte die Haftzugfestigkeit mechanisch aufgeraute oder angeschliffene, jedoch nicht verfestigte Zementestrichoberflächen wie folgt beschaffen sein:

- CT-C 25-F4 → ca. 0,7 N/mm²
- CT-C 35-F5 → ca. 0,9 N/mm²
- CT-C-45-F6 → ca. 1,2 N/mm²

Abhängig von der Art und Beschaffenheit des Bodenbelags und der vorgesehenen Nutzung gelten nachstehende Haftzugfestigkeiten für Estriche unter:

- keramischen Platten- und Fliesenbelägen → 0,5 N/mm²
- Natursteinbelägen → 0,5 N/mm²
- textilen Belägen → 0,5 N/mm²
- elastischen Belägen im Bürobereich → 1,0 N/mm²
- unter Parkett → 1,0 N/mm²
- unter Holzpflaster → 1,2 N/mm²
- Oberflächen aus Reaktionsharzen
  mit Fahrbeanspruchung → 1,5 N/mm²
  ohne Fahrbeanspruchung → 1,2 N/mm²

Für die Funktionsfähigkeit von Verbundestrichen ist die Oberflächenzugfestigkeit des Betonuntergrundes von entscheidender Bedeutung. Diese beträgt für:

- Zementverbundestriche
  - ohne Fahrbeanspruchung $\rightarrow$ 1,0 N/mm^2
  - mit Fahrbeanspruchung $\rightarrow$ 1,5 N/mm^2
- Magnesiaverbundestriche $\rightarrow$ 0,8 N/mm^2
- Reaktionsharzestriche
  - ohne Fahrbeanspruchung $\rightarrow$ 1,0 N/mm^2
  - mit Fahrbeanspruchung $\rightarrow$ 1,5 N/mm^2

Belegereife

Vor dem Beginn der Bodenbelagarbeiten ist neben der Prüfung der Ebenheit der Estrichoberfläche auch die Messung des Feuchtegehaltes erforderlich. Die dazu erforderlichen Messungen sind mit dem CM-Messgerät durchzuführen. Durch den Bundesverband Flächenheizung e.V. wurden Werte zu dem maximal zulässigen Feuchtegehalt des Estrichs in Abhängigkeit zu dem geplanten Oberbodenbelag, herausgegeben.

Maximal zulässiger Feuchtegehalt in %, nach CM-Mess-Methode			
		Zementestrich	Calciumsulfatestrich
Belag		Heizestriche	
Elastische Beläge		1,8 %	0,3 %
Textile Beläge	dampfdicht dampfdurchlässig	1,8 % 3,0 %	0,3 % 1,0 %
Parkett, Kork		1,8 %	0,3 %
Laminatboden		1,8 %	0,3 %
Keramische Fliesen, Natur- und Betonwerksteine	Dickbett Dünnbett	3,0 % 2,0 %	- 0,3 %
		Unbeheizte Estriche	
		2,0 %	0,5 %

Risse

Werden Estrichflächen mit zeitlichem Abstand als Teilflächen ohne Fugenprofile hergestellt (Pressfugen) können zu einem späteren Zeitpunkt Haarrisse auftreten. Diese sind kraftschlüssig zu schließen.

Ebenheitsabweichungen aus Verformungen

Bei der Prüfung der Ebenheit von Estrichen sind neben den Einflüssen durch aufgebrachte Nutzlasten auch die zeit- und lastabhängige Verformungen des Untergrundes bzw. der Tragkonstruktion des gesamten Gebäudes oder der Geschossdecke zu berücksichtigen. Durch das trocknungsbedingte Schwinden kann es zu Verformungsprozessen durch anfängliches „Aufschüsseln" im Randbereich des Estrichs kommen. Erst nach Abklingen dieses Prozesses können diese Abweichungen nach den Maßgaben der Ebenheitstoleranz beurteilt werden.

Nutzungsspezifische Sonderfälle

Diese lassen sich nach den Regelungen der DIN 18202, Tabelle 3 nicht beurteilen. Besondere Anforderungen müssen daher gesondert ausgeschrieben werden.

Wenn bei Streiflicht Unebenheiten in den Oberflächen von Bauteilen sichtbar werden, sind diese zulässig, wenn die Toleranzen von DIN 18202 eingehalten worden sind. Bei erhöhten Anforderungen an die Ebenheit sollen diese in der Leistungsbeschreibung eindeutig und im Einzelnen angegeben werden.

Prüfung

Die Prüfung erfolgt nach dem Abschnitt 6 der DIN 18202. Die Toleranzen sind hierbei spätestens bei der Übernahme der Bauteile des Bauwerks durch einen Folgeauftragnehmer bzw. bei der Bauabnahme zu prüfen.

Nach DIN 18353 muss der Auftragnehmer vor allem bei nachstehenden Punkten Bedenken anmelden:

- Bei Maßabweichungen des Untergrundes die nicht innerhalb der Toleranzen nach DIN 18202 liegen
- Bei Unebenheiten, die zur Herstellung der geforderten Estrichdicke einen Mehrverbrauch von 20 % der fließenden Masse bedürfen
- Bei unvollständigen Angaben oder abweichenden Gefällen

Fassadenarbeiten

Die Anforderungen an Fassadenarbeiten sind im Wesentlichen in der Vergabe- und Vertragsordnung für Bauleistungen (VOB) Teil C in den Allgemeinen Technischen Vertragsbedingungen für Bauleistungen (ATV) in der DIN 18351 beschrieben. Im Folgenden werden die Inhalte der ATV und / oder der ergänzenden Regelungen auszugsweise unter dem Gesichtspunkt von Ausführungstoleranzen und Materialmindestdicken und Abmessungen dargestellt.

Normen: DIN 18351 Fassadenarbeiten
DIN 18345 Wärmedämm-Verbundsysteme
DIN 18516 Teil 4 Außenwandbekleidungen, hinterlüftet

Allgemeines: Toleranzen sind im Rahmen der DIN Normen 18202 und 18203-2 angegebenen Größen zulässig. Werden erhöhte Anforderungen gewünscht, so sind die entsprechenden Maßnahmen besondere Maßnahmen und als solche gem. ATV DIN 18351, Abschnitt 3.1.4 gesondert zu vereinbaren.

Die DIN 18351 behandelt großformatige, hinterlüftete Außenwandbekleidungen mit Unterkonstruktion. Ebenso keramische Außenwandbekleidungen von Brüstungen, Stützen, Wänden, Attiken und Bauteilen im Außenbereich.

Nicht behandelt werden :

- Hinterlüftete Außenwandbekleidungen aus Bohlen und Brettern ≥30 mm ATV DIN 18334 „Zimmer- und Holzbauarbeiten"
- Hinterlüftete Außenwandbekleidungen mit Naturwerkstein- und Betonwerksteinplatten ≥30 mm ATV DIN 18332 „Naturwerksteinarbeiten", DIN 18333 „Betonwerksteinarbeiten"

Spezifische Ergänzungen:

- Streiflicht
- Höhenversätze angrenzender Elemente
- Unterkonstruktionen
- Unterkonstruktion / Dämmung
- Untergrund für Außenwandbekleidungen
- Beschichtung auf Metallflächen
- Fugen bei Fassaden aus Naturwerksteinplatten
- Wärmedämm-Verbundsystem
- Außenwandbekleidungen aus Glas
- Fugen bei keramischen Platten
- Abdichtung von Außenwandfugen

Bauwerksmaße

Es gelten die in der DIN 18202, Tabelle 1 festgelegten Vorgaben.

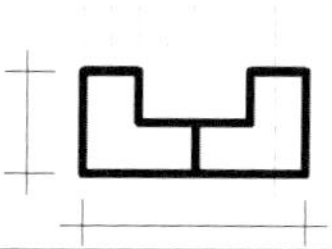

Nennmaß in m, Grenzabweichung in mm

m	–1	>1–3	>3–6	>6–15	>15–30	>30[1]
mm	±10	±12	±16	±20	±24	±30

Maße im Grundriss
z. B. Längen, Breiten, Achs- und Rastermaß

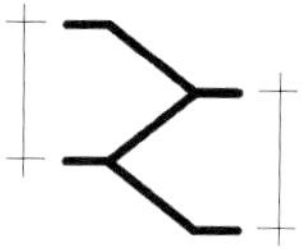

Nennmaß in m, Grenzabweichung in mm

m	–1	>1–3	>3–6	>6–15	>15–30	>30[1]
mm	±10	±16	±16	±20	±30	±30

Maße im Aufriss
z. B. Geschosshöhen, Podesthöhen, Abstände von Aufstandsflächen und Konsolen

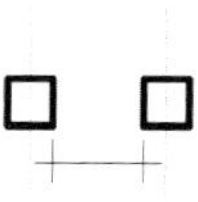

Nennmaß in m, Grenzabweichung in mm

m	–1	>1–3	>3–6	>6–15	>15–30
mm	±12	±16	±20	±24	±30

Lichte Maße im Grundriss
z. B. zwischen Stützen und Pfeilern

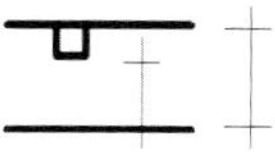

Nennmaß in m, Grenzabweichung in mm

m	–1	>1–3	>3–6	>6–15
mm	±16	±20	±20	±30

Lichte Maße im Aufriss
z. B. unter Decken und Unterzügen

Nennmaß in m, Grenzabweichung in mm

m	–1	>1–3	>3–6
mm	±10	±12	±16

Öffnungen
z. B. Fenster, Türen, Einbauelemente

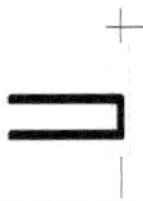

Nennmaß in m, Grenzabweichung in mm

m	–1	>1–3	>3–6
mm	±8	±10	±12

Öffnungen mit oberflächenfertigen Leibungen
z. B. Fenster, Türen, Einbauelemente

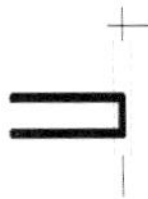

[1] Anwendung bis etwa 60 m. Für größere Abmessungen sind besondere Überlegungen erforderlich.

Winkelabweichungen

Es gelten die in der DIN 18202, Tabelle 2 festgelegten Vorgaben.

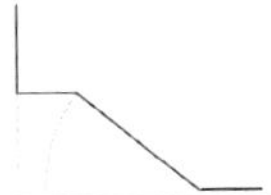

Nennmaß in m, Stichmaße als Grenzwerte in mm

m	>0,5	>0,5–1	>1–3	>3–6	>6–15	>15–30	>30[1]
mm	3	6	8	12	16	20	30

Vertikale, horizontale und geneigte Flächen

[1] Anwendung bis etwa 60 m. Für größere Abmessungen sind besondere Überlegungen erforderlich.

Ebenheitsabweichungen

Für Fassadenarbeiten gelten i. d. R. unabhängig von dem Material der Fassadenbekleidung die Forderungen aus der DIN 18202 an die Ebenheit der Oberflächen. Werden erhöhte Anforderungen an die Ebenheit gewünscht, so sind diese besondere Leistungen und als solche auch auszuschreiben (ATV DIN 18351, Abschnitt 3.1.4).

	Messpunktabstände in m, Grenzwerte in mm					
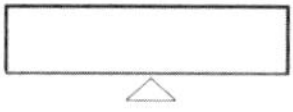	m	0,1	1[1]	4[1]	10[1]	15[1,2]
	mm	3	5	10	20	25
	Flächenfertige Wände und Unterseiten von Decken					
	Messpunktabstände in m, Grenzwerte in mm					
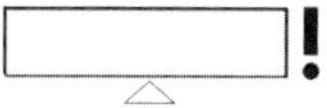	m	0,1	1[1]	4[1]	10[1]	15[1,2]
	mm	2	3	8	15	20
	Wie Zeile zuvor, jedoch mit **erhöhten Anforderungen.**					

[1] Zwischenwerte sind den Bildern 4 und 5 der DIN 18202 zu entnehmen und auf ganze mm zu runden.
[2] Die Ebenheitsabweichungen der letzten Spalte gelten auch für Messpunktabstände über 15 m.

Spezifische Ergänzungen

Streiflicht
Sind Unebenheiten auf den Oberflächen bei Streiflicht sichtbar, so sind diese zulässig, wenn sie im Rahmen der Toleranzen der DIN 18202 liegen.

Sind jedoch erhöhte Anforderungen gewünscht, so sind die zu treffenden Maßnahmen besondere Leistungen (vgl. Abschnitt 4.2.1 der ATV DIN 18351) und als solche gesondert zu vereinbaren.

Wichtig ist hierbei, dass die Abweichungen bei gleichmäßigem Verlauf und nicht für Absätze oder Höhenversprünge an den Stößen benachbarter Fassadenelemente bewertet werden.

Bei größeren Fassadenflächen ist es sinnvoll Justiermöglichkeiten zum Ausgleich von Toleranzen vorzusehen.

Höhenversätze angrenzender Elemente

Für angrenzende Bauteile und deren Anschlüsse sind in der ATV DIN 18351 keine Regelungen hinsichtlich der Höhenversätze getroffen. Diese sollen nach DIN 18202, Abschnitt 5 bei flächenfertigen Wänden vermieden werden. Dieser Anspruch gilt jedoch nicht für strukturbedingte Unebenheiten in der Oberfläche des Materials.

Unterkonstruktionen

Grundsätzlich gilt, dass Unterkonstruktionen flucht- und lotrecht zu montieren sind. Einzelne Toleranzen sind in der DIN 18351 hierzu nicht geregelt. Die Unterkonstruktion soll aber in jedem Fall so ausgebildet werden, dass Toleranzen in der Oberfläche der fertigen Fassadenfläche ausgeglichen werden können. Grundsätzlich gelten die Ebenheitstoleranzen für nicht flächenfertige Wände nach DIN 18202, Tabelle 3, Zeile 5.

Unterkonstruktion / Dämmung

Nach DIN 18351 muss der Abstand von der Hinterkante des Bekleidungsstoffs bis zur Außenkante der tragenden Wandkonstruktion um mindestens 20 mm größer sein als die Dicke des Dämmstoffmaterials im Bereich der Unterkonstruktion.

Untergrund für Außenwandbekleidungen
Sollten in dem Untergrund der Außenwandbekleidung größere Unebenheiten zu verzeichnen sein, so kann zum Ausgleich ein Vorputz zur Egalisierung der Unebenheiten notwendig werden. Für Außenwandbekleidungen im Dünnbettverfahren ist i. d. R. ein Vorputz immer notwendig (vgl. DIN 18515-1:1998-08, Abschnitt 6.1).

Beschichtung auf Metallflächen
Werden Beschichtungen mit thermischer Aushärtung manuell auf die Sichtseiten von Metallflächen appliziert, muss die Mindestschichtdicke 60 µm betragen, bei maschineller Band-Beschichtung (Coil-Coating) mindestens 20 µm.

Fugen bei Fassaden aus Naturwerksteinplatten
Bei der Konstruktion von hinterlüfteten Fassaden ist zusätzlich zu den Maßabweichungen der Werkmaße der einzelnen Platten eine Bewegungs- und Verformungstoleranz von 2,00 mm in der Fuge zulässig (vgl. DIN 18516-3, Abschnitt 7.1.).

Fugen sind so anzuordnen, dass Toleranzen aus den Maßabweichungen der Werkmaße aufgenommen werden können. Dabei ist ein gleichmäßiges, fluchtrechtes Fugenbild anzustreben.

Wärmedämm-Verbundsystem
Für Wärmedämmverbundsysteme gelten die allgemeinen Ebenheitsanforderungen nach DIN 18202. Der geriebene Oberputz ist in einer Kornstärke von 3,00 mm aufzutragen.

Außenwandbekleidungen aus Glas
Thermisch vorgespanntes Einscheibensicherheitsglas (ESG) für Außenwandbekleidungen ist entsprechend dem Einbauort und den Befestigungsbedingungen statisch zu bemessen. Die Scheibendicke beträgt jedoch mindestens 6 mm.

Die Kantenlängen können innerhalb der nachstehend genannten Grenzen abweichen:

Kantenlänge in mm	zulässige Abweichung in mm
bis 1000	±1,5
1000 bis 1500	±2,0
1500 bis 2500	±2,5
2500 bis 3000	±3,0
3000 bis 3500	±4,0
über 3500	±5,0

Fugen bei keramischen Platten
Die Fugenbreite von Bekleidungselementen aus Keramik beträgt mindestens 8 mm. Zweiseitig beschichtete Platten aus Schichtpressstoffen (HPL) und aus faserverstärkten Baustoffen müssen mit einem Fugenabstand von 10 mm befestigt werden.

Abdichtung von Außenwandfugen
Für die Abdichtung von Außenwandfugen im Hochbau zwischen Bauteilen aus Ortbeton und / oder Betonfertigteilen mit geschlossenem Gefüge sowie aus unverputztem Mauerwerk und / oder Naturstein gelten für die konstruktive Fugenausbildung und Füllung die Vorgaben der DIN 18540. Die Fugenflanken müssen bis zu einer Tiefe entsprechend

dem Maß der doppelten Fugenbreite parallel verlaufen. Bei gemauerten Wänden müssen die Fugenflanken vollfugig gemauert und abgestrichen sein. Die Kanten von Betonteilen müssen mit einer unter 45° abgeschrägten Fase und mit einer Kantenlänge von mindestens 10 mm hergestellt sein. Abhängig von dem Abstand der Bauteilfugen gelten für die Fugenbreite und die Dicke des Fugendichtstoffes nach DIN 18540, Tabelle 3 folgende Festlegungen:

DIN 18560	Fugenbreite in mm		Fugendichtstoff (Endmaße)	
Fugenabstand	Nennmaß Planungsmaß	Mindestmaß, zum Zeitpunkt der Abdichtung	Dicke in mm	Toleranz in mm
bis 2,0 m	15	10	8	±2
über 2,0 bis 3,5 m	20	15	10	±2
über 3,5 bis 5,0 m	25	20	12	±2
über 5,0 bis 6,5 m	30	25	15	±3
über 6,5 bis 8,0 m	35	30	15	±3

Die Dicke der Fuge wird zwischen Außenkante Dichtstoff und rückseitiger Begrenzung zur Hinterfüllschnur gemessen. Die Angaben gelten für Temperaturdifferenzen von -20 °C bis +60 °C, einer zulässigen Gesamtverformung des Dichtstoffes von 25 % und für thermische Ausdehnungskoeffizienten von $1{,}1 * 10^{-5} * K^{-1}$. Für andere Fälle sind gesonderte Berechnungen zu führen.

Prüfung

Die Prüfung erfolgt nach der DIN 18202, Abschnitt 6. Der Auftragnehmer hat vor der Montage ggf. unverzüglich Bedenken gem. VOB/B § 4 Nr. 3 anzumelden wenn:

- Die Qualität des Untergrundes ungeeignet ist
- Die Verankerungsmöglichkeiten ungenügend sind oder fehlen
- Die Toleranzen größer sind als nach DIN 18202 und DIN 18203-2 zulässig
- Die Gerüste für die Ausführung nicht geeignet oder stark verschmutzt sind
- Im Geschoß keine Höhenbezugspunkte vorhanden sind
- Die angrenzenden Bauteile in der Lage und Höhe nicht den Angaben entsprechen
- Es keine Möglichkeit gibt, die Baumaße vor Beginn der Fertigung zu kontrollieren

Fliesen- und Plattenarbeiten

Die Anforderungen an Fliesen- und Plattenarbeiten sind im Wesentlichen in der Vergabe- und Vertragsordnung für Bauleistungen (VOB) Teil C in den Allgemeinen Technischen Vertragsbedingungen für Bauleistungen (ATV) in der DIN 18352 beschrieben. Im Folgenden werden die Inhalte der ATV und / oder der ergänzenden Regelungen auszugsweise unter dem Gesichtspunkt von Ausführungstoleranzen und Materialmindestdicken dargestellt.

Normen: DIN 18352 Fliesen- und Plattenarbeiten
DIN 18515 Teil 1 Außenwandbekleidungen

Allgemeines: Toleranzen in diesem Bereich, sind nur in den durch die DIN 18202 „Toleranzen im Hochbau" geregelten Bereichen zulässig.

Spezifische Ergänzungen

- Plattendicken – Keramische Platten
- Plattendicken – Solnhofener Platten, Natursteinfliesen
- Wandbekleidungen und Bodenbeläge im Dickbett
- Fugen, Bewegungsfugen

- Ebenheitsabweichungen des Untergrundes
- Ebenheitsabweichungen der Oberseiten

Sollte der Ausführende feststellen, dass größere Unebenheiten, fehlende Höhenbezugspunkte im Geschoss oder aber fehlendes, abweichendes oder unzureichendes Gefälle vorliegt, so hat er seine Bedenken unverzüglich anzumelden.

Nach der ATV DIN 18352 Abschnitt 3.2.1.2 sind Fliesen, Platten und Mosaik senkrecht, fluchtrecht und waagerecht oder mit dem angegebenen Gefälle unter Berücksichtigung der jeweils angegebenen Höhenpunkte anzusetzen oder zu verlegen.

Bauwerksmaße

Die zulässigen Abweichungen bei Bauwerksmaßen werden durch Tabelle 1 der DIN 18202 geregelt.

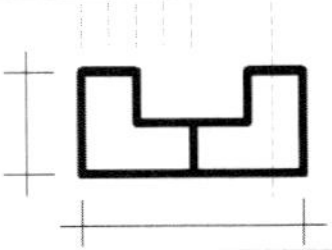

Nennmaß in m, Grenzabweichung in mm

m	–1	>1–3	>3–6	>6–15	>15–30	>30[1]
mm	±10	±12	±16	±20	±24	±30

Maße im Grundriss
z. B. Längen, Breiten, Achs- und Rastermaß

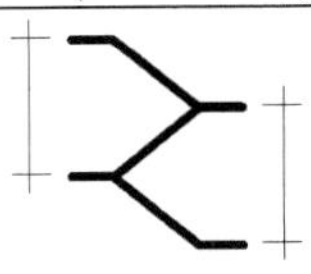

Nennmaß in m, Grenzabweichung in mm

m	–1	>1–3	>3–6	>6–15	>15–30	>30[1]
mm	±10	±16	±16	±20	±30	±30

Maße im Aufriss
z. B. Geschosshöhen, Podesthöhen, Abstände von Aufstandsflächen und Konsolen

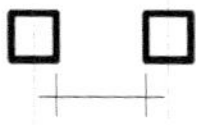

Nennmaß in m, Grenzabweichung in mm

m	–1	>1–3	>3–6	>6–15	>15–30
mm	±12	±16	±20	±24	±30

Lichte Maße im Grundriss
z. B. zwischen Stützen und Pfeilern

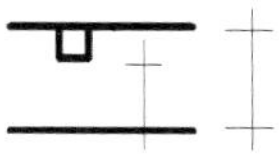

Nennmaß in m, Grenzabweichung in mm

m	–1	>1–3	>3–6	>6–15
mm	±16	±20	±20	±30

Lichte Maße im Aufriss
z. B. unter Decken und Unterzügen

Nennmaß in m, Grenzabweichung in mm

m	–1	>1–3	>3–6
mm	±10	±12	±16

Öffnungen
z. B. Fenster, Türen, Einbauelemente

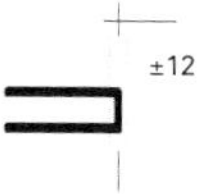

Nennmaß in m, Grenzabweichung in mm

m	–1	>1–3	>3–6
mm	±8	±10	±12

Öffnungen mit oberflächenfertigen Leibungen
z. B. Fenster, Türen, Einbauelemente

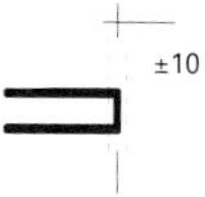

[1] Anwendung bis etwa 60 m. Für größere Abmessungen sind besondere Überlegungen erforderlich.

Winkelabweichungen

Winkelabweichungen geben die für vertikale, horizontale und geneigte Flächen zulässigen Abweichungen an.

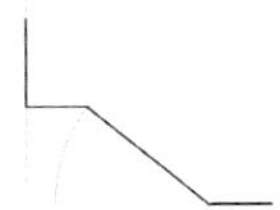

Nennmaß in m, Stichmaße als Grenzwerte in mm

m	>0,5	>0,5–1	>1–3	>3–6	>6–15	>15–30	>30[1]
mm	3	6	8	12	16	20	30

Vertikale, horizontale und geneigte Flächen

[1] Anwendung bis etwa 60 m. Für größere Abmessungen sind besondere Überlegungen erforderlich.

Die Winkelabweichungen und die Ebenheitsabweichungen sind die in diesem Gewerk am meisten betroffenen Maßgaben.

Ebenheitsabweichungen

Für Ebenheitsabweichungen gilt Tabelle 3 der DIN 18202.

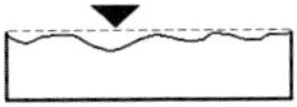

Messpunktabstände in m, Grenzwerte in mm

m	0,1	1[1]	4[1]	10[1]	15[1)2)]
mm	10	15	20	25	30

Nichtflächenfertige Oberseiten von Decken, Unterbeton und Unterböden.

Messpunktabstände in m, Grenzwerte in mm

m	0,1	1[1]	4[1]	10[1]	15[1)2)]
mm	5	8	12	15	20

Nichtflächenfertige Oberseiten von Decken, Unterbeton und Unterböden mit **erhöhten Anforderungen.** Fertige Oberflächen für untergeordnete Zwecke.

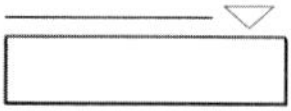

Messpunktabstände in m, Grenzwerte in mm

m	0,1	1[1]	4[1]	10[1]	15[1,2]
mm	2	4	10	12	15

Flächenfertige Böden zur Aufnahme von Bodenbelägen.

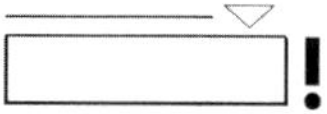

Messpunktabstände in m, Grenzwerte in mm

m	0,1	1[1]	4[1]	10[1]	15[1,2]
mm	1	3	9	12	15

Wie Zeile zuvor, jedoch mit **erhöhten Anforderungen.**

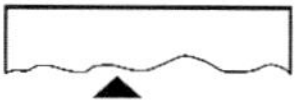

Messpunktabstände in m, Grenzwerte in mm

m	0,1	1[1]	4[1]	10[1]	15[1,2]
mm	5	10	15	25	30

Nichtflächenfertige Wände und Unterseiten von Rohdecken.

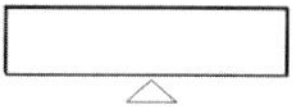

Messpunktabstände in m, Grenzwerte in mm

m	0,1	1[1]	4[1]	10[1]	15[1,2]
mm	3	5	10	20	25

Flächenfertige Wände und Unterseiten von Decken

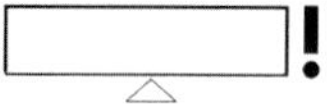

Messpunktabstände in m, Grenzwerte in mm

m	0,1	1[1]	4[1]	10[1]	15[1,2]
mm	2	3	8	15	20

Wie Zeile zuvor, jedoch mit **erhöhten Anforderungen.**

1) Zwischenwerte sind den Bildern 4 und 5 der DIN 18202 zu entnehmen und auf ganze mm zu runden.

2) Die Ebenheitsabweichungen der letzten Spalte gelten auch für Messpunktabstände über 15 m.

Spezifische Ergänzungen

Plattendicken – Keramische Platten

Für stranggepresste und trockengepresste keramische Fliesen und Platten sowie für Bodenklinkerplatten bestehen bezogen auf die Länge und Breite, die Dicke, die Geradheit der Kanten, die Rechtwinkligkeit und die Ebenflächigkeit prozentuale Grenzwerte in den jeweiligen Stoffnormen. Dabei wird im Einzelnen auch bei stranggepressten Fliesen nach der Art der Herstellung (als Spaltplatte oder einzeln gezogenen Platte) bzw. bei trockengepressten Platten nach der Größe der Oberfläche unterschieden.

Wegen der weitreichenden Differenzierung kann dazu hier nur auf die in der VOB/C DIN 18352 in Abs. 2.1 genannten Normen verwiesen werden.

Plattendicken von Solnhofener Platten, Natursteinfliesen

Nach VOB/C, DIN 18352, Abschnitt 2.2.2 gelten für Solnhofener Platten [L4]:

- Für Wandbekleidungen mit einer Seitenlänge
  bis zu 30 cm 7 mm
  über 30 bis 40 cm 9 mm
- Für Bodenbeläge mit einer Seitenlänge
  bis zu 35 cm 10 mm
  über 35 cm 15 mm
- Platten für Bodenbeläge im Dünnbettverfahren
  10 mm

Für Natursteinfliesen mit einer Seitenlänge bis zu 40 cm beträgt die erforderliche Dicke 7 mm, für Natursteinriemchen mindestens 10 mm.

Für gesägte Natursteinplatten und Natursteinfliesen sind Abweichungen in Länge und Breite bis zu jeweils ±1 mm zulässig.

Wandbekleidungen und Bodenbeläge im Dickbett
Beim Ansetzen und Verlegen von Bekleidungen oder Belägen im Dickbett sind nachstehende Mörtelbettdicken auszuführen:

- 15 mm Wandbekleidungen
- 20 mm Bodenbeläge
- 30 mm Bodenbeläge auf Trennschicht innen
- 50 mm Bodenbeläge auf Trennschicht außen
- 45 mm Bodenbeläge auf Dämmschicht innen
- 50 mm Bodenbeläge auf Dämmschicht außen

Angemörtelte keramische Fliesen als Außenwandbekleidungen müssen nach DIN 18515 Teil 1 eine Mindestseitenlänge von 40 cm und eine maximale Dicke von 15 mm aufweisen, bei geriffelten Fliesen und Platten ist eine maximale Dicke von 20 mm zulässig. Der Ansetzmörtel muss eine Dicke von 15 mm im Mittel, jedoch maximal 25 mm haben.

Werden für Außenwandbekleidungen Fliesen im Dünnbett nach DIN 18157 Teil 1 „Ausführung keramischer Bekleidungen im Dünnbettverfahren“ im kombinierten Verfahren (Floating-Buttering-Verfahren) angesetzt, so soll die Schichtdicke des Dünnbettmörtels mindestens 3 mm betragen. Voraussetzung dazu ist die Herstellung eines ebenen Unterputzes.

Fugen, Bewegungstypen

Fugen im Belag oder der Wandbekleidung sind bei Gebäudetrenn- und Bewegungsfugen an gleicher Stelle und in gleicher Breite herzustellen.

Fugen sind generell gleichmäßig breit auszubilden, Breitenabweichungen zum Ausgleich von Maßtoleranzen der Belagstoffe sind zulässig. Nach VOB/C, DIN 18352 sind für eingeschlämmte Fugen nachstehende Breiten herzustellen:

VOB/C DIN 18352 Material für Belag und Bekleidung		**Fugenbreite**
Trockengepresste keramische Fliesen und Platten	bis 10 cm Seitenlänge	1 – 3 mm
	über 10 cm Seitenlänge	2 – 8 mm
Stranggepresste keramische Fliesen und Platten		4 – 10 mm
	über 30 cm Kantenlänge	mindestens 10 mm
Bodenklinkerplatten nach DIN 18158		8 – 15 mm
Solnhofener Platten und Natursteinfliesen		2 – 3 mm
Natursteinriemchen und Natursteinmosaik		1 – 3 mm

In der DIN 18515 „Außenwandbekleidungen" sind für die Mörtelfugen in Belägen mit Naturwerksteinplatten und Fliesen nachstehende Richtwerte genannt:

DIN 18515 Außenwandbekleidungen Material, angemörtelt	**Fugenbreite**
Keramische Fliesen	3 – 8 mm
Keramische Spaltplatten	4 – 10 mm
Spaltziegelplatten	10 – 12 mm
Naturwerksteinplatten	4 – 6 mm

Anschlussfugen von Außenwandbekleidungen zu angrenzenden Bauteilen mit anderen Ausdehnungskoeffizienten sollen 10 mm breit und mit elastischen Fugendichtstoffen oder Fugenbändern geschlossen sein.

Bei im Dünnbettverfahren verlegten keramischen Fliesen- und Plattenbelägen sind die Anschlussfugen und Dehnungsfugen mit einer Mindestbreite von 5 mm auszuführen.

Bewegungsfugen
An Gebäudetrennfugen sind die Bewegungsfugen in Belägen oder Wandbekleidungen an gleicher Stelle und in gleicher Breite, wie im Baukörper vorhanden, zu übernehmen und durch alle Aufbauschichten zu führen.

Nach dem Merkblatt „Bewegungsfugen in Bekleidungen und Belägen aus Fliesen und Platten“ des Fachverbandes des deutschen Fliesengewerbes gelten für die unterschiedlichen Fugenarten, Verlegearten, Untergründe und Bauteilanschlüsse die nachstehenden Richtwerte.

Feldbegrenzungsfugen (Dehnungsfugen im Belag)			
	Verlegung	Fugenbreite mm	Fugentiefe bis
Wandbekleidungen			
Innen	Dickbett und Dünnbett	5 bis 10	Ansetzfläche
Außen	Seitenlänge der Felder 3 bis 6 m	10	Untergrund
Bodenbeläge			
Innen	Dickbett bzw. Dünnbett		
	auf Beton	5 bis 10	Untergrund
	auf Estrich, Seitenlänge der Felder 8 bis 12 m	5 bis 10	Untergrund
	auf Trennschicht, gedrungene Felder	5 bis 10	Trennschicht
	auf Dämmschicht, Seitenlänge der Felder ≤8 m, Fläche ≤40 m^2	8 bis 10	Abdeckung der Dämmschicht
Außen	auf Beton, Estrich, Dämmschicht Seitenlänge der Felder 2,5 bis 5 m	10	Zuordnung wie innen
Anschlussfugen (Fugen zw. Belägen und angrenzenden Bauteilen)			
Alle Beläge		≥ 5	Dicke des Belag- bzw. Bekleidungsstoffes, Verlege- oder Ansetzfläche

Ebenheitsabweichungen des Untergrundes

Da das Ausgleichen von Unebenheiten des Untergrundes außerhalb der Toleranzen nach VOB/C DIN 18352 Abschnitt 4.1.5 eine besondere Leistung ist, muss diese in der Ausschreibung gesondert festgelegt werden.

Ebenheitsabweichungen der Oberseiten
Durch das Ausführen im Dickbettverfahren können i. d. R. Toleranzen durch die Mörtelbettdicken ausgeglichen werden. Die Ebenheitsabweichungen für nicht flächenfertige Flächen müssen dabei jedoch eingehalten werden.

Die Ebenheitsabweichungen müssen je nach Verlegart entweder am flächenfertigen bzw. nicht flächenfertigen Boden gemessen werden.

Dabei ist zu beachten, dass die Ausführung beim Verlegen von Fliesen im Dünnbettverfahren aufgrund von minimalen Ausgleichsmöglichkeiten sehr eng an das jeweilige vorhergehende Gewerk gebunden ist!

Für die Beurteilung der Gesamtfläche sind die Regelungen der DIN 18202 anzuwenden. Versprünge und Absätze in flächenfertigen Belägen sollen nach DIN 18202 Abschnitt 5 vermieden werden. Höhenunterschiede der Oberflächen bzw. der Kanten nebeneinander liegender Fliesen und Platten („Überzähne") werden in der DIN 18352 und durch die DIN 18202 nicht eindeutig geregelt.

Für Messpunktabstände unter 0,10 m kann ersatzweise auf die Regelung in den Betonwerksteinarbeiten zurückgegriffen werden, dies jedoch mit der Einschränkung, dass es sich bei diesem Belagmaterial um ein scharfkantiges Produkt mit geschliffener Oberfläche handelt. In der DIN 18333 wird in Abschnitt 3.1.2 die zulässige Höhendifferenz zwischen benachbarten Platten auf 1,5 mm begrenzt.

„Für die handwerkliche Verlegetoleranz gilt allgemein ein Wert von 1 mm als zulässige Obergrenze." [L6]

Für die Beurteilung so genannter „Überzähne" sind zu den nach DIN 18202 in den Ebenheitstoleranzen nach Tabelle 3, die in den entsprechenden Stoffnormen enthaltenen, materialbedingt zulässigen prozentualen Ebenheitsabweichungen, prozentuale Abweichungen durch Mittelpunkt- und Kantenwölbung etc., hinzuzurechnen. Für die praktische Ermittlung der zulässigen Abweichung ist im Idealfall eine Ermittlung der tatsächlichen materialbedingten Abweichung an Hand von Reservematerial oder Rückstellproben möglich.

Ergänzende Hinweise

Im Bereich der Treppen, müssen die Abweichungen im Rohbau kontrolliert werden, da dies Auswirkungen auf die Höhe und Tiefe des Auftritts haben kann.

Fliesen und Platten, die im freibewitterten Außenbereich verlegt werden, sollen zur Sicherstellung einen einwandfreien Wasserablaufs mit einem Gefälle von 2 % verlegt werden. Bei weniger als 2 % müssen Bedenken geltend gemacht werden.

Die Stichmaße der Ebenheitsabweichungen aus Tabelle 3, Zeile 3 der DIN 18202 reichen für ein optisch zufriedenstellendes Ergebnis beim Verlegen von Fliesen nicht aus. Aus diesem Grund sollten zumindest die erhöhten Anforderungen der DIN 18202 Tabelle 3, Zeile 4 in der Ausschreibung vereinbart werden.

Winkelabweichungen sind vor der Ausführung von Fliesen- und Plattenarbeiten zu kontrollieren.

Zur Herstellung einer gleichmäßigen Anschlussfuge Boden / Wand ist die Ebenheit und die Höhenlage des Fußbodens zu prüfen. Die Verlegung der Wandfliesen erfolgt vor der Verlegung der Bodenfliesen, evtl. erforderliche Ausgleichsarbeiten für Bodenfliesen sind vor der Verlegung der Wandfliesen zu berücksichtigen.

Prüfung

Die Prüfung der Toleranzen erfolgt nach der DIN 18202, Abschnitt 6 spätestens bei der Übernahme der Bauteile oder des Bauwerks durch einen Folgeauftragnehmer bzw. bei der Bauabnahme.

Die Toleranzen sind grundsätzlich so früh wie möglich vor der Ausführung des Folgeunternehmens zu prüfen. In diesem Fall muss die Prüfung durch den Fliesen- oder Plattenleger im Rahmen der Notwendigkeit durchgeführt werden.

Die Wahl des Messverfahrens ist von dem Prüfer in Art und Weise frei wählbar.

Sind höhere Anforderungen als die gewöhnlichen gewünscht, so müssen diese gesondert in den Ausschreibungsunterlagen vereinbart werden.

Gerüstarbeiten

Die Anforderungen an Gerüstarbeiten sind im Wesentlichen in der Vergabe- und Vertragsverordnung für Bauleistungen (VOB) Teil C in den Allgemeinen Technischen Vertragsbedingungen für Bauleistungen (ATV) in der DIN 18451 beschrieben. Im Folgenden werden die Inhalte der ATV und / oder der ergänzenden Regelungen nur auszugsweise unter dem Gesichtspunkt von Maßangaben zu Ausführungs- und Montagebestimmungen dargestellt.

Normen:

DIN 18451 Gerüstarbeiten
DIN 4420 Arbeits- und Schutzgerüste
Regeln für Sicherheit und Gesundheitsschutz im Gerüstbau
Unfallverhütungsvorschriften der Bauberufsgenossenschaft

Allgemeines:

Die Rahmenbedingungen für Gerüstkonstruktionen sind bestimmt durch den vorgesehenen Verwendungszweck als Trag-, Arbeits- oder Schutzgerüst und die damit verbundenen Belastungen. Darüber hinaus bestehen differenzierte Forderungen durch die eingesetzten Systemmaterialien (Stahl, Aluminium und Holz) bezüglich der Dimensionierung einzelner Bauteile. Die Abmessungen für die Gerüstbreiten und den Seitenschutz sind in Abhängigkeit von der möglichen Absturzhöhe auszuführen.

Spezifische Ergänzungen:

- Absturzsicherungen

Gerüstarten

Fassadengerüste

Fassadengerüste aus Metall und Holz werden nach der vorgesehenen Belastung und Flächennutzung der Beläge in verschiedenen Gerüstgruppen eingeteilt.

DIN 4420	**Stahlrohrkupplungsgerüste und Systemgerüste**						
	Fassadengerüste aus Holz			**Sonstige Fassadengerüste**			
Gerüstgruppe	1	2	3	4		5	6
Nutzgewicht kg/m²	-	150	200	300		450	600
Mindestbreite der Belagfläche in m	0,50	0,60	0,60	0,90		0,90	0,90
	Mindestbreite freier Durchgang bei Materiallagerung ≥0,20 m						
	Maximaler Abstand Belag – Wandfläche ≤0,30 m						
Seitenschutzhöhe	≥1,00 ±0,05 m						
Brett- oder Bohlenbreite in cm	Für Gruppe 1 – 3			4		5	6
	20	24 und 28		20	24, 28	20, 24, 28	20, 24, 28
Brett- oder Bohlendicke in cm	Maximale Stützweite in m						
3,0	1,25	1,25		1,25	1,25	1,25	1,00
3,5	1,50	1,75		1,50	1,75	1,25	1,25
4,0	1,75	2,25		1,75	2,00	1,50	1,25
4,5	2,25	2,50		2,25	2,25	1,75	1,50
5,0	2,50	2,75		2,50	2,50	2,00	1,75

Fanggerüste

Fangerüste sind auf Baustellen erforderlich, wenn aus arbeitstechnischen Gründen kein Seitenschutz verwendet werden kann.

Fanggerüst erforderlich für:	Bei Absturzhöhe von:
Mauerarbeiten „über die Hand"	>5,00 m
Arbeiten an Fenstern	>5,00 m
Arbeitsplätze und Verkehrswege an Ortgängen auf Dächern	>3,00 m
Bei allen anderen Arbeitsplätzen und Verkehrswegen	>2,00 m

Der maximale Höhenunterschied zwischen der Absturzkante bzw. dem Verkehrsweg und der Oberfläche des Gerüstbelages eines zum Fangerüst ausgebildeten Ausleger-, Konsol- oder Hängegerüstes darf nicht mehr als 3,00 m betragen. Für den Belag gilt eine Minimalbreite von 0,90 m bei 2,00 m Absturzhöhe und 1,30 m bei bis zu 3,00 m möglicher Absturzhöhe.

Werden Leitergerüste aus Holz als Fanggerüste ausgebaut sind die Leiterabstände zu verringern und die Beläge zu verstärken. Jede Gerüstleiter muss im Bereich der obersten Gerüstlage am Bauwerk verankert sein. Allgemein darf der senkrechte Abstand der Verankerungspunkte nicht mehr als 4,00 m betragen. Bei dem i. d. R. dreiteiligen Seitenschutz aus Bordbrett, Geländer und Zwischenholm kann auf den Zwischenholm verzichtet werden wenn ausreichend tragfähige Netze mit einer maximalen Maschenweite von 10 cm verwendet werden.

Dachfanggerüste

Bei Arbeiten und Verkehrswegen auf Dachflächen mit einer Neigung von 20° bis 60° und einer Absturzhöhe an der Traufe von mehr als 3,00 m sind Dachfangerüste erforderlich. Die Mindestbreite für die oberste Gerüstlage beträgt 0,70 m zwischen Traufkante und Seitenschutz. Die Höhe des Seitenschutzes wird abhängig von der Breite des Gerüstbelages bzw. dem Abstand zur Traufe bestimmt.

Traggerüste
Traggerüste aus Stahl sind in der zugelassenen Regelausführung ohne weiteren statischen Nachweis auf folgende Grundabmessungen und Belastungen begrenzt:

- Einbauhöhe <5,00 m
- Stützweite <6,00 m
- Senkrechte Flächenlasten <8,00 kN/m²
- Gleichstreckenlasten <15,00 kN/m²
- Maximal 1,50 m² Querschnitt von Schalungen für Stützen, Säulen und Pfeiler
- Maximale Höhe von 5,00 m bei senkrechten Schalungskonstruktionen und einem maximalen Ankerabstand von 3,00 m

Werden Holzstützen als tragende Teile eingesetzt, beträgt der Mindestdurchmesser bei Rundhölzern 7,00 cm, bei Kanthölzern dürfen die Mindestabmessungen von 8,00 cm je Seite nicht unterschritten werden.

Spezifische Ergänzung

Absturzsicherung
Absturzsicherungen auf Baustellen bestehen i. d. R. aus einem Seitenschutz oder einer Absperrung. Diese sind erforderlich für Arbeitsplätze und Verkehrswege:

- An oder über Wasser oder bei angrenzenden anderen Gütern, in denen die Gefahr eines Versinkens besteht, unabhängig von der Absturzhöhe
- Bei mehr als 2,00 m Absturzhöhe

- Auf Dächern mit mehr als 3,00 m Absturzhöhe

Außerdem an:

- Freien Kanten von Treppenläufen, Treppenabsätzen und Wandöffnungen bei einer Absturzhöhe von mehr als 1,00 m
- Öffnungen in Böden, Decken und Dachflächen mit einer Fläche von mehr als 9,00 m^2 und einer maximalen Kantenlänge von 3,00 m
- Vertiefungen in Böden und Decken

Gussasphalt-arbeiten

Die Anforderungen an Gussasphaltarbeiten sind im Wesentlichen in der Vergabe- und Vertragsordnung für Bauleistungen (VOB) Teil C in den Allgemeinen Technischen Vertragsbedingungen für Bauleistungen (ATV) in der DIN 18354 beschrieben. Im Folgenden werden die Inhalte der ATV und / oder der ergänzenden Regelungen auszugsweise unter dem Gesichtspunkt von Ausführungstoleranzen und Schichtdicken dargestellt.

Normen: DIN 18354 Gussasphaltarbeiten
DIN 18560 Estriche im Bauwesen
DIN 18195 Bauwerksabdichtungen

Allgemeines: Nach VOB 18354, Abs. 3.1.3 gelten die Anforderungen der DIN 18202 Toleranzen im Hochbau – Bauwerke.
Oberflächenunebenheiten innerhalb der Toleranzen der DIN 18202 sind zulässig, auch wenn sie bei Streiflicht sichtbar werden.

Spezifische Ergänzungen:

- Nenndicken
- Fugen

Ebenheitsabweichungen

Für die waagerechten Oberflächen von Estrichen und Belägen aus Gussasphalt und die Oberflächen der Unterlage gelten die Anforderungen an die Ebenheit nach DIN 18202, Tabelle 3, Zeile 1, 2 und 3.

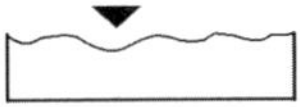

Messpunktabstände in m, Grenzwerte in mm

m	0,1	1[1)]	4[1)]	10[1)]	15[1)2)]
mm	10	15	20	25	30

Nichtflächenfertige Oberseiten von Decken, Unterbeton und Unterböden.

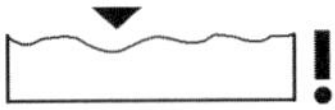

Messpunktabstände in m, Grenzwerte in mm

m	0,1	1[1)]	4[1)]	10[1)]	15[1)2)]
mm	5	8	12	15	20

Nichtflächenfertige Oberseiten von Decken, Unterbeton und Unterböden mit **erhöhten Anforderungen.**
Fertige Oberflächen für untergeordnete Zwecke.

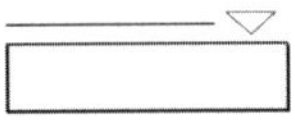

Messpunktabstände in m, Grenzwerte in mm

m	0,1	1[1)]	4[1)]	10[1)]	15[1)2)]
mm	2	4	10	12	15

Flächenfertige Böden zur Aufnahme von Bodenbelägen.

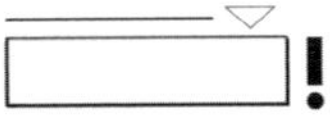

Messpunktabstände in m, Grenzwerte in mm

m	0,1	1[1)]	4[1)]	10[1)]	15[1)2)]
mm	1	3	9	12	15

Wie Zeile zuvor, jedoch mit **erhöhten Anforderungen.**

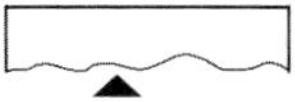	**Messpunktabstände in m, Grenzwerte in mm**					
	m	0,1	1[1]	4[1]	10[1]	15[1,2]
	mm	5	10	15	25	30
	Nichtflächenfertige Wände und Unterseiten von Rohdecken.					
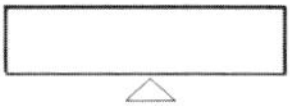	**Messpunktabstände in m, Grenzwerte in mm**					
	m	0,1	1[1]	4[1]	10[1]	15[1,2]
	mm	3	5	10	20	25
	Flächenfertige Wände und Unterseiten von Decken					
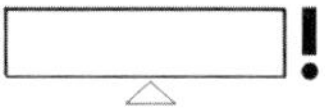	**Messpunktabstände in m, Grenzwerte in mm**					
	m	0,1	1[1]	4[1]	10[1]	15[1,2]
	mm	2	3	8	15	20
	Wie Zeile zuvor, jedoch mit **erhöhten Anforderungen.**					

[1] Zwischenwerte sind den Bildern 4 und 5 der DIN 18202 zu entnehmen und auf ganze mm zu runden.

[2] Die Ebenheitsabweichungen der letzten Spalte gelten auch für Messpunktabstände über 15 m.

Davon abweichend dürfen bei geneigten Flächen (z. B. Rampen) Gussasphaltestrichen und -belägen Unebenheiten in der Oberfläche nach der folgenden Auflistung aufweisen:

Maximal zulässige Abweichungen innerhalb einer 4 m langen Messstrecke:

- Flächenneigung <5 % 1,0 cm
- Flächenneigung >5 <10 % 1,5 cm
- Flächenneigung >10 % 2,0 cm

Die Oberfläche muss so beschaffen sein, dass die Nutzung nicht beeinträchtigt wird. Eine leichte Welligkeit auf einer stark geneigten Fläche stellt bei Einhaltung der Toleranzen nach DIN 18354, Abschnitt 3.1.5 keinen Mangel dar.

Die handwerklich erzielbare Ebenheit der Oberfläche ist

meist für eine direkte Verlegung von großflächigen Elementen (Fliesen, Parkett) ohne Zwischenschicht (Grundierung und Ausgleichspachtelung) nicht ausreichend.

Bei der Beurteilung der Ebenheit der Oberfläche ist zu berücksichtigen das Gussasphaltoberflächen normalerweise mit Feinsand abgerieben werden. Zur Erzielung einer erhöhten Griffigkeit / Rutschhemmung kann auch Edelbrechsand 1/3 oder Splitt der Körnung 2/5 bis 5/8 eingesetzt werden.

Spezifische Ergänzungen

Nenndicke
Die Nenndicke (Mindestwert der mittleren Estrichdicke) von Gussasphaltflächen wird abhängig von der zu erwartenden Belastung / Beanspruchung und der Einbauart (schwimmend auf Dämmschicht oder Trennschicht) bestimmt. Damit wird indirekt auch die Korngröße des Zuschlagstoffes festgelegt.

Als Mindestdicke kann die Faustregel gelten:

Größtkorn des Zuschlags	Mindestdicke kleinster zulässiger Einzelwert	Höchstdicke größter zulässiger Einzelwert
11 mm	30 mm	45 mm
8 mm	25 mm	35 mm
5 mm	20 mm	30 mm

Mindestdicke = 2,5-fache des Durchmessers des Größtkorn der Zuschlagstoffe.

Hochbeanspruchte Estriche		
Beanspruchung	Nenndicke	Größtkorn
I, schwer	≥35 mm ≥30 mm	11 8
II, mittel	≥30 mm ≥25 mm	8 5
III, leicht	≥30 mm ≥25 mm	8 5

Estriche auf Dämmschicht mit einer leichten bis mittleren Belastung werden mit einer Nenndicke von mindestens 50 mm und mit Zuschlagstoffen mit einem Größtkorn von 5 oder 8 mm ausgeführt.

Für Heizestriche aus Gussasphalt ist eine Mindestdicke von 35 mm und eine Überdeckung von 1,5 cm über den Heizelementen vorgeschrieben.

Eine Gussasphaltschicht mit einer Nenndicke über 40 mm ist nach DIN 18354 zweilagig herzustellen. Die Arbeitsnähte von zwei- oder mehrlagigen Gussasphaltestrichen oder Belägen sind versetzt auszuführen. Das erforderliche Versatzmaß ist der 10-fache Wert der Nenndicke der darauf folgenden Schicht.

Fugen

Gussasphalt kann in großen Flächen fugenlos eingebaut werden. Bewegungsfugen im Baukörper sind im Estrich oder Belag an der gleichen Stelle zu übernehmen. Werden Scheinfugen aus Gestaltungsgründen erforderlich, so sind diese höchstens bis zur Hälfte der Nenndicke des Estrichs / Belages einzuschneiden. Gussasphaltestriche auf Dämmschichten sind zu anderen Bauteilen durch eine Randfuge von 10 mm Breite abzugrenzen.

Heizungs-installationen

Die technischen Anforderungen an Heizungsinstallationen werden im Wesentlichen bestimmt durch die Baukonstruktion (Wärmeschutz, Grundrisse, Objektgröße und Lage, zusätzliche technische Ausstattungen) die Art der Heizungsanlage und die vorgesehene Nutzung des Objektes. Angaben zu technischen Aspekten der Planung und dem Bau einer funktionsfähigen Wärmeverteilungsanlage sind wegen den zu berücksichtigenden objektspezifischen Rahmenbedingungen und dem damit verbundenen Darstellungsumfang nicht möglich. Durch die Angaben zur Montage von Heizkörpern und Rohrinstallationen soll in erster Linie eine allgemeine technische und visuelle Kontrolle der handwerklichen Ausführung vor Ort ermöglicht und unterstützt werden.

Normen: ATV DIN 18380 „Heizanlagen und zentrale Wassererwärmungsanlagen

Allgemeines: In der VOB/C, DIN 18380 „Heizanlagen und zentrale Wassererwärmungsanlagen" sind nachstehende Grundregeln festgeschrieben.

Heizkörper

Zur Montagehöhe und zu Abständen von Heizkörpern zu anderen Bauteilen und Einrichtungsgegenständen in der DIN 18380 wird eine allgemeine Formulierung getroffen, die auf objektbezogene Planung / Bewertung hinweist:
In Abs. 3.2.10.1 der DIN 18380 heißt es dazu: „Heizkörper sind mit den Rohrleitungen so zu verbinden, dass sie leicht lösbar, entleerbar und abnehmbar sind. Heizkörper und ihre Armaturen müssen leicht zugänglich sein".[L4]

Rohrleitungen

Die erforderlichen Montageabstände von Rohrleitungen und deren Einbau in anderen Bauteilen oder bei Durchdringungen sind so zu gestalten, dass Längenänderungen oder Ausdehnungen von Rohren möglich sind, ohne dadurch Schäden zu verursachen.

Dämmungen für Wärmeverteilungsleitungen

Nach der „Heizungsanlagenverordnung" (1998) sind Rohrleitungen und Armaturen innerhalb von Gebäuden gegen Wärmeverluste zu dämmen. Dies gilt nicht für Rohrleitungen in Aufenthaltsräumen oder Verbindungsräumen zwischen Aufenthaltsräumen.

Für die Dämmschichten sind nachstehende Mindestdicken festgelegt:

Nennweite der Rohrleitung	Mindestdicke der Dämmschicht in mm, 0,035 W/(mK)
≤DN 20	20 mm
DN 22 – DN 35	30 mm
DN 40 – DN 100	entspricht DN
>DN 100	100 mm

Im Bereich von Deckendurchbrüchen, Leitungskreuzungen oder Verbindungsstellen sind Reduzierungen der Mindestdämmschichtdicke auf die Hälfte der oben genannten Werte zulässig.

Klempnerarbeiten

Die Anforderungen an Klempnerarbeiten sind im Wesentlichen in der Vergabe- und Vertragsordnung für Bauleistungen (VOB) Teil C in den Allgemeinen Technischen Vertragsbedingungen für Bauleistungen (ATV) in der DIN 18339 beschrieben. Im Folgenden werden die Inhalte der ATV und / oder der ergänzenden Regelungen aus den Fachregeln für Metallarbeiten im Dachdeckerhandwerk auszugsweise unter dem Gesichtspunkt von Ausführungstoleranzen, Mindestabstände, und Materialmindestdicken dargestellt.

Normen: DIN 18339 Klempnerarbeiten

Allgemeines: Die DIN-Norm 18202 enthält keine Angaben zu Toleranzen bei der Ausführung von Klempnerarbeiten.

Spezifische Ergänzungen:

- Anschlüsse, Anschlüsse an Abdichtungen
- Abschlüsse, Kehlen
- Bauklempnerarbeiten, Materialdicken
- Nicht selbsttragende Metalldeckungen
- Selbsttragende Metalldeckungen
- Hängedachrinnen, Regenfallrohre
- Bewegungs- und Dehnungsausgleicher

Spezifische Ergänzungen

Anschlüsse

Traufseitige aufliegende Anschlussbleche auf ebenen oder konturierten Deckungen müssen diese bei Dachneigungen

- <15° um mindestens 200 mm,
- <22° um mindestens 150 mm,
- ≥22° um mindestens 100 mm

überdecken. Eine einfache seitliche Überdeckung der Bleche muss mit mindestens 100 mm Überlappung erfolgen.

Firstseitige Anschlüsse werden mit unterliegenden Anschlussblechen hergestellt. Die Überdeckung des Deckwerkstoffes auf das Anschlussblech beträgt bei Dachneigungen:

- ≥22° mindestens 100 mm,
- <22° mindestens 150 mm,
- <15° mindestens 200 mm

Seitliche Anschlüsse mit unterliegenden Anschlussblechen an angrenzende Bauteile müssen durch ebene oder profilierte Werkstoffe von Dacheindeckungen auf einer Mindestbreite von 120 mm überdeckt sein. Bei ebenen Deckwerkstoffen beträgt die Überdeckung abhängig von der Dachneigung:

- ≤35° mindestens 120 mm,
- >35° mindestens 100 mm,
- >50° mindestens 80 mm

Seitliche Anschlüsse durch überdeckende und durchgehend aufliegende Metallanschlüsse müssen ebene Dacheindeckungen mindestens 120 mm überdecken. Anschlüsse mit Schichtstücken müssen ebene Deckwerkstoffe mindestens 80 mm überdecken. Bei profilierten Deckmaterialien muss die seitliche Überdeckung bis zum nächsten Hochpunkt reichen.

Die Anschlusshöhe beträgt nach DIN 18339, Abs. 3.1.8 für Dachneigungen bis 5° mindestens 150 mm, bei größeren Dachneigungen mindestens 100 mm über der Oberkante des Materials der Dacheindeckung. Für einzuklebende Metallanschlüsse ist für die Klebefläche ein Breite von mindestens 120 mm erforderlich.

Anschlüsse an Abdichtungen

Die wandseitigen Teile von Abdichtungen an aufgehende Bauteile sind zweiteilig auszuführen.

Firstseitige Anschlüsse sind mit einem mindestens 15 mm breiten Wasserfalz auszuführen.

Eingehängte oder eingelassene Überhangstreifen sind mit einer Einlasstiefe von mindestens 20 mm herzustellen. Die verschiedenen möglichen Formen von Überhangstreifen sind in Abständen von maximal 2,50 m zu befestigen.

Werden für den Anschluss vorgefertigte Metallprofile oder Flachprofile mit einem Mindestquerschnitt von 30 x 4 mm verwendet, beträgt der maximale Befestigungsabstand 2,00 m.

Für die Anschlusshöhen an aufgehende Bauteile gelten abhängig von der Dachneigung und der Lage folgende Werte:

Dachneigung	**Anschlusshöhe**		
	seitlich	traufseitig	firstseitig
<5°	150 mm	150 mm	150 mm
<22°	100 mm	100 mm	150 mm
≥22°	80 mm	80 mm	150 mm

Bei Dachneigungen über 22° ist für seitliche, abgetreppte Anschlüsse und konturierte Deckwerkstoffe eine Anschlusshöhe von 65 mm ausreichend. Für Anschlüsse im Bereich von Ausgängen zu Dachterrassen gelten geringere Anschlusshöhen bei der Ausführung zusätzlicher Maßnahmen (siehe Dachabdichtungsarbeiten).

Abschlüsse

Traufseitige Abschlüsse von Deckungen bestehen aus so genannten Traufblechen, als Rinneneinlauf- oder Tropfbleche. Bei unmittelbarer Anordnung eines Traufblechs unter der Deckung bzw. auch bei Unterdeckungen und Unterspannungen sind für die Mindestüberdeckung der Dacheindeckung auf das Traufblech folgende Abmessungen einzuhalten:

- Bei ≥22° Dachneigung mindestens 100 mm Überdeckung
- Bei <22° Dachneigung mindestens 150 mm Überdeckung
- Bei <15° Dachneigung mindestens 200 mm Überdeckung

Ortgangabschlüsse von Deckungen sollen Putzflächen, Wandbekleidungen oder Sichtmauerwerk in vertikaler Richtung mit nachstehenden Mindestmaßen überdecken:

Gebäudehöhe	**Höhenüberdeckung**
≤8 m	Mindestens 50 mm
>8 ≤20 m	Mindestens 80 mm
>20 m	Mindestens 100 mm

Die notwendigen Überdeckungsmaße von firstseitigen Abschlüssen entsprechen den Mindestmaßen von traufseitigen Anschlüssen.

Für Dachrandabschlüsse aus gekanteten Metallen gelten abhängig von der Gebäudehöhe für Auf- und Abkantungen folgende Mindestabmessungen:

Gebäudehöhe	Seitlicher Tropfabstand	Höhe Aufkantung über Abdeckung	Höhe der Abkantung	Äußere Kantenhöhe insgesamt
≤8m	20 mm	40 mm	50 mm	90 mm
>8 ≤20 m	30 mm	40 mm	80 mm	120 mm
>20 m	40 mm	60 mm	100 mm	160 mm

Kehlen

Durchgehende Kehlen auf einer Holzschalung oder Traglattung mit einem lichten Mindestabstand von 130 mm sind mit einem seitlichen Wasserfalz von mindestens 15 mm Breite auszuführen.

Der Deckwerkstoff muss entsprechend der Dachneigung die untergelegten Bleche mit einem Mindestmaß (gemessen rechtwinklig zum Kehlverlauf) überdecken:

- ≥22° mit mindestens 100 mm
- <22° mit mindestens 150 mm
- <15° mit mindestens 200 mm

Bei konturierten Deckwerkstoffen ist die Überdeckung im Bereich des Wasserlaufs vom Deckwerkstoff her ausschlaggebend.

Kehlbleche sind bei unverlöteter Überdeckung mindestens 100 mm zu überlappen. Werden bei Dachneigungen über 25° die Kehlen aus Schichtstücken (Nocken) hergestellt, beträgt die Überlappung bis 45° Dachneigung mindestens 160 mm, bei größeren Dachneigungen mindestens 140 mm.

Materialdicken für Bauklempnerarbeiten

Materialdicken sind abhängig von der Detailausführung und den Rahmenbedingungen für die Montage auszuwählen. Werden die Metallteile auf einer Unterkonstruktion verlegt, so sind die Abmessungen aus der Tabelle zu Metall-Dacheindeckungen einzuhalten. Für Strangpressprofile muss die Mindestdicke 1,5 mm betragen. Für die verschiedenen Werkstoffe gelten nachstehende Mindestdicken:

Mindestblechdicken	Dachrand-abschlüsse	Gekantete Mauerabdeckungen	Anschlüsse
Aluminium	1,2 mm	0,8 mm	0,8 mm
Kupfer	0,8 mm	0,7 mm	0,7 mm
Verzinkter Stahl	0,7 mm	0,7 mm	0,7 mm
Titanzink	0,8 mm	0,7 mm	0,7 mm
Nicht rostender Stahl	0,7 mm	0,7 mm	0,7 mm

Mauerabdeckungen müssen an den Tropfkanten einen seitlichen Überstand von mindestens 20 mm zu den angrenzenden Flächen aufweisen. Abdeckungen bzw. Tropfkantenausbildungen aus Kupfer erfordern einen seitlichen Mindestabstand von 50 mm. Werden bei Anschlüssen Kappleisten aufgesetzt, so sind diese in Mindestabständen von 250 mm zu befestigen, Wandanschlussschienen sind alle 200 mm zu befestigen.

Nicht selbsttragende Metalldeckungen

Für nicht selbsttragende Metalldeckungen beträgt die Mindestdachneigung 3°, bei geringeren Dachneigungen sind zusätzliche Dichtungen in den Längsfalzen erforderlich. Ansonsten gelten die Regeldachneigungen, abgestimmt auf die Ausführungsart gemäß folgender Übersicht:

Ausführungsart	Regeldachneigung	Längsfalz-Verbindung
Einfacher Liegefalz	-	≥35 mm Breite
Doppelstehfalzdeckung	7°	≥23 mm Höhe
Winkelstehfalzdeckung	25°	≥23 mm, maximal 35 mm Höhe
Leistenfalzdeckung, deutsche Art	7°	Holzleiste 40/40 mm, mit 90° Blechabkantung an oberer Holzkante
Leistenfalzdeckung, belgische Art	25°	Blech oben ohne Rückkantung
Bleideckung mit Hohl- oder Holzwulst	7°	Hohlwulst mindestens 35 mm Höhe

Quernähte bei Metalldeckungen

Dachneigung	Art der Quernähte
≥ 30° (58 %)	Überlappung 100 mm
≥ 25° (47 %)	Einfacher Querfalz
≥ 10° (18 %)	Einfacher Querfalz mit Zusatzfalz
> 7° (13 %)	Doppelter Querfalz (ohne Dichtung)
< 7° (13 %)	Wasserdichte Ausführung, je nach verwendetem Werkstoff gelötet, genietet oder doppelt gefalzt mit Dichtung

Metalldeckungen – Hafte, Nägel, Schrauben

Zur Sicherung der Metalleindeckungen und Bekleidungen sind Maßnahmen gegen Abheben und Beschädigung durch Sturm zu treffen. Für die dazu geeigneten Materialien bestehen Abhängigkeiten bezüglich der Materialverträglichkeit, der Materialdicken und der Anzahl der Befestigungsmittel pro Haft bei mindestens 20 mm Einbindetiefe. Die Angaben der Tabelle entsprechen den Forderungen nach DIN 18339 „Klempnerarbeiten", Abs. 3.1.6., und den Fachregeln für Metallarbeiten.

Zu befestigende Teile	Hafte		Geraute Nägel	Senkkopf-Schrauben
Werkstoff			≥2 Stück 2,8 x 25 mm	≥2 Stück 4 x 25 mm
	Werkstoff	Dicke in mm	Werkstoff	Werkstoff
Titanzink (Zn)	Zn	≥0,7	VSt	VSt
	VSt	≥0,6		
	S.S	≥0,4	S.S	S.S
Verzinkter Stahl (VSt)	VSt	≥0,6	VSt	VSt
	S.S	≥0,4	S.S	S.S
Aluminium (Al)	S.S	≥0,4	S.S	S.S
Kupfer (Cu)	Cu	≥0,6	Cu	Cu-Zn-Legierung
	S.S	≥0,4	S.S	S.S
				Cu
Nicht rostender Stahl (S.S Stainless Steel)	S.S	≥0,4	Cu	Cu-Zn-Legierung
			S.S	S.S
				Cu
Blei (Pb)	Cu	≥0,7	Cu	Cu-Zn-Legierung
	S.S	≥0,4	S.S	S.S
				Cu

Metalldeckungen – Mindestdicken, Scharenlängen

Für die Herstellung von Dacheindeckungen aus Metallscharen gelten Mindestdicken für das Material der Dacheindeckung, Mindestanforderungen an die Anzahl der Hafte pro Quadratmeter und deren maximale Befestigungsabstände, abhängig von der Gebäudehöhe (Traufhöhe).

Für Aluminium, Kupfer und Titanzink beträgt die maximale Scharenlänge 10 m, feuerverzinkter Stahl und nicht rostender Stahl kann in Scharen bis zu 14 m Länge eingebaut werden.

Für Scharenbreiten mit Zuschnitt ≤1000 mm sind nur verzinkte Stahlbleche mit einer Mindestdicke von 0,7 mm und nur bis 8 m Gebäudehöhe zulässig. Verzinkte Stahlbleche können bei Gebäudehöhen von 8 – 20 m in einer Mindestdicke von 0,6 mm und einer Zuschnittbreite ≤800 mm eingesetzt werden. Für Gebäudehöhen über 20 bis 50 m reduziert sich die Zuschnittbreite nochmals auf ≤700 mm.

Die Angaben gelten in Verbindung mit den Regelungen zu den maximalen Längen der Scharen und die Befestigung der Hafte nach oben stehender Tabelle.

Metalldeckungen, Anzahl und Abstand der Hafte, Blechdicke

Gebäudehöhe	Bereich	Befestigung Abstand in mm	Zuschnitt in mm		
			≤ 600	≤ 670	≤ 700
0 m bis 8 m	Eckbereich	Hafte/m²	6,4	6,4	6,4
		Maximaler Abstand	300	300	250
	Randbereich	Hafte/m²	3,9	3,9	4
		Maximaler Abstand	500	500	400
	Innenbereich	Hafte/m²	3,9	3,9	4
		Maximaler Abstand	500	500	400
über 8 m bis 20 m	Eckbereich	Hafte/m²	9,6	9,6	10
		Maximaler Abstand	200	200	150
	Randbereich	Hafte/m²	5,5	5,5	5,4
		Maximaler Abstand	350	350	300
	Innenbereich	Hafte/m²	3,9	3,9	4
		Maximaler Abstand	500	500	400

	Werkstoff	**Blechdicke in mm**		
0 bis 20 m	Kupfer	0,6	0,6	0,6
	Zink	0,7	0,7	0,7
	Aluminium	0,7	0,7	0,8
	Nicht rostender Stahl	0,4	0,5	0,5
	Verzinkter Stahl	0,6	0,6	0,6

Die angegebenen Werte zu den Abständen der Hafte gelten als Mittelwert über 3 m Deckbreite.

Selbsttragende Metalldeckungen

Bei großformatigen Deckelementen wie z. B. Trapezblechen oder Sandwich-Elementen sind abhängig von der Dachneigung im Bereich von Stößen nachstehende Mindestüberdeckungen einzuhalten:

- ≥7° mindestens 200 mm Überdeckung

- ≥12° mindestens 150 mm Überdeckung
- ≥22 ° mindestens 100 mm Überdeckung

Bei Dachneigungen von 3° bis 7° sind Durchdringungen und Querstöße nicht zulässig. Die Regeldachneigung für selbsttagende kleinformatige Dachelemente beträgt 22°. Bei großformatigen Dachelementen über ausgebauten Dächern und kleinformatigen Elementen sind bei weiteren Anforderungen aus Nutzung oder Konstruktion zusätzliche Maßnahmen wie z. B. Unterspannung oder Unterdeckung zu treffen.

Hängedachrinnen, Regenfallleitungen
Entwässerungsrinnen und zugeordnete Regenfallleitungen sind nach DIN 18461 „Hängedachrinnen, Regenfallrohre außerhalb von Gebäuden und Zubehörteile aus Metall“ zu dimensionieren. Für Hängedachrinnen aus Kunststoffen ist die DIN 18469 zu berücksichtigen.

Für runde und quadratische Rohre gilt eine Geradheitstoleranz von 5 mm auf 2000 mm Rohrlänge, bezogen auf die Rohrmitte.

Regenfallleitungen sind mit einer vertikalen Überlappung von 50 mm ineinander zustecken. Die maximalen Befestigungsabstände von Fallrohren mit einem Innendurchmesser bis 100 mm betragen maximal 3,00 m, bei größeren Durchmessern maximal 2,00 m. Für den Abstand der Rohrschellen zur fertigen Wandfläche gilt ein Mindestmaß von 20 mm.

Bewegungs- und Dehnungsausgleicher

Zur Aufnahme von temperaturbedingten Bewegungen und Längenänderungen von Metallen sind Dehnungsausgleicher einzubauen. Die angegebenen Maße berücksichtigen die gestreckte Länge von Bauteilen (Abstände der Ausgleicher untereinander). Für die Abstände zu Ecken oder Festpunkten gelten jeweils die halben Längenangaben.

Bewegungsausgleicher nach DIN 18339, Tabelle 1	
Formteil	**Maximaler Abstand**
In wasserführenden Ebenen für eingeklebte Einfassungen, Winkelanschlüsse, Rinneneinhänge und Schedrinnen	6 m
Für stranggepresste Profile	6 m
Außerhalb wasserführender Ebenen für Mauerabdeckungen, Dachrandabschlüsse und innenliegende, nicht eingeklebte Dachrinnen mit Zuschnitt über 500 mm	8 m (bei Stahl 14 m)
Für Scharen von Dachdeckungen und Wandbekleidungen, sowie für innenliegende, nicht eingeklebte Dachrinnen mit Zuschnittbreite unter 500 mm und Hängedachrinnen mit Zuschnitt über 500 mm	10 m (bei Stahl 14 m)
Für Hängedachrinnen mit Zuschnittbreite bis 500 mm	15 m

Prüfung

Der Auftragnehmer hat ggf. Bedenken gem. VOB/B § 4 Nr. 3 unverzüglich anzumelden wenn der Untergrund bzw. die Höhenlage der Oberfläche nicht eindeutig definiert ist oder wenn Höhenbezugspunkte je Geschoss fehlen (vgl. ATV DIN 18339, Abschnitt 3.1.1). Desweiteren müssen bei folgenden Punkten Bedenken angemeldet werden:

- Bei ungeeignetem Untergrund
- Wenn die Schalung Unebenheiten aufweist, die Dicke nicht ausreichend ist und Ecken und Kanten nicht abgerundet sind
- Wenn an Ausschlüssen keine Befestigungsmöglichkeiten vorhanden sind
- Wenn bei hinterlüfteten Konstruktionen die notwendige Be- und Entlüftung fehlen
- Bei unzureichender Lage und Ausführung von Durchdringungen, Anschlüssen, Schwellen und dergleichen
- Bei Abweichungen der vorgegebenen Neigung aus der Leistungsbeschreibung
- Bei unzureichenden Ausdehnungsmöglichkeiten
- Bei unzureichenden baulichen Vorraussetzungen für Sicherheitsüberläufe
- Bei fehlenden Tellern an Durchdringungspunkten

Maler- und Lackier-arbeiten

Die Anforderungen an Maler- und Lackierarbeiten sind im Wesentlichen in der Vergabe- und Vertragsordnung für Bauleistungen (VOB) Teil C in den Allgemeinen Technischen Vertragsbedingungen für Bauleistungen (ATV) in der DIN 18363 beschrieben. Im Folgenden werden die Inhalte der ATV und / oder der ergänzenden Regelungen auszugsweise unter dem Gesichtspunkt von Ausführungstoleranzen und Materialmindestdicken dargestellt.

Normen: DIN 18363 Maler- und Lackierarbeiten

Allgemeines: Die DIN-Norm 18202 enthält keine Angaben zu Toleranzen bei der Ausführung von Maler- und Lackierarbeiten.

Spezifische Ergänzungen:

- Beschichtungen
- Oberflächenschutzsysteme
- Optische Mängel im Erscheinungsbild

Spezifische Ergänzungen

Beschichtungen
In der DIN 18363 sind für die verschiedenen Maler- und Lackierarbeiten Aussagen zu den erforderlichen Beschichtungsfolgen, abhängig vom Beschichtungsstoff und dem zu beschichtenden Material, formuliert. Notwendige Mindestschichtdicken bei Untergrundvorbehandlungen, Grundierungen, Erst- und Überholungsbeschichtungen werden nicht angegeben.

Mindestschichtdicken von Beschichtungen auf verschiedenen Untergründen sind immer abhängig vom Beschichtungsstoff. Die Hersteller von Beschichtungsstoffen empfehlen i. d. R. einen für den Nutzungszweck oder auf die Schutzfunktion abgestimmten Systemaufbau, bestehend aus verschiedenen Beschichtungsstoffen, Anzahl der auszuführenden Arbeitsgänge und möglichen Auftragverfahren. Durch die Angabe von Auftragverfahren und die Angabe von Verbrauchsmengen auf bestimmten Untergründen soll die Erzielung der notwendigen Beschichtungsstärken gesichert werden.

Beschichtung von Holzbauteilen gegen Feuchtigkeit
Ausschlaggebend für den Feuchteschutz ist die wirksame diffusionsäquivalente Luftschichtdicke Sd [m] als Produkt aus der dimensionslosen Diffusionswiderstandzahl μ und der Schichtdicke in Meter.

Für die Holzbauteile gelten folgenden Sd-Werte:

- Maßhaltige Bauteile Sd ≥1,2 m
- Bedingt maßhaltige Bauteile 1,0 ≥ Sd ≥ 0,5 m
- Nicht maßhaltige Bauteile 0,5 > Sd

Die μ-Werte sind produktabhängig. Die erforderliche Schichtdicke kann dann bestimmt werden als:

$$Sd / \mu$$

Für Holzbauteile im Außenbereich und maßhaltige Bauteile deren Funktionsfähigkeit primär durch die Erhaltung der Formstabilität und Dichtheit bestimmt wird, sind in einem Merkblatt des Informationsdienstes Holz [L2] geeignete Beschichtungssysteme und erforderliche Schichtdicken genannt.

	Beschichtungssystem und erforderliche Trockenschichtdicke in μm			
	Lasierend		Deckend	
Holz-Werkstoff	Dünnschicht-lasur mit Fungiziden	Dickschicht-lasur mit Grundierung	Lacksystem diffusions-offen	Lacksystem diffusions-hemmend
Verbretterung, Stülps.	20 – 30	–	50 – 100	–
Verbretterung, N + F	30 – 60	40 – 80	100 – 200*	–
Dachuntersichten	40 – 60	–	80 – 120	–
Brettschichtholz 3	40 – 60	40 – 60	80 – 120	60 – 80
Sperrholz- und Schichtholzfassaden	40 – 80	40 – 60	80 – 120	–
Fensterläden, maßhaltig	–	60 – 80	–	80 – 120
Fenster / Außentüren	–	60 – 80	–	80 – 120
* abhängig vom Diffusionswiderstand				

Oberflächenschutzsysteme
Oberflächenschutzsysteme nach der Richtlinie des Deutschen Ausschusses für Stahlbeton (DAfStb-Rili) dienen dem Schutz und der Instandsetzung von Betonbauteilen und sind der DIN 18349 Betonerhaltungsarbeiten zuzuordnen. Die für die Bauausführung relevanten Schichtdicken sind den Anweisungen der Hersteller zu entnehmen. Für die Ebenheit der Bauteiloberflächen und Untergründe gelten die Regelungen der DIN 18202.

Optische Mängel im Erscheinungsbild
Gem. ATV DIN 18363, Abschnitt 3.1.4 muss die Oberfläche entsprechend der Eigenschaft des Beschichtungsmittel und des angewandten Verfahrens gleichmäßig ohne Ansätze und Streifen erscheinen.

Alle Anschlüsse an Türen, Fenstern, Sockeln u. Ä. sind nach Abschnitt 3.1.9 scharfkantig und geradlinig auszuführen.

Prüfung

Der Auftragnehmer hat, wenn der Untergrund Toleranzen vorgibt, die eine geforderte Qualität der Beschichtung nicht zulässt, unverzüglich Bedenken gem. VOB/B § 4 Nr. 3 anzumelden.

Bei der Prüfung der Schichtdicken ist nach der Art bzw. dem Zeitpunkt der Prüfung zu unterscheiden. Die Verfahren sind in der DIN 50981 und 50982 in ihrer Methodik beschrieben.

Bei der unmittelbaren Prüfung auf der Baustelle kann eine Schichtdickenmessung unmittelbar nach der Applikation (Nass-Messung) erfolgen. Dazu wird ein einfacher Nassfilm-Dickenmesser, der „Rossmann Messkamm" eingesetzt. Dabei wird der Messkamm senkrecht auf die zu prüfende Beschichtungsfläche aufgesetzt bzw. gezogen und am ersten benetzten Zahn kann die dazugehörige Nassfilmdicke abgelesen werden. Mit diesem Verfahren kann die annähernde Dicke der flüssigen Schicht dokumentiert werden.

Ebenfalls zur Nassfilmdickenmessung eignet sich, besonders für gewölbte Flächen, die Rollfelge oder auch Doppelrad oder Messrad genannt. Das Rad verfügt über drei einzelne Aufsetzrollen, von denen das mittlere Rollrad leicht exzentrisch ausgeführt ist. Beim Abrollen des Rades über die flüssige Beschichtung kann an der Stelle der ersten Benetzung des mittleren Rades die Schichtdicke abgelesen werden.

Die Verfahren zu Prüfung der Trockenschichtdicke können berührend und nicht berührend sein. Bei berührenden Verfahren ist nach zerstörungsfreien und nicht zerstörungsfreien Verfahren zu unterscheiden.

Für die zerstörungsfreie Prüfung von Beschichtungen auf metallischen Untergründen basieren die Verfahren auf der Nutzung magnetischer Haftkraft, magnetischem induktivem Fluss oder des Wirbelstromverlustes. Das Ultraschallverfahren eignet sich für die Prüfung von Beschichtungen auf Kunststoffuntergründen. Die Feststellung von Mehrschichtenaufbauten sind möglich.

Als nicht zerstörungsfreie Messungen stehen die Methoden der Querschnittprüfung, des Keilschnitt-Verfahrens und der Einsatz einer so genannten Tiefenuhr zur Verfügung.

Eine präzise Feststellung von Schichtdicken ist nur bei ebenen, glatten Oberflächen möglich, denn nur hier ist eine eindeutige Bezugsebene definiert.

Eine Prüfung von Beschichtungen auf unebenen Untergründen (z. B. Putzflächen) und mit unebenen Beschichtungsoberflächen, bedingt durch die handwerkliche Ausführung, ist nur in begrenztem Umfang möglich bzw. die Aussagekraft der Messergebisse mit systembedingten Fehlern und Abweichungen nur eingeschränkt für eine Beurteilung der ausgeführten Leistung tauglich.

Zur Ermittlung von Trockenschichtdicken ist im Allgemeinen eine umfangreiche Laborausstattung und besondere Fachkenntniss zum Einsatz der Messgeräte erforderlich. Die Durchführung solcher Prüfungen und die Auswertungen der Messergebnisse erfolgt daher oft nur durch eigenständige Institute für Lack- und Beschichtungsprüfungen oder durch öffentlich bestellte und vereidigte Sachverständige für dieses Fachgebiet.

Mauerarbeiten

Die Anforderungen an Mauerarbeiten sind im Wesentlichen in der Vergabe- und Vertragsordnung für Bauleistungen (VOB) Teil C in den Allgemeinen Technischen Vertragsbedingungen für Bauleistungen (ATV) in der DIN 18330 beschrieben. Im Folgenden werden die Inhalte der ATV und / oder der ergänzenden Regelungen auszugsweise unter dem Gesichtspunkt von Ausführungstoleranzen und Materialmindestdicken dargestellt.

Normen: DIN 18330 Mauerarbeiten
DIN 1053 Mauerwerk

Allgemeines: Toleranzen sind in den durch 18202 zulässigen Grenzen möglich (ATV DIN 18330, Abschnitt 3.1.3)

Spezifische Ergänzungen:

- Erhöhte Anforderungen an die Ebenheit
- Maßhaltigkeit der Steine – Stoffabhängige Abweichungen
- Überbindemaß
- Lager-, Stoß- und Längsfugen, Anschlussfugen
- Sichtmauerwerk
- Zweischaliges Außenmauerwerk

- Schlitze und Aussparungen
- Unterfangungen
- Risse

Bauwerksmaße

In der Tabelle 1 der DIN 18202 sind die Grenzabmaße für Bauwerksmaße geregelt.

Genauigkeit von Längenmaßen
Bei einer durchschnittlichen Ausführungsqualität bei der Erstellung von Mauerwerk kann in der Einhaltung von Längen- und Breitenabmessungen im Allgemeinen mit einer Genauigkeit von etwa ±3 mm Grenzmaß gearbeitet werden. Die gleichen Genauigkeiten werden im Allgemeinen auch für die Ausführung des Niveaus der Lagerfuge erreicht.

Genauigkeit von Höhenangaben
Für die durchschnittliche Ausführung von Höhen des Mauerwerks sind größere Grenzabmaße anzusetzen. Die maßgerechte Herstellung von Mauerwerkshöhen wird im Wesentlichen durch das Anlegen des Mauerwerks sowie das anschließende gleichmäßige Aufmauern realisiert.

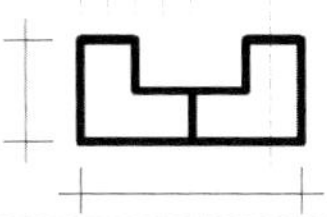

Nennmaß in m, Grenzabweichung in mm

m	-1	>1–3	>3–6	>6–15	>15–30	>30[1]
mm	±10	±12	±16	±20	±24	±30

Maße im Grundriss
z. B. Längen, Breiten, Achs- und Rastermaß

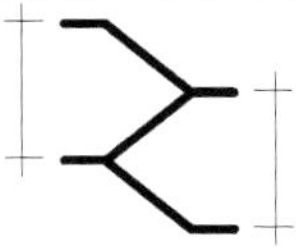

Nennmaß in m, Grenzabweichung in mm

m	-1	>1–3	>3–6	>6–15	>15–30	>30[1]
mm	±10	±16	±16	±20	±30	±30

Maße im Aufriss
z. B. Geschosshöhen, Podesthöhen, Abstände von Aufstandsflächen und Konsolen

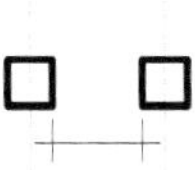

Nennmaß in m, Grenzabweichung in mm

m	-1	>1–3	>3–6	>6–15	>15–30
mm	±12	±16	±20	±24	±30

Lichte Maße im Grundriss
z. B. zwischen Stützen und Pfeilern

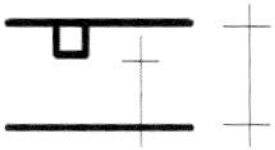

Nennmaß in m, Grenzabweichung in mm

m	-1	>1–3	>3–6	>6–15
mm	±16	±20	±20	±30

Lichte Maße im Aufriss
z. B. unter Decken und Unterzügen

Nennmaß in m, Grenzabweichung in mm

m	-1	>1–3	>3–6
mm	±10	±12	±16

Öffnungen
z. B. Fenster, Türen, Einbauelemente

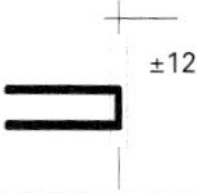

Nennmaß in m, Grenzabweichung in mm

m	-1	>1–3	>3–6
mm	±8	±10	±12

Öffnungen mit oberflächenfertigen Leibungen
z. B. Fenster, Türen, Einbauelemente

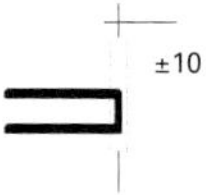

[1] Anwendung bis etwa 60 m. Für größere Abmessungen sind besondere Überlegungen erforderlich.

Winkelabweichungen

(nach DIN 18202, Tabelle 2)

Genauigkeit von Lot und Flucht
Wandecken und -öffnungen werden entsprechend mit den bekannten Hilfsmitteln, Schnur, Wasserwaage und Lot flucht- und lotrecht ausgeführt. Die Ausführungsgenauigkeit wird im Allgemeinen mit 0,5 cm (Grenzabmaß ±0,5 cm) angenommen werden. Dies gilt unabhängig von den Abmessungen der Bauwerksteile.

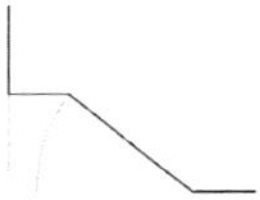

Nennmaß in m, Stichmaße als Grenzwerte in mm

m	>0,5	>0,5–1	>1–3	>3–6	>6–15	>15–30	>30[1]
mm	3	6	8	12	16	20	30

Vertikale, horizontale und geneigte Flächen

[1] Anwendung bis etwa 60 m. Für größere Abmessungen sind besondere Überlegungen erforderlich.

Ebenheitsabweichungen

Ebenheitsabweichungen sind in Tabelle 3 der DIN 18202 festgelegt.

Hier sind Stichmaße als Grenzwerte für Ebenheitsabweichungen festgelegt; diese gelten für Flächen von:

- Decken (Ober- und Unterseite)
- Wänden
- Estrichen
- Bodenbelägen

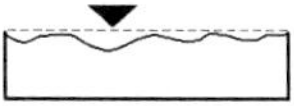

Messpunktabstände in m, Grenzwerte in mm

m	0,1	1[1]	4[1]	10[1]	15[1,2]
mm	10	15	20	25	30

Nichtflächenfertige Oberseiten von Decken, Unterbeton und Unterböden.

Messpunktabstände in m, Grenzwerte in mm

m	0,1	1[1]	4[1]	10[1]	15[1,2]
mm	5	8	12	15	20

Nichtflächenfertige Oberseiten von Decken, Unterbeton und Unterböden mit **erhöhten Anforderungen.**
Fertige Oberflächen für untergeordnete Zwecke.

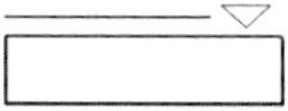

Messpunktabstände in m, Grenzwerte in mm

m	0,1	1[1]	4[1]	10[1]	15[1,2]
mm	2	4	10	12	15

Flächenfertige Böden zur Aufnahme von Bodenbelägen.

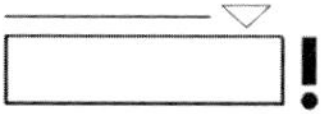

Messpunktabstände in m, Grenzwerte in mm

m	0,1	1[1]	4[1]	10[1]	15[1,2]
mm	1	3	9	12	15

Wie Zeile zuvor, jedoch mit **erhöhten Anforderungen.**

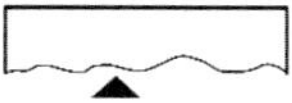

Messpunktabstände in m, Grenzwerte in mm

m	0,1	1[1]	4[1]	10[1]	15[1,2]
mm	5	10	15	25	30

Nichtflächenfertige Wände und Unterseiten von Rohdecken.

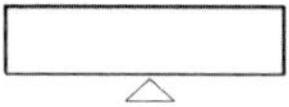

Messpunktabstände in m, Grenzwerte in mm

m	0,1	1[1]	4[1]	10[1]	15[1,2]
mm	3	5	10	20	25

Flächenfertige Wände und Unterseiten von Decken

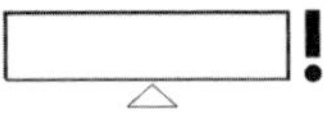

Messpunktabstände in m, Grenzwerte in mm					
m	0,1	1[1]	4[1]	10[1]	15[1][2]
mm	2	3	8	15	20
Wie Zeile zuvor, jedoch mit **erhöhten Anforderungen.**					

[1] Zwischenwerte sind den Bildern 4 und 5 der DIN 18202 zu entnehmen und auf ganze mm zu runden.

[2] Die Ebenheitsabweichungen der letzten Spalte gelten auch für Messpunktabstände über 15 m.

Fluchtabweichungen

Die Grenzwerte für zulässige Abweichungen von der Flucht beinhaltet die Tabelle 4 der DIN 18202.

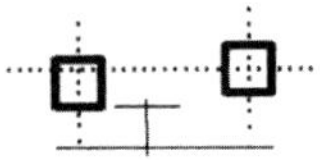

Stichmaße als Grenzwerte in mm bei Nennmaßen in m als Messpunktabstand					
m	–3	3–6	>6–15	>15–30	>30
mm	8	12	16	20	30
als zulässige Abweichung von der Flucht bei Stützen					

Spezifische Ergänzungen

Erhöhte Anforderungen – Ebenheitsabweichungen

Bei Mauerwerk, dessen Dicke gleich einem Steinmaß ist, gelten die Ebenheitsabweichungen nur für die bündige Seite. Werden nach DIN 18202, Tabelle 3, Zeile 2, 4, oder 7 „Erhöhte Anforderungen" an die Ebenheit gestellt, so sind diese im Leistungsverzeichnis zu vereinbaren (vergl. ATV DIN 18330, Abschnitt 3.1.3.).

Maßhaltigkeit der Steine – Stoffabhängige Abweichungen
Die zulässigen Maßabweichungen von Baustoffen und Bauteilen sind in den zuständigen Stoffnormen festgelegt. Für Mauersteine gelten folgende Normen:

Ziegel / Baustoff	**Grenzabweichungen**
DIN 105 Mz, Vz, Lz	±4 mm
DIN 106 KS	Einzelwert L, B, H ±3 mm Mittelwert ±2 mm
DIN 398 Hüttensteine	Einzelwert L, B, H ±3 mm Mittelwert ±2 mm
DIN 18151 Hohlblock aus Leichtbeton	L, B ±3 mm, H ±4 mm
DIN 4165 Gasbeton-Blocksteine	L, B, H ±3 mm
18151 Hohlblocksteine aus LB	L, B ±3 mm H ±4 mm Vollsteine L, B, H ±3mm
18152 Vollsteine und Vollblöcke aus LB	Vollblöcke L, B ±3, mm H ±4 mm
DIN 18153 Hohlblocksteine aus Beton	L, B ±3 mm H ±4 mm

Gültige Maßtoleranzen für Abmessungen und Ebenheit der Oberfläche der Steine ergeben sich aus den betroffenen Stoffnormen (ATV DIN 18330).

Überbindemaß
Mauerwerk ist im Verband, also mit versetzten Stoß- und Längsfugen, herzustellen. Beim Mauern im Verband ist ein so genanntes „Überbindemaß“ in vertikaler Ebene (für Stoßfugen) und horizontaler Ebene (für Längsfugen) nach folgender Definition einzuhalten: Überbindemaß ü ≥0,4 h ≥4,5 cm (h = Steinhöhe, Sollmaß in cm).

Lager- Stoß- und Längsfugen, Anschlussfugen
Die Dicke der Fugen soll nach DIN 1053-1 so gewählt werden, dass das Stein- und Fugenmaß dem Baurichtmaß entspricht. Stoßfugen sollen demnach 10 mm und Lagerfugen 12 mm dick sein.

Bei der Vermauerung der Steine im Dünnbettmörtel muss die Dicke der Stoß- und Lagerfuge 1 bis 3 mm betragen.

Maßabweichungen der Steine in der Höhe sind in der Lagerfuge auszugleichen. Die Toleranzen für die Fugenbreite ergeben sich aus den Toleranzen für die Abmessungen der Steine bei Einhaltung der Baurichtmaße. Für Toleranzen über die Gesamthöhe von Mauerwerk gilt, dass diese nicht über die Lagerfugen größerer Dicke ausgeglichen werden dürfen. (z. B. bei Anschlussfugen an die Deckenuntersichten).

Von **seitlichen Abschlüssen,** Abschlüssen an Öffnungen und Anschlüssen an angrenzende Bauteile **sind Stoßfugenbreiten von ca. 10 mm einzuhalten.** Ein Längenausgleich durch Ausführen von mehreren Zentimeter Fugenbreite ist unzulässig.

Fugen in Gewölben sind am Gewölberücken mit einer Maximalbreite von 20 mm herzustellen, im Übrigen gilt hier die Regel: „Fugen so dünn wie möglich".

Fugen von gemauerten Entwässerungskanälen, -leitungen und Schächten aus Kanalklinkern sind an der Bauteilinnenseite mit einer Breite von höchstens 8 mm herzustellen und voll zu verfugen.

Sichtmauerwerk
Aufgrund der in den Stoffnormen genannten zulässigen Maßabweichungen einzelner Mauersteine und der in der DIN 1053-1 „Mauerwerk – Berechnung und Ausführung" beschriebenen Forderung zum Ausgleich von Maßabweichungen bei der Herstellung der Stoß- und Lagerfugen kann abgeleitet werden, dass Maßabweichungen der Breiten von Stoß- und Lagerfugen zu tolerieren sind. Insbesondere bei der Herstellung von Sichtmauerwerk sollten die „Ausgleichsmaßnahmen" so ausgeführt werden, dass treppenförmige Fugenverläufe oder über mehrere Lagen vertikal verlaufende breite Stoßfugen vermieden werden.

Fugen in Sichtmauerwerk sind entweder als Fugenglattstrich (sogenannte „Schlauchverfugung") direkt beim Aufmauern der Wand herzustellen oder bei äußerem Verblend- und Sichtmauerwerk zwingend mit einer nachträglichen Verfugung auszuführen. Die Tiefe dieser Verfugung beträgt 15 – 20 mm und ist mit einem kraftschlüssigen Anschluss zur Lagerfuge und an die Mauersteine herzustellen (siehe VOB/C DIN 18330, Abs. 3.2.4).

Zweischaliges Außenmauerwerk
Grundsätzlich wird nach dem Systemaufbau der Wand untergliedert in: Zweischaliges Außenmauerwerk mit Luftschicht, mit Luftschicht und Wärmedämmung, mit Kerndämmung und mit Putzschicht.

Die Mindeststärke der Außenschale beträgt 90 mm und ist am Aufstellpunkt mit voller Steindicke aufzulagern. Außenschalen mit einer Dicke von 11,5 cm können bis zu 25 mm an der Auflagerkante überstehen. Bei Wandhöhen bis zwei Geschosse oder mit Abfangungen in jedem zweiten Geschoss ist ein Überstand bis zu einem Drittel der Steindicke bei 11,5 cm Außenschalendicke zulässig.

Mauerwerkaußenschalen sind mit Drahtankern gem. der nachstehenden Tabelle mit der tragende Innenschale zu verbinden:

Drahtanker/m² Wandfläche	Durchmesser in mm	Mindestanzahl
Mindestens	3	5
Wände höher 12 m ü. GOK oder Abstand der Mauerschalen >70 bis 120 mm	4	5
Abstand der MW Schalen >120 bis 150 mm	4 oder 5	7 5

Die Drahtanker zur Verbindung von Außen- und Innenschale sind mit einem maximalen vertikalen Abstand von 500 mm zwischen den Ankern und mit maximal 750 mm für den horizontalen Abstand der Drahtanker einzubauen.

Die Luftschicht bei zweischaligen Außenwänden muss mindestens 60 mm dick sein und darf höchstens 150 mm messen wenn Drahtanker entsprechend der Anzahl und Durchmesser aus vorgenannter Tabelle eingebaut werden. Eine Reduzierung der Luftschichtdicke ist dann möglich, wenn der Fugenmörtel mindestens auf einer Hohlraumseite beim Hochmauern abgestrichen wird.

Die Luftschicht darf nicht durch Mörtelbrücken unterbrochen werden. Um die geforderten Abstände einzuhalten ist beim Anlegen der Luftschichtbreite neben dem Mindest-

bzw. Höchstmaß der Luftschicht auch der Grenzwert des Stichmaßes der Abweichung vom Lot bzw. von der Ebenheit zu berücksichtigen.

Für zweischalige Außenwände mit Kerndämmung besteht nach DIN 1053 eine Begrenzung des Schalenabstandes auf maximal 150 mm.

Für zweischalige Außenwände mit einer Putzschicht auf der Außenseite der Innenschale genügt i. d. R. ein geringer Abstand (Fingerspalt) bedingt durch das Aufmauern der Außenschale. Für die Drahtanker genügt dann ein Durchmesser von 3 mm.

Schlitze und Aussparungen in Mauerwerk
Für die Zulässigkeit von Schlitzen und Aussparungen in gemauerten tragenden Wänden wird nach dem Schlitzverlauf (horizontal, schräg oder vertikal) sowie der Herstellungsform (nachträglich durch Stemmarbeiten oder im Zuge der Mauerarbeiten) unterschieden. In der DIN 1053-1 „Mauerwerk – Berechnung und Ausführung" sind dazu in Tabelle 10 detaillierte Einzelangaben für verschiedene Wandstärken zusammengestellt.

Grundsätzlich sind **nachträglich gestemmte horizontale Schlitze** nur in einem Bereich von bis zu 40 cm oberhalb oder unterhalb der Rohdecke zulässig. Vertikale Schlitze und Aussparungen, die nachträglich hergestellt werden, sind von Öffnungen mit einem Mindestabstand von 11,5 cm anzuordnen.

Schlitze und Aussparungen im gemauerten Verband sind von Öffnungen mindestens mit einem Abstand entsprechend der 2-fachen Schlitzbreite herzustellen, der Mindestabstand beträgt 24 cm. Der Abstand von Schlitzen und Aussparungen untereinander muss mindestens gleich groß oder größer als die Schlitzbreite sein.

Unterfangungen
Für die Herstellung von Unterfangungen sind grundsätzlich die Voraussetzungen nach DIN 4123 „Ausschachtungen, Gründungen und Unterfangungen im Bereich bestehender Gebäude" einzuhalten (siehe auch Erdarbeiten und Betonarbeiten).

Werden Unterfangungen als Mauerwerk hergestellt, so sind Mauerziegel als Vollsteine der Festigkeitsklasse 12 nach DIN 105-1 oder Kalksandstein-Vollsteine der Festigkeitsklasse 12 nach DIN 106-1 oder anderen Vollsteine gleicher Festigkeit zu vermauern. Die Mauerarbeiten sind mit Mörtel der Mörtelgruppe III auszuführen.
Die Wanddicke der Unterfangung ist mindestens in der Dicke des zu unterfangenden Fundamentes herzustellen, im Übrigen nach dem Standsicherheitsnachweis.

Risse
Risse in Mauerwerkswänden basieren in der Regel aus einer Überschreitung der Zugbeanspruchung des Materials durch Lageänderungen des Bauteils oder Bauwerks, aus Längenänderungen entsprechend der Materialeigenschaften (Schwinden und Quellen) oder aus Formveränderungen durch Lasteinwirkungen.

Für die Abschätzung der Rissfreiheit in Mauerwerkswänden gilt im Allgemeinen ein Grenzwert von 0,2 mm/m als Formveränderungsdifferenz. Diese Veränderungen resultieren aus den Vorgängen des Schwindens, Quellens und Temperaturänderung, häufig im Bereich der Einbindung von Innenwänden in Außenwände und / oder der Kombination unterschiedlicher Baustoffe.

Horizontale Formveränderungen in Mauerwerkswänden können durch die Ausführung eines Mauerverbandes mit möglichst großem Überbindemaß begrenzt werden. Eine Beschränkung des Verhältnisses von Wandlänge zu Wandhöhe auf <3 trägt ebenfalls zur Rissvermeidung bei.

Prüfung

Die Prüfung erfolgt nach DIN 18202, Abschnitt 6 nur wenn dies erforderlich ist. Der Auftragnehmer muss bei ungenügender Beschaffenheit des Untergrundes oder fehlenden Höhenbezugspunkten (vgl. ATV DIN 18330, Abschnitt 3.1.1) Bedenken i. S. d. VOB/B § 4 Nr. 3 anmelden.

Metallbauarbeiten

Die Anforderungen an Metallbauarbeiten sind im Wesentlichen in der Vergabe- und Vertragsordnung für Bauleistungen (VOB) Teil C in den Allgemeinen Technischen Vertragsbedingungen für Bauleistungen (ATV) in der DIN 18360 beschrieben. Im Folgenden werden die Inhalte der ATV und / oder der ergänzenden Regelungen auszugsweise unter dem Gesichtspunkt von Ausführungstoleranzen und Materialmindestdicken dargestellt.

Normen: DIN 18360 Metallbauarbeiten
DIN 18055 Fenster
DIN 18299 Allgemeine Regelungen für Bauarbeiten jeder Art
Merkblatt für Metallroste des Hauptverbandes der gewerblichen Berufsgenossenschaften

Allgemeines: Die ATV DIN 18360, Metallbauarbeiten gilt für Konstruktionen aus Metall, auch im Verbund mit anderen Baustoffen, also z. B. Fenster, Treppen, Türen und Tore. Dabei sind Abweichungen nach den Tabellen der DIN Normen 18202, 18203-2 zulässig.

Für vorgefertigte Stützen, Träger, Binder und Tafeln sind die Regelungen der DIN 18203-2 maßgebend. In der DIN 18335 Stahlbauarbeiten wird auf Tore, Türen und Zargen verwiesen.

Spezifische Ergänzungen:

- Vorgefertigte Teile aus Stahl
- Oberflächenschutz
- Umwehrung / Geländer
- Türen
- Roste
- Fenster
- Barrierefreiheit

Bauwerksmaße

Für die Bauwerksmaße gilt die Tabelle 1 der DIN 18202 als vereinbart.

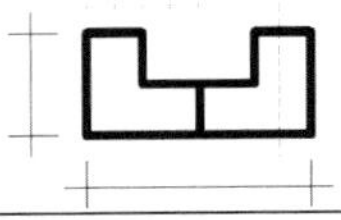

Nennmaß in m, Grenzabweichung in mm

m	–1	>1–3	>3–6	>6–15	>15–30	>30[1]
mm	±10	±12	±16	±20	±24	±30

Maße im Grundriss
z. B. Längen, Breiten, Achs- und Rastermaß

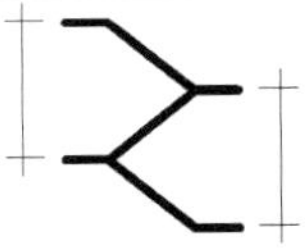

Nennmaß in m, Grenzabweichung in mm

m	–1	>1–3	>3–6	>6–15	>15–30	>30[1]
mm	±10	±16	±16	±20	±30	±30

Maße im Aufriss
z. B. Geschosshöhen, Podesthöhen, Abstände von Aufstandsflächen und Konsolen

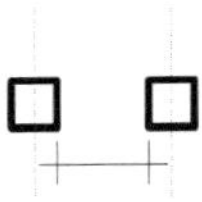

Nennmaß in m, Grenzabweichung in mm

m	–1	>1–3	>3–6	>6–15	>15–30
mm	±12	±16	±20	±24	±30

Lichte Maße im Grundriss
z. B. zwischen Stützen und Pfeilern

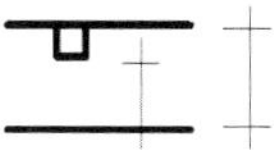

Nennmaß in m, Grenzabweichung in mm

m	–1	>1–3	>3–6	>6–15
mm	±16	±20	±20	±30

Lichte Maße im Aufriss
z. B. unter Decken und Unterzügen

Nennmaß in m, Grenzabweichung in mm

m	–1	>1–3	>3–6
mm	±10	±12	±16

Öffnungen
z. B. Fenster, Türen, Einbauelemente

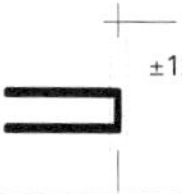

Nennmaß in m, Grenzabweichung in mm

m	–1	>1–3	>3–6
mm	±8	±10	±12

Öffnungen mit oberflächenfertigen Leibungen
z. B. Fenster, Türen, Einbauelemente

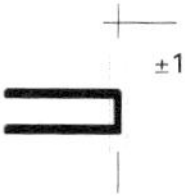

[1] Anwendung bis etwa 60 m. Für größere Abmessungen sind besondere Überlegungen erforderlich.

Winkelabweichungen

Die zulässigen Winkelabweichungen ergeben sich aus Tabelle 2 DIN 18202.

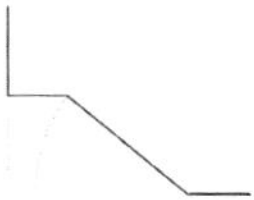

Nennmaß in m, Stichmaße als Grenzwerte in mm

m	>0,5	>0,5–1	>1–3	>3–6	>6–15	>15–30	>30[1]
mm	3	6	8	12	16	20	30

Vertikale, horizontale und geneigte Flächen

[1] Anwendung bis etwa 60 m. Für größere Abmessungen sind besondere Überlegungen erforderlich.

Ebenheitsabweichungen

Die zulässigen Ebenheitsabweichungen sind der Tabelle 3, DIN 18202 zu entnehmen. Nach ATV DIN 18360, Abschnitt 3.1.1.2 sind im Streiflicht sichtbar werdende Unebenheiten der Oberfläche zulässig, wenn die Toleranzen der DIN 18202 eingehalten sind.

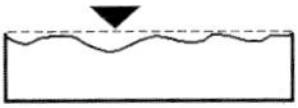

Messpunktabstände in m, Grenzwerte in mm

m	0,1	1[1]	4[1]	10[1]	15[1,2]
mm	10	15	20	25	30

Nichtflächenfertige Oberseiten von Decken, Unterbeton und Unterböden.

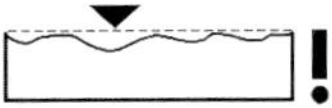

Messpunktabstände in m, Grenzwerte in mm

m	0,1	1[1]	4[1]	10[1]	15[1,2]
mm	5	8	12	15	20

Nichtflächenfertige Oberseiten von Decken, Unterbeton und Unterböden mit **erhöhten Anforderungen**.
Fertige Oberflächen für untergeordnete Zwecke.

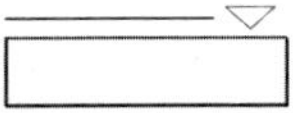

Messpunktabstände in m, Grenzwerte in mm

m	0,1	1[1]	4[1]	10[1]	15[1,2]
mm	2	4	10	12	15

Flächenfertige Böden zur Aufnahme von Bodenbelägen.

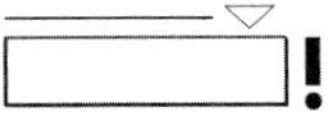

Messpunktabstände in m, Grenzwerte in mm

m	0,1	1[1]	4[1]	10[1]	15[1,2]
mm	1	3	9	12	15

Wie Zeile zuvor, jedoch mit **erhöhten Anforderungen**.

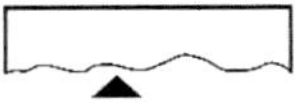

Messpunktabstände in m, Grenzwerte in mm

m	0,1	1[1]	4[1]	10[1]	15[1,2]
mm	5	10	15	25	30

Nichtflächenfertige Wände und Unterseiten von Rohdecken.

	Messpunktabstände in m, Grenzwerte in mm					
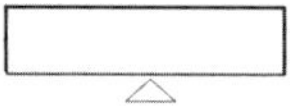	m	0,1	1[1]	4[1]	10[1]	15[1,2]
	mm	3	5	10	20	25
	Flächenfertige Wände und Unterseiten von Decken					
	Messpunktabstände in m, Grenzwerte in mm					
	m	0,1	1[1]	4[1]	10[1]	15[1,2]
	mm	2	3	8	15	20
	Wie Zeile zuvor, jedoch mit **erhöhten Anforderungen.**					

[1] Zwischenwerte sind den Bildern 4 und 5 der DIN 18202 zu entnehmen und auf ganze mm zu runden.

[2] Die Ebenheitsabweichungen der letzten Spalte gelten auch für Messpunktabstände über 15 m.

Spezifische Ergänzungen

Vorgefertigte Teile aus Stahl

Die Grenzabweichungen der DIN 18203 Teil 2 gelten für vorgefertigte Bauteile aus Stahl wie Stützen, Träger, Binder und Tafeln für Wände, Decken und Dächer. Die Norm lässt sich nicht anwenden für die Toleranzen von Walzprofilen und Toleranzen von im Rollverfahren hergestellten großflächigen Bauelementen ebenso wenig für Tore, Türen und Zargen.

Grundsätzlich gilt, dass die Grenzabweichungen an keinem Teil überschritten werden dürfen. Die nachfolgende Tabelle gilt für die Fertigungsmaße der Breiten, Längen, Höhen und Diagonalen und Querschnittsmaße.

Grenzabmaße in mm bei Nennmaßen in mm					
-2000	>2000 -4000	>4000 -8000	>8000 -12000	>12000 -16000	>16000
±1	±2	±3	±4	±5	±6

Oberflächenschutz

Für die Oberflächenvorbereitung und die Grundbeschichtung auf Stahl und Aluminium gelten die Regelungen der ATV DIN 18364, Korrosionsschutzarbeiten an Stahl- und Aluminiumbauten.

Material und Beschichtungsvorgang	**Mindesttrockenschichtdicke in µm**
Aluminium, thermische Aushärtung	60
Zink und verzinkter Stahl, thermische Aushärtung	50
Aluminium, bandbeschichtet	20
Nachverzinkung auf Schweißnähten u. Ä.	>1,5 - fache der Verzinkungsschicht

Schnittkanten von Blechen, Rohren und Stäben bis zu 1,5 mm Dicke dürfen nach VOB DIN 18360, Abs. 3.1.5.6 unbehandelt bleiben.

Umwehrungen / Geländer

Für die Mindesthöhen von notwendigen Umwehrungen an nicht abgedeckten Öffnungen in Flächen von begehbaren Decken und Dächern, an den freien Seiten von Treppenanlagen, an nicht begehbaren Glasflächen in Decken und nicht abgedeckten Lichtschächten gelten in den Bundesländern i. d. R. die Festlegungen aus der Musterbauordnung (MBO, Stand 2002, § 38 Umwehrungen). [L9]

An den vorgenannten Flächen mit einer Absturzhöhe von 1 m bis zu 12 m beträgt die Mindesthöhe für Umwehrungen 0,90 m, an Flächen mit Absturzhöhen von mehr als 12 m 1,10 m. Ausnahmen und Abweichungen bestehen in den Bundesländern Hessen und Bremen. Nach den Arbeitsstättenrichtlinien sind Umwehrungen ab 1,00 m Absturtzhöhe mit einer Höhe von 1,00 m auszuführen.

Umwehrungen	**Mindesthöhe**	
	Absturzhöhe 1 m – 12 m	Absturzhöhe über 12 m
Musterbauordnung § 38 Umwehrungen	0,90 m	1,10 m
LBO Hessen § 35 Umwehrungen	1,00 m	1,10 m
LBO Bremen § 19 Verkehrs- sicherheit	1,00 m, allgemein, 0,90 m, in Wohnungen	1,10 m
Arbeitsstätten- richtlinien ASR 12/1-3, 1986	1,00 m	1,10 m

Der lichte Abstand zwischen einer zu sichernden Grundfläche und der Innenkante der Umwehrung darf 4 cm nicht überschreiten.

Der lichte Abstand zwischen dem Handlauf und einer angrenzenden Wandfläche oder anderen Bauteilen im Verlauf des Geländers muss mindestens 5 cm betragen.

Türen

Unabhängig von den speziellen Einbaubedingungen für Türen mit besonderen Schutzfunktionen regelt die VOB/C DIN 18360 in Abs. 3.3.2 und 3.3.3 Mindestanforderungen an die Anschlaghöhen und Bodenluft: „Bei Türen mit unterem

Anschlag muss die Anschlaghöhe mindestens 5 mm betragen. Bei Türen ohne unteren Anschlag darf das Maß zwischen Oberseite des Fußbodens und Unterseite der Tür 8 mm nicht überschreiten.“ [L12]

Werden Türdrücker oder Türknöpfe mit einem Dornmaß von unter 55 mm eingebaut, wie dies z. B. an Türen mit großen Glasausschnitten der Fall sein kann, so sind zur Vermeidung von Verletzungen gekröpfte Drücker zu verwenden.

Roste

Um eine sichere Benutzbarkeit von Flächen aus Gitterrosten und Blechprofilrosten zu gewährleisten, werden an die einzelnen Bauteile und die Montage konkrete Anforderungen gestellt.

Die lichten Maschenweiten von Gitterrosten, die in öffentlichen Verkehrswegen verlegt werden, darf in einer Richtung 10 mm nicht überschreiten. Aus psychologischen Gründen sollte die enge Maschenweite quer zur Gehrichtung verlaufen.

Werden Gitterroste für eine Durchlässigkeit von Schüttgütern und gleichzeitig zum Zwecke der Begehbarkeit von Bodenöffnungen verwendet, so gelten Maschenweiten von 60 mm x 60 mm bzw. 120 mm x 40 mm als oberste Grenzweiten. Für die Verwendung von Gitterrosten auf Arbeitsbühnen und den entsprechenden Zugängen gelten die Regelungen der DIN 24537 mit einer maximalen Maschenteilung (= Achsabstände der Stäbe) von 34,3 mm x 50,8 mm.

An Stoßstellen von Gitterrosten und am Übergang von Gitterrosten zu benachbarten anderen Bodenbelägen ist eine maximale Höhendifferenz bis zu 4 mm zulässig.
Der seitliche Abstand von Gitterrosten zu angrenzenden oder durchdringenden Bauteilen darf, zum Schutz der darunter liegenden Flächen gegen herabfallende Gegenstände, maximal 30 mm betragen. Werden größere Abstände ausgeführt, so sind Fußleisten vorzusehen.

Fenster
Grundsätzlich gilt für Fenster die DIN 18055 „Fenster; Fugendurchlässigkeit, Schlagregendichtheit und mechanische Beanspruchung; Anforderungen und Prüfung" daher wird im Folgenden nur auf die erforderlichen Glasfalzhöhen sowie die Befestigungsstellen von Glashalteleisten, die punktuell befestigt werden, und von Glashaltern eingegangen:

Scheibenlänge in mm	Mindest-Glasfalzhöhe	
	Einfachglas mm	Isolierglas mm
–1000	10	18
>1000 – 2500	12	18
>2500 – 4000	15	20
>4000 – 6000	17	-
>6000	20	-

Die Befestigungsstellen von Glashalteleisten, die punktuell befestigt werden, und von Glashaltern müssen folgende Abstände aufweisen.

Art der Befestigung	Abstand der Befestigungsstellen von den Ecken mm	Abstand zwischen den Befestigungsstellen mm
Glashalter (Clips)	50 – 100	maximal 200
Glashalteleisten	50 – 100	maximal 350

Barrierefreiheit
Außer den allgemeinen bundslandspezifischen Regeln über die erforderliche Höhe von Umwehrungen und Geländern sind Handläufe an einer Rampe mit einer maximalen Höhe von 85 cm vorzusehen, die Abweichung darf ±5 mm betragen. Der Querschnitt des Handlaufs soll einen Durchmesser zwischen 30 mm und 45 mm aufweisen.

Nach DIN 18025 „Barrierefreie Wohnungen“ sind Bedieneinrichtungen an Türen, Fenstertüren und Schaltern für automatisch öffnende Türen auf einer Höhe von 0,85 m zu installieren.

Prüfung

Die Prüfung der Toleranzen erfolgt nach DIN 18202, Abschnitt 6. Dabei ist die Prüfung so früh wie möglich durchzuführen, um dynamische Verformungen aus zeit- und lastabhängigen Einflüssen auszuschalten. Die Prüfung ist spätestens bei der Bauabnahme des Bauwerks durchzuführen.

Der Auftragnehmer hat nach §4 Nr. 3 VOB/B Bedenken anzumelden wenn:

- Die Maßabweichungen größer sind als in DIN 18202 und DIN 18203-2 vorgesehen
- Keine Möglichkeit zur ungefährlichen Reinigung und Wartung der Fassaden vorhanden ist
- Befestigungsmöglichkeiten fehlen
- Die Beschaffenheit der Bauteile zur Ausführung nicht geeignet sind
- Keine Höhenbezugspunkte je Geschoss vorhanden sind

Oberflächenschutz, Schichtdicken-Prüfung
Bei der Prüfung der Schichtdicken ist nach der Art bzw. dem Zeitpunkt der Prüfung zu unterscheiden. Die Verfahren sind in der DIN 50981 und 50982 in ihrer Methodik beschrieben.

Bei der unmittelbaren Prüfung auf der Baustelle kann eine Schichtdickenmessung unmittelbar nach der Applikation (Nass-Messung) erfolgen. Dazu wird ein einfacher Nassfilm-Dickenmesser, der „Rossmann Messkamm" eingesetzt. Dabei wird der Messkamm senkrecht auf die zu prüfende Beschichtungsfläche aufgesetzt bzw. gezogen. Am ersten benetzten Zahn kann die dazugehörige Nassfilmdicke abgelesen werden. Mit diesem Verfahren kann die annährende Dicke der flüssigen Schicht dokumentiert werden. Ebenfalls zur Nassfilmdickenmessung eignet sich, besonders für gewölbte Flächen, die Rollfelge oder auch Doppelrad oder Messrad genannt. Das Rad verfügt über drei einzelne Aufsetzrollen, von denen das mittlere Rollrad leicht exzentrisch ausgeführt ist. Beim Abrollen des Rades über die flüssige Beschichtung kann an der Stelle der ersten Benetzung des mittleren Rades die Schichtdicke abgelesen werden.

Die Verfahren zu Prüfung der Trockenschichtdicke können berührend und nicht berührend sein. Bei berührenden Verfahren ist nach zerstörungsfreien und nicht zerstörungsfreien Verfahren zu unterscheiden.

Für die zerstörungsfreie Prüfung von Beschichtungen auf metallischen Untergründen basieren die Verfahren auf der Nutzung magnetischer Haftkraft, magnetischem induktivem Fluss oder des Wirbelstromverlustes. Das Ultraschallverfahren eignet sich für die Prüfung von Beschichtungen auf Kunststoffuntergründen. Die Feststellung von Mehrschichtenaufbauten sind möglich.

Als nicht zerstörungsfreie Messungen stehen die Methoden der Querschnittprüfung, des Keilschnitt-Verfahrens und der Einsatz einer so genannten Tiefenuhr zur Verfügung.

Eine präzise Feststellung von Schichtdicken ist nur bei ebenen, glatten Oberflächen möglich, denn nur hier ist eine eindeutige Bezugsebene definiert.

Eine Prüfung von Beschichtungen auf unebenen Untergründen (z. B. Putzflächen) und mit unebenen Beschichtungsoberflächen, bedingt durch die handwerkliche Ausführung, ist nur in begrenztem Umfang möglich bzw. die Aussagekraft der Messergebisse mit systembedingten Fehlern und Abweichungen nur eingeschränkt für eine Beurteilung der ausgeführten Leistung tauglich.

Zur Ermittlung von Trockenschichtdicken ist im Allgemeinen eine umfangreiche Laborausstattung und besondere Fachkenntniss zum Einsatz der Messgeräte erforderlich. Die

Durchführung solcher Prüfungen und die Auswertungen der Messergebnisse erfolgt daher oft nur durch eigenständige Institute für Lack- und Beschichtungsprüfungen oder durch öffentlich bestellte und vereidigte Sachverständige für dieses Fachgebiet.

Naturwerkstein-arbeiten

Die Anforderungen an Naturwerksteinarbeiten sind im Wesentlichen in der Vergabe- und Vertragsordnung für Bauleistungen (VOB) Teil C in den Allgemeinen Technischen Vertragsbedingungen für Bauleistungen (ATV) in der DIN 18332 beschrieben. Im Folgenden werden die Inhalte der ATV und / oder die ergänzenden Regelungen auszugsweise unter dem Gesichtspunkt von Ausführungstoleranzen und Materialmindestdicken dargestellt.

Normen: ATV DIN 18332 Naturwerkstein
ATV DIN 18299 Allgemeine Regelungen für Bauarbeiten jeder Art
DIN 18515 Teil 3 Außenwandbekleidungen
DIN 18516 Teil 1 und 3 Außenwandbekleidungen, hinterlüftet

Allgemeines: Toleranzen / Abweichungen von vorgeschriebenen Maßen sind nur in den durch die DIN 18202 „Toleranzen im Hochbau" geregelten Grenzen zulässig.

Spezifische Ergänzungen:

- Maßhaltigkeit der Baustoffe
- Ebenheitsabweichung der fertigen Fläche
- Absätze und Höhensprünge benachbarter Bauteile
- Mörtelbettdicken
- Verlegen von Platten
- Natursteinplatten im Außenbereich
- Fugen
- Ausnehmungen
- Außenwandbekleidung im Mörtelbett
- Vorgehängte Fassade
- Außenwandbekleidung, hinterlüftet
- Gefälle

Bauwerksmaße

Die Bauwerksmaße sind in der DIN 18202 Tabelle 1 geregelt.

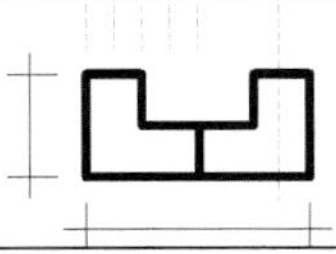

Nennmaß in m, Grenzabweichung in mm

m	–1	>1–3	>3–6	>6–15	>15–30	>30[1)]
mm	±10	±12	±16	±20	±24	±30

Maße im Grundriss
z. B. Längen, Breiten, Achs- und Rastermaß

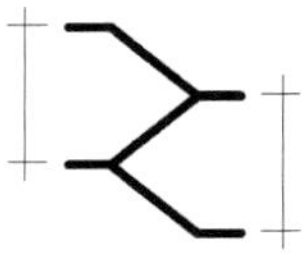

Nennmaß in m, Grenzabweichung in mm

m	–1	>1–3	>3–6	>6–15	>15–30	>30[1)]
mm	±10	±16	±16	±20	±30	±30

Maße im Aufriss
z. B. Geschosshöhen, Podesthöhen, Abstände von Aufstandsflächen und Konsolen

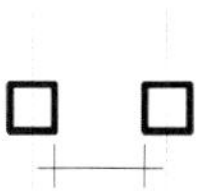

Nennmaß in m, Grenzabweichung in mm

m	–1	>1–3	>3–6	>6–15	>15–30
mm	±12	±16	±20	±24	±30

Lichte Maße im Grundriss
z. B. zwischen Stützen und Pfeilern

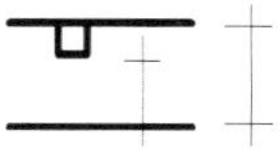

Nennmaß in m, Grenzabweichung in mm

m	–1	>1–3	>3–6	>6–15
mm	±16	±20	±20	±30

Lichte Maße im Aufriss
z. B. unter Decken und Unterzügen

Nennmaß in m, Grenzabweichung in mm

m	–1	>1–3	>3–6
mm	±10	±12	±16

Öffnungen
z. B. Fenster, Türen, Einbauelemente

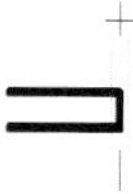

Nennmaß in m, Grenzabweichung in mm

m	–1	>1–3	>3–6
mm	±8	±10	±12

Öffnungen mit oberflächenfertigen Leibungen
z. B. Fenster, Türen, Einbauelemente

[1] Anwendung bis etwa 60 m. Für größere Abmessungen sind besondere Überlegungen erforderlich.

Winkelabweichungen

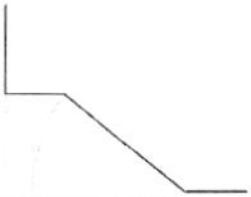

Nennmaß in m, Stichmaße als Grenzwerte in mm

m	>0,5	>0,5–1	>1–3	>3–6	>6–15	>15–30	>30[1]
mm	3	6	8	12	16	20	30

Vertikale, horizontale und geneigte Flächen

[1] Anwendung bis etwa 60 m. Für größere Abmessungen sind besondere Überlegungen erforderlich.

Die Winkelabweichungen sind in der DIN 18202, Tabelle 2 geregelt. Nach ATV DIN 18332, Abschnitt 3.2.1 sind Naturwerksteinplatten und Werkstücke senkrecht, fluchtrecht und waagerecht oder mit dem erforderlichen Gefälle unter Berücksichtigung des angegebenen Höhenbezugspunktes zu versetzen oder zu verlegen.

Ebenheitsabweichungen

Die Ebenheitsabweichungen sind nach DIN 18202, Tabelle 3 geregelt. Erhöhte Anforderungen an die Ebenheitstoleranzen sind nach DIN 18202, Tabelle 3, Zeile 2, 4 oder 7 gesondert zu vereinbaren (vgl. ATV DIN 18332, Abschnitt 3.1.2).

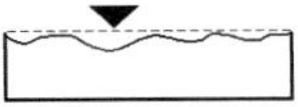

Messpunktabstände in m, Grenzwerte in mm

m	0,1	1[1)]	4[1)]	10[1)]	15[1)2)]
mm	10	15	20	25	30

Nichtflächenfertige Oberseiten von Decken, Unterbeton und Unterböden.

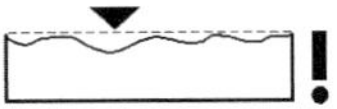

Messpunktabstände in m, Grenzwerte in mm

m	0,1	1[1)]	4[1)]	10[1)]	15[1)2)]
mm	5	8	12	15	20

Nichtflächenfertige Oberseiten von Decken, Unterbeton und Unterböden mit **erhöhten Anforderungen.** Fertige Oberflächen für untergeordnete Zwecke.

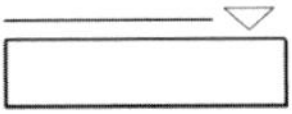

Messpunktabstände in m, Grenzwerte in mm

m	0,1	1[1)]	4[1)]	10[1)]	15[1)2)]
mm	2	4	10	12	15

Flächenfertige Böden zur Aufnahme von Bodenbelägen.

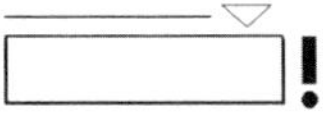

Messpunktabstände in m, Grenzwerte in mm

m	0,1	1[1]	4[1]	10[1]	15[1][2]
mm	1	3	9	12	15

Wie Zeile zuvor, jedoch mit **erhöhten Anforderungen.**

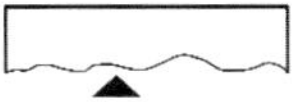

Messpunktabstände in m, Grenzwerte in mm

m	0,1	1[1]	4[1]	10[1]	15[1][2]
mm	3	5	15	25	30

Nichtflächenfertige Wände und Unterseiten von Rohdecken.

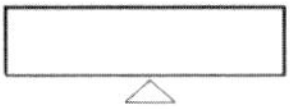

Messpunktabstände in m, Grenzwerte in mm

m	0,1	1[1]	4[1]	10[1]	15[1][2]
mm	3	5	10	20	25

Flächenfertige Wände und Unterseiten von Decken

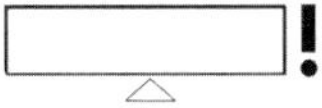

Messpunktabstände in m, Grenzwerte in mm

m	0,1	1[1]	4[1]	10[1]	15[1][2]
mm	2	3	8	15	20

Wie Zeile zuvor, jedoch mit **erhöhten Anforderungen.**

[1] Zwischenwerte sind den Bildern 4 und 5 der DIN 18202 zu entnehmen und auf ganze mm zu runden.

[2] Die Ebenheitsabweichungen der letzten Spalte gelten auch für Messpunktabstände über 15 m.

Nach ATV DIN 18332, Abschnitt 2.1.3 dürfen Abweichungen von der Ebenheit der Oberfläche geschliffener oder polierter Platten nicht mehr als 0,2 % der größten Plattenlänge, maximal jedoch 2 mm, betragen. Dies gilt nicht für bruchraue und gespaltene Oberflächen.

Spezifische Ergänzungen

Maßhaltigkeit der Baustoffe
Für die Plattendicke von Natursteinen (Platten und Werkstücke) sind in der DIN 18332, Abs. 2.1.2 zulässige Grenzabweichungen festgelegt:

- Bis zu einer Dicke von 30 mm ±10 %
- Bei einer Dicke von mehr als 30 mm ±3 mm
- Bei einer Dicke von mehr als 80 mm ±5 mm
- Bei zusammengesetzten Platten die sichtbare Dicke am Stoß ±0,5 mm
- Bei zusammengesetzten Werkstücken die sichtbare Dicke am Stoß 1 mm

Für die **Plattenlänge** gilt:

- Bei einer Länge bis zu 60 cm ±1 mm
- Bei einer Länge von mehr als 60 cm ±2 mm
- Bei einer Dicke von mehr als 80 mm ±5 mm, für den Winkel
- Bei einem vorgegebenen Winkel, bezogen auf die Kantenlänge, 0,2 % bis zu maximal 2 mm

Diese Toleranzmaße für Dicke und Länge gelten nicht für gespaltene und handbekantete Platten und Werkstücke.

Für Platten von Wandbekleidungen die innerhalb von Gebäuden mit dem tragenden Untergrund verankert sind beträgt die Plattendicke mindestens 20 mm.

Ebenheitsabweichungen der fertigen Fläche
Geschliffene oder polierte Platten dürfen maximale Ebenheitsabweichungen von nicht mehr als 0,2 % der größten Plattenlänge, maximal 2 mm aufweisen (siehe VOB/C DIN 18332, Abs. 2.1.2)

Werden für flächenfertige Böden erhöhte Anforderungen an die Zulässigkeit von Ebenheitsabweichungen gestellt, so sind bei einem Messpunktabstand von 0,1 m Abweichungen bis 1 mm zulässig. Dies kann jedoch bei der Verlegung von geschliffenen oder polierten Platten insbesondere bei einem gehäuften Auftreten zu einer Beeinträchtigung des optischen Erscheinungsbildes führen und entspricht nicht der erwarteten Ebenheit, die mit einer Entscheidung zur Verlegung von polierten Platten verbunden ist. Im Einzelfall sollten hier höhere Genauigkeiten gesondert vereinbart werden.

Absätze und Höhensprünge benachbarter Bauteile
Die DIN 18202, Abschnitt 5 regelt Höhenversätze benachbarter Bauteile. Bei flächenfertigen Wänden und Bodenbelägen sollen demnach Sprünge und Absätze vermieden werden. Damit ist aber nicht die zur Flächengestaltung bedingte Struktur zu verstehen.

Bei einer durchschnittlichen Ausführungsqualität sollten Höhenversätze 0,5 bis 1,0 mm nicht überschreiten. Als subjektiv beeinträchtigend empfunden werden Höhenunterschiede von:

- Ca. 1,5 mm als störend
- Ca. 2,0 mm als deutliche Beeinträchtigung

Mörtelbettdicken

Nach ATV DIN 18332, Abschnitt 3.2.4 sind für Bekleidungen oder Beläge, die im Dickbett anzusetzen und zu verlegen sind, folgende Mörtelbettdicken herzustellen:

- Bei Wandbelägen 10 bis 20 mm
- Bei Bodenbelägen im Innenbereich 10 bis 20 mm
- Bei Bodenbelägen im Außenbereich 10 bis 30 mm

Verlegen von Platten

Die Stichmaße der Ebenheitstoleranzen aus Tabelle 3, Zeile 3 der DIN 18202 reichen für ein optisch zufriedenstellendes Ergebnis beim Verlegen von Naturstein nicht aus. Aus diesem Grund sollten zumindest die erhöhten Anforderungen der DIN 18202 Tabelle 3, Zeile 4 in der Ausschreibung vereinbart werden.

Bei Bodenbelägen aus Naturstein muss auf die Einhaltung der Toleranzen durch den Ausführenden der Vorleistung geachtet werden, damit die vorgegebene Mörtelbettdicke ausreicht, um die Ebenheitstoleranzen beim Verlegen des Natursteins einhalten zu können.

Die zulässigen Stichmaße der Ebenheits- und Winkeltoleranzen sollten weder bei den gewöhnlichen noch bei den erhöhten Anforderungen ausgenutzt werden, da beides zu einem optisch unzufriedenstellendenden Ergebnis führt.

Natursteinplatten im Außenbereich
Werden Natursteinplatten im Außenbereich auf einem Kies- oder Splittbett verlegt, so sind Plattengrößen von mindestens 0,16 m^2 zu verwenden. Die Mindestkantenlänge darf 30 mm nicht unterschreiten, die Mindestdicke beträgt 30 mm.

Fugen
Die Fugenbreiten sind abhängig von dem Plattenformat auszuführen. Die Fugen in Belägen mit Plattengrößen bis 60 cm Kantenlänge sind mit einer Breite von etwa 3 mm, bei größeren Kantenlängen von etwa 5 mm auszuführen. Fugen in Belägen mit massiven Werkstücken, Quadern und im Verblendmauerwerk sind mit einer Breite von mindestens 10 mm herzustellen. Die Fugen sind mit gleichmäßiger Breite anzulegen. Die Fugenbreiten können geringfügig zum Ausgleich von Abweichungen der Plattenformate variieren. Die Breite von Fugen zur Bauwerkstrennung, als Bewegungs- oder Anschlussfugen, beträgt im Außenbereich mindestens 8 mm, innerhalb eines Gebäudes mindestens 5 mm.

Die Fugenbreiten für Naturstein-Quadermauerwerk sind mit 10 cm Breite für die Stoßfugen und 12 mm Dicke für die Lagerfugen nach DIN 1053-1 auszuführen.

Für Mörtelfugen in Außenwandbekleidungen mit Naturwerksteinplatten und Fliesen sind in der DIN 18515 nachstehende Richtwerte genannt:

DIN 18515 Außenwandbekleidungen Material, angemörtelt	Fugenbreite
Keramische Fliesen	3 – 8 mm
Keramische Spaltplatten	4 – 10 mm
Spaltziegelplatten	10 – 12 mm
Naturwerksteinplatten	4 – 6 mm

Anschlussfugen von angemörtelten Außenwandbekleidungen zu angrenzenden Bauteilen mit anderen Ausdehnungskoeffizienten sollen 10 mm breit und mit elastischen Fugendichtstoffen oder Fugenbändern geschlossen sein.

Ausnehmungen

Zum Fügen und Instandsetzen von Natursteinelementen sind für Vierungen die notwendigen Ausnehmungen in rechtwinkliger oder schwalbenschwanzförmiger Kantenform mit einer Mindesttiefe von 4 cm, für den Einbau von Restauriermörtel, auch in gekurvter Form, mindestens 3 cm tief herzustellen.

Außenwandbekleidung im Mörtelbett

Werden für Außenwandbekleidungen Natursteinfliesen im Dünnbett nach DIN 18157 Teil 1 „Ausführung keramischer Bekleidungen im Dünnbettverfahren" im kombinierten Verfahren (Floating-Buttering-Verfahren) angesetzt, so soll die Schichtdicke des Dünnbettmörtels mindestens 3 mm betragen. Voraussetzung dazu ist die Herstellung eines ebenen Unterputzes.

Angemörtelte Natursteinplatten für Außenwandbekleidungen müssen nach DIN 18515 Teil 1 eine Mindestseitenlänge von 40 cm und eine maximale Dicke von 15 mm, bei geriffelten Fliesen und Platten auch eine Dicke bis zu maximal 20 mm aufweisen.

Vorgehängte Fassade
Bei einer abgehängten Wandbekleidung ist auf die Toleranzen der DIN 18202 Tabelle 3, Zeile 5 und 6 (Ebenheitsabweichungen) und auf die Toleranzen der DIN 18202 Tabelle 2 (Winkelabweichungen) zu achten.→ siehe Fassadenarbeiten

Außenwandbekleidung, hinterlüftet
Bei einer Außenwandbekleidung aus Natursteinelementen mit offenen, geschlossenen oder überlappenden Fugen sind die Toleranzen der DIN 18515 und 18516 zu berücksichtigen.

Die Plattendicke für hinterlüftete, vorgehängte Außenwandbekleidungen bedarf einer statischen Berechnung, eine allgemeingültige Angabe zur Mindestdicke ist nicht festgelegt.

Geneigte Flächen von Außenwandbekleidungen sind bei einer Neigung >60° zur Horizontalen mit mindestens 30 mm Dicke, bei ≤60° mit mindestens 40 mm Dicke auszuführen.

Werden Platten mit Ankern und Profilstegen am Rohbau befestigt, muss die Steinrestdicke auf beiden Seiten einer eingeschnittenen Nut mindestens 10 mm betragen. Durch eine erforderliche Auflagerbreite des Profilsteges von mindestens 5 mm und zusätzliche Zwischenräume für Dichtungsbänder ergibt sich rein rechnerisch eine Mindestbauteildicke von 30 mm. Für „weiche" Natursteine liegt die Mindestabmessung in einer Größenordnung von 40 – 50 mm.

Gefälle
Für eine ausreichende Ableitung von Oberflächenwasser ist bereits in der Planung ein Gefälle von 2 % zu berücksichtigen.

Prüfung

Die Prüfung der Toleranzen ist in der DIN 18202, Abschnitt 6 geregelt.

Der Auftragnehmer hat bei seiner Prüfung Bedenken (VOB/B § 4 Nr. 3) insbesondere geltend zu machen wenn:

- Die Qualität des Untergrundes durch Verunreinigungen, Ausblutungen, Risse etc. nicht geeignet ist
- Die Konstruktionshöhe nicht genügt
- Keine Höhenbezugspunkte im Geschoss vorhanden sind
- Unebenheiten nicht den Anforderungen der DIN 18202 entsprechen
- Angaben oder Ausführung des Gefälles fehlen bzw. mangelhaft sind
- Kein Aufheizprotokoll bei beheizten Fußböden vorliegt

Parkettarbeiten

Die Anforderungen an Parkettarbeiten sind im Wesentlichen in der Vergabe- und Vertragsverordnung für Bauleistungen (VOB) Teil C in den Allgemeinen Technischen Vertragsbedingungen für Bauleistungen (ATV) in der DIN 18356 beschrieben. Im Folgenden werden die Inhalte der ATV und / oder der ergänzenden Regelungen nur auszugsweise unter dem Gesichtspunkt von Ausführungstoleranzen, Abweichungen der Maßhaltigkeit der Werkstoffe und den erforderlichen Dimensionierungen der Untergründe dargestellt.

Normen: DIN 18356 Parkettarbeiten
DIN 280 Teil 1, 2, 5 Parkett

Allgemeines: Toleranzen in diesem Bereich sind nur in den durch die DIN 18202 „Toleranzen im Hochbau" geregelten Grenzen zulässig.

Spezifische Ergänzungen:

- Maße und Bezeichnungen
- Dicke, Profil- und Federmaße
- Untergründe
- Verlegung
- Versiegelung
- Höhenversatz an den Stoßfugen
- Optisches Erscheinungsbild

Bauwerksmaße

Siehe Grenzabweichungen nach DIN 18202, Tabelle1.

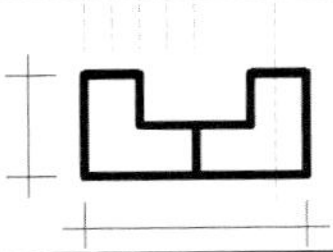

Nennmaß in m, Grenzabweichung in mm

m	–1	>1–3	>3–6	>6–15	>15–30	>30[1]
mm	±10	±12	±16	±20	±24	±30

Maße im Grundriss
z. B. Längen, Breiten, Achs- und Rastermaß

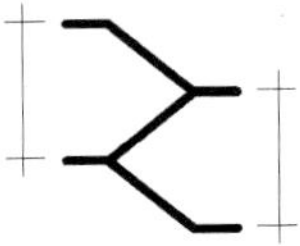

Nennmaß in m, Grenzabweichung in mm

m	–1	>1–3	>3–6	>6–15	>15–30	>30[1]
mm	±10	±16	±16	±20	±30	±30

Maße im Aufriss
z. B. Geschosshöhen, Podesthöhen, Abstände von Aufstandsflächen und Konsolen

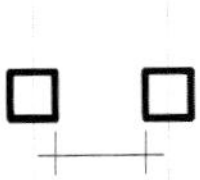

Nennmaß in m, Grenzabweichung in mm

m	–1	>1–3	>3–6	>6–15	>15–30
mm	±12	±16	±20	±24	±30

Lichte Maße im Grundriss
z. B. zwischen Stützen und Pfeilern

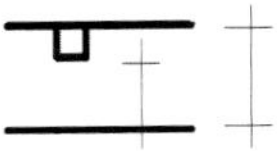

Nennmaß in m, Grenzabweichung in mm

m	–1	>1–3	>3–6	>6–15
mm	±16	±20	±20	±30

Lichte Maße im Aufriss
z. B. unter Decken und Unterzügen

Nennmaß in m, Grenzabweichung in mm

m	–1	>1–3	>3–6
mm	±10	±12	±16

Öffnungen
z. B. Fenster, Türen, Einbauelemente

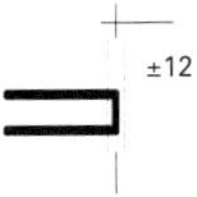

Nennmaß in m, Grenzabweichung in mm

m	–1	>1–3	>3–6
mm	±8	±10	±12

Öffnungen mit oberflächenfertigen Leibungen
z. B. Fenster, Türen, Einbauelemente

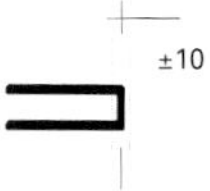

[1] Anwendung bis etwa 60 m. Für größere Abmessungen sind besondere Überlegungen erforderlich.

Winkelabweichungen

Siehe Winkelabweichungen DIN 18202 Tabelle 2.

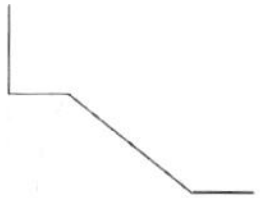

Nennmaß in m, Stichmaße als Grenzwerte in mm

m	>0,5	>0,5–1	>1–3	>3–6	>6–15	>15–30	>30[1]
mm	3	6	8	12	16	20	30

Vertikale, horizontale und geneigte Flächen

[1] Anwendung bis etwa 60 m. Für größere Abmessungen sind besondere Überlegungen erforderlich.

Ebenheitsabweichungen

(siehe DIN 18202, Tabelle 3)
Bei Streiflicht sichtbar werdende Unebenheiten in den Oberflächen von Bauteilen sind zulässig, wenn die Toleranzen von DIN 18202 eingehalten worden sind. Werden an die Ebenheit von Flächen erhöhte Anforderungen nach DIN 18202 gestellt, so sind dies Maßnahmen, die als besondere Leistungen nach ATV 18356 Abschnitt 3.1.2 zu vereinbaren sind.

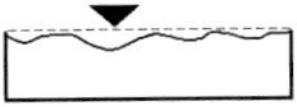

Messpunktabstände in m, Grenzwerte in mm

m	0,1	1[1]	4[1]	10[1]	15[1][2]
mm	10	15	20	25	30

Nichtflächenfertige Oberseiten von Decken, Unterbeton und Unterböden.

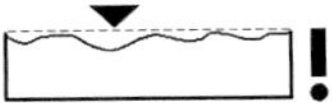

Messpunktabstände in m, Grenzwerte in mm

m	0,1	1[1]	4[1]	10[1]	15[1][2]
mm	5	8	12	15	20

Nichtflächenfertige Oberseiten von Decken, Unterbeton und Unterböden mit **erhöhten Anforderungen.** Fertige Oberflächen für untergeordnete Zwecke.

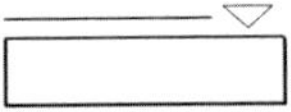

Messpunktabstände in m, Grenzwerte in mm

m	0,1	1[1]	4[1]	10[1]	15[1][2]
mm	2	4	10	12	15

Flächenfertige Böden zur Aufnahme von Bodenbelägen.

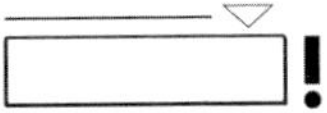

Messpunktabstände in m, Grenzwerte in mm

m	0,1	1[1]	4[1]	10[1]	15[1][2]
mm	1	3	9	12	15

Wie Zeile zuvor, jedoch mit **erhöhten Anforderungen.**

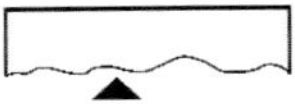

Messpunktabstände in m, Grenzwerte in mm

m	0,1	1[1]	4[1]	10[1]	15[1][2]
mm	5	10	15	25	30

Nichtflächenfertige Wände und Unterseiten von Rohdecken.

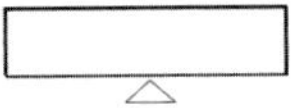

Messpunktabstände in m, Grenzwerte in mm

m	0,1	1[1]	4[1]	10[1]	15[1][2]
mm	3	5	10	20	25

Flächenfertige Wände und Unterseiten von Decken

	Messpunktabstände in m, Grenzwerte in mm					
	m	0,1	1[1]	4[1]	10[1]	15[1,2]
	mm	2	3	8	15	20
	Wie Zeile zuvor, jedoch mit **erhöhten Anforderungen.**					

[1] Zwischenwerte sind den Bildern 4 und 5 der DIN 18202 zu entnehmen und auf ganze mm zu runden.
[2] Die Ebenheitsabweichungen der letzten Spalte gelten auch für Messpunktabstände über 15 m.

Spezifische Ergänzungen

Maße und Bezeichnungen

Grenzabweichungen für nicht tolerierte **Maße:** ± 0,2 mm

Grenzabweichungen für nicht tolerierte **Winkelmaße:**
Bei der Oberwange einschließlich Nut und Feder: ±1°,
bei der Unterwange: ±3°.

Dicke, Profil- und Federmaße

Alle Außenkanten, mit Ausnahme derjenigen an der Oberseite, sind mit einem Radius von 0,5 mm gerundet ausgeführt.

Die Längsseiten können über die Dicke verlaufend schräg unterfügt oder die Unterwange senkrecht zur Unterseite zurückgesetzt sein (0,5 mm).

Untergründe

Als Untergründe für eine Parkettverlegung eignen sich die nachstehenden Estricharten mit den entsprechenden Mindestdicken:

Baustellenestriche	**Mindestdicke des Untergrundes**
Verbundestrich CT	20 mm
Estrich auf Trennlage	30 mm
Calciumsulfatestrich CA	35 mm
Gussasphaltestrich AS	20 mm
Heizestrich CT oder CA	45 mm
Trockenestriche	
Holzwerkstoffplatten	2 x 16 mm bei Verklebung 21 mm bei schwimmender Verlegung
Mineralische Estrichelemente	
Holzuntergründe	24 mm bei Verklebung 50 mm bei Nagelung auf Lagerhölzern

Eine fachgerechte Parkettverlegung erfordert eine Estrichoberfläche innerhalb der Toleranzen nach DIN 18202. Dies setzt i. d. R. die Ausführung einer geglätteten Estrichoberfläche voraus.

Verlegung

Werden im Parkett einzelne Parkettstäbe unterschiedlicher Länge verarbeitet, so darf bei nebeneinanderliegenden Stäben die Länge um nicht mehr als 50 mm und in der Breite um nicht mehr als 10 mm voneinander abweichen. Werden Parkettstäbe mit unterschiedlichen Maßen auf einer Fläche bis zu 30 m^2 eingebaut, so sind maximal drei verschiedene Formate, mit den vorgenannten Maßbegrenzungen, innerhalb dieser Fläche zulässig.

Mosaikparkettlamellen sind in der Breite auf maximal 25 mm und in der Länge auf maximal 165 mm begrenzt. Die Abweichungen dürfen in der Länge ±0,2 mm und in der Breite +0,1 mm bzw. –0,2 mm betragen.

Schwimmend verlegte Fertigparkett-Elemente, die untereinander an Längs- und Querseiten mit Leim verbunden sind, müssen eine Mindestdicke von 13 mm aufweisen.

Bauwerksfugen des Untergrundes sind im Parkett zu übernehmen. Zu angrenzenden Bauteilen sind Randabstände mit einer Fugenbreite von 10 – 15 mm einzuhalten.

Versiegelung
Fertig verlegte Parkettflächen sind abzuschleifen und zu versiegeln. Die Versiegelung ist so aufzutragen, dass eine gleichmäßige Oberfläche entsteht. Unterschiedliche Versiegelungsschichtdicken sind dabei möglich (siehe Schichtdickenmessung).

Höhenversatz an den Stoßfugen
Gem. DIN 18202, Abschnitt 5 sollen bei flächenfertigen Bodenbelägen Sprünge und Absätze vermieden werden. Hierunter ist aber nicht die durch Flächengestaltung bedingte Struktur zu verstehen.

Bei der Verlegung von Fertigparkettelementen gem. DIN 280 Teil 5 darf der Höhenversatz am Stoß der fertigen Elementoberflächen maximal 0,2 mm betragen.

Nach ATV DIN 18356, Abschnitt 3.2.9 ist genageltes Parkett nach dem Verlegen, geklebtes Parkett nach genügendem Aushärten des Parkettklebstoffes eben abzuschleifen. Die Anzahl der Schleifgänge und die Feinheit des Abschleifens richten sich nach der vorgegebenen anschließenden Oberflächenbehandlung.

Des Weiteren dürfen Parketthölzer gem. ATV DIN 18356, Abschnitt 3.2.1.2 beim Verlegen keinen anderen als den nach den Vorgaben der Normen aus der Reihe DIN 280 zulässigen Feuchtegehalt haben. Der Feuchtegehalt der fertigen Parketthölzer hat bei europäischen Holzarten zum Zeitpunkt der Lieferung 9±2 % bezogen auf die Trockenmasse, zu betragen (Bestimmung nach DIN 52183).

Optisches Erscheinungsbild

Über die Zulässigkeit von Ästen und Strukturunterschieden in Parkettflächen aus Parkettstäben und Riemen sind in der DIN 280, Teil 1 „Parkett" unter „Sortiermerkmale" verbindliche Einzelangaben für eine Beurteilung festgelegt. Für die Zulässigkeit von Ästen gilt die folgende Übersichtstabelle:

Parkettstäbe, Parkettriemen und Tafelparkett	
Sortierung, Bezeichnung	Festigkeit und Durchmesser zulässiger Äste, Flächenverteilung
Eiche-Natur	Gesund, festverwachsen, bis 8 mm Durchmesser, schwarze Äste bis 1 mm, nicht in Gruppen
Eiche-Gestreift	Gesund, festverwachsen, bis 10 mm Durchmesser
Eiche-Rustikal	gesunde festverwachsenen Äste ohne Größenbegrenzung, schwarze Äste bis 15 mm
Buche-Natur	Gesund, festverwachsen, bis 8 mm Durchmesser
Buche-Rustikal	Festverwachsene Äste ohne Größenbegrenzung
Kiefer-Natur	Festverwachsene Äste bis 8 mm Durchmesser
Kiefer-Rustikal	Festverwachsene Äste ohne Größenbegrenzung
Überseeische Nadelhölzer, Rustikal	Gesunde festverwachsene Äste bis 10 mm Durchmesser

In einer Sortierung sind maximal 2 % der Parketthölzer einer nachgeordneten Sortierungsstufe zulässig.

Prüfung

Die Prüfung der Toleranzen erfolgt nach der DIN 18202, Abschnitt 6.

Der Auftragnehmer hat ggf. unverzüglich Bedenken gem. VOB/B § 4 Nr. 3 anzumelden, wenn der Untergrund bzw. die Höhenlage der Oberfläche, insbesondere Tür, Höhen oder Treppenstufen mangelhaft sind (ATV 18356 Abschnitt 3.1.1).

Neben der Überprüfung der konstruktiven Rahmenbedingungen wie Oberflächenrauigkeit, Oberflächenfestigkeit, Risse usw. ist vor der Parkettverlegung eine Feuchtigkeitsmessung des Estrichs zur Feststellung der Verlegereife durchzuführen.

Putz- und Stuckarbeiten

Die Anforderungen an Putz- und Stuckarbeiten sind im Wesentlichen in der Vergabe- und Vertragsverordnung für Bauleistungen (VOB) Teil C in den Allgemeinen Technischen Vertragsbedingungen für Bauleistungen (ATV) in der DIN 18350 beschrieben. Im Folgenden werden die Inhalte der ATV und / oder der ergänzenden Regelungen auszugsweise unter dem Gesichtspunkt der Berücksichtigung der Toleranzen nach DIN 18202 zu Angaben von Mindestdicken, Ausführungsbestimmungen und Qualitätsstufen dargestellt.

Normen: ATV DIN 18350 Putz- und Stuckarbeiten
ATV DIN 18299 Allgemeine Regelungen für Bauarbeiten jeder Art
Merkblatt Qualitätsstufen für Putze, Hrsg.: Deutscher Stuckgewerbebund

Allgemeines Abweichungen von vorgeschriebenen Maßen sind nur in den durch die DIN 18202 „Toleranzen im Hochbau“ geregelten Grenzen zulässig.

Spezifische Ergänzungen:

- Putzdicke
- Wärmedämmputze
- Toleranzausgleich durch Putzauftrag
- Ebenheitsabweichungen bei Streiflicht
- Qualitätsstufen für Putzoberflächen
- Risse

Bauwerksmaße

Die Bauwerksmaße sind in der DIN 18202, Tabelle 1 geregelt.

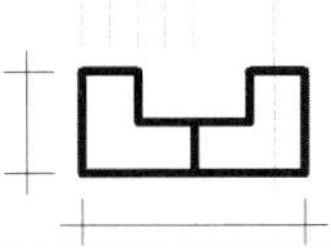

Nennmaß in m, Grenzabweichung in mm

m	–1	>1–3	>3–6	>6–15	>15–30	>30[1)]
mm	±10	±12	±16	±20	±24	±30

Maße im Grundriss
z. B. Längen, Breiten, Achs- und Rastermaß

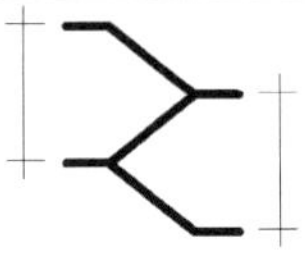

Nennmaß in m, Grenzabweichung in mm

m	–1	>1–3	>3–6	>6–15	>15–30	>30[1)]
mm	±10	±16	±16	±20	±30	±30

Maße im Aufriss
z. B. Geschosshöhen, Podesthöhen, Abstände von Aufstandsflächen und Konsolen

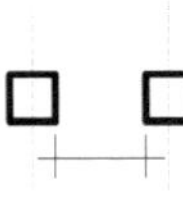

Nennmaß in m, Grenzabweichung in mm

m	–1	>1–3	>3–6	>6–15	>15–30
mm	±12	±16	±20	±24	±30

Lichte Maße im Grundriss
z. B. zwischen Stützen und Pfeilern

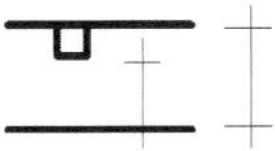

Nennmaß in m, Grenzabweichung in mm

m	–1	>1–3	>3–6	>6–15
mm	±16	±20	±20	±30

Lichte Maße im Aufriss
z. B. unter Decken und Unterzügen

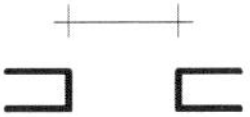

Nennmaß in m, Grenzabweichung in mm

m	–1	>1–3	>3–6
mm	±10	±12	±16

Öffnungen
z. B. Fenster, Türen, Einbauelemente

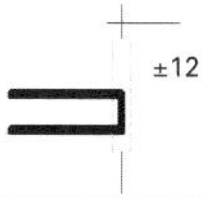

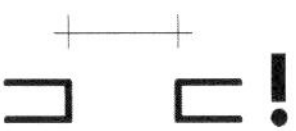

Nennmaß in m, Grenzabweichung in mm

m	–1	>1–3	>3–6
mm	±8	±10	±12

Öffnungen mit oberflächenfertigen Leibungen
z. B. Fenster, Türen, Einbauelemente

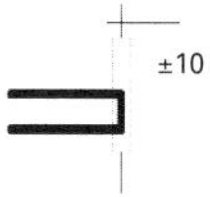

[1)] Anwendung bis etwa 60 m. Für größere Abmessungen sind besondere Überlegungen erforderlich.

Winkelabweichungen

Nach ATV DIN 18350 Abschnitt 3.1.4 sind Deckenbekleidungen, Unterdecken, Wandbekleidungen, Vorsatzschalen und Trennwände aus Elementen, die ein regelmäßiges Raster ergeben, fluchtrecht in den vorgegebenen Bezugsachsen herzustellen. Im Übrigen gelten die Regelungen der DIN 18202, Tabelle 2.

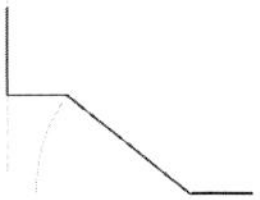

Nennmaß in m, Stichmaße als Grenzwerte in mm

m	>0,5	>0,5–1	>1–3	>3–6	>6–15	>15–30	>30[1]
mm	3	6	8	12	16	20	30

Vertikale, horizontale und geneigte Flächen

[1] Anwendung bis etwa 60 m. Für größere Abmessungen sind besondere Überlegungen erforderlich.

Ebenheitsabweichungen

Die Ebenheitsabweichungen sind nach DIN 18202, Tabelle 3 geregelt. In den Zeilen 2, 4 und 7 werden Vereinbarungen nach erhöhten Anforderungen getroffen. Bei flächenfertigen Wänden und Decken sollen Sprünge und Absätze vermieden werden. Hierunter ist jedoch nicht die durch Flächengestaltung bedingte Struktur zu verstehen.

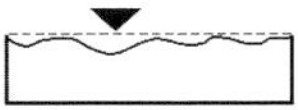

Messpunktabstände in m, Grenzwerte in mm

m	0,1	1[1]	4[1]	10[1]	15[1,2]
mm	10	15	20	25	30

Nichtflächenfertige Oberseiten von Decken, Unterbeton und Unterböden.

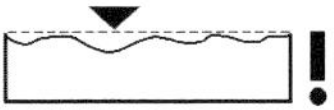

Messpunktabstände in m, Grenzwerte in mm

m	0,1	1[1]	4[1]	10[1]	15[1,2]
mm	5	8	12	15	20

Nichtflächenfertige Oberseiten von Decken, Unterbeton und Unterböden mit **erhöhten Anforderungen.**
Fertige Oberflächen für untergeordnete Zwecke.

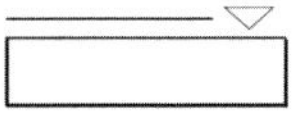

Messpunktabstände in m, Grenzwerte in mm

m	0,1	1[1]	4[1]	10[1]	15[1,2]
mm	2	4	10	12	15

Flächenfertige Böden zur Aufnahme von Bodenbelägen.

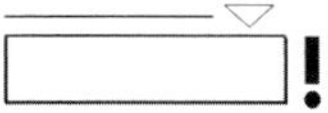	**Messpunktabstände in m, Grenzwerte in mm**					
	m	0,1	1[1]	4[1]	10[1]	15[1,2]
	mm	1	3	9	12	15
	Wie Zeile zuvor, jedoch mit **erhöhten Anforderungen.**					
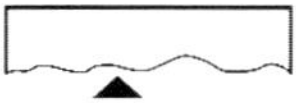	**Messpunktabstände in m, Grenzwerte in mm**					
	m	0,1	1[1]	4[1]	10[1]	15[1,2]
	mm	5	10	15	25	30
	Nichtflächenfertige Wände und Unterseiten von Rohdecken.					
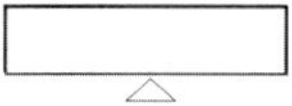	**Messpunktabstände in m, Grenzwerte in mm**					
	m	0,1	1[1]	4[1]	10[1]	15[1,2]
	mm	3	5	10	20	25
	Flächenfertige Wände und Unterseiten von Decken					
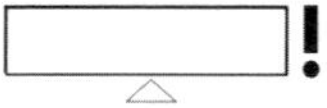	**Messpunktabstände in m, Grenzwerte in mm**					
	m	0,1	1[1]	4[1]	10[1]	15[1,2]
	mm	2	3	8	15	20
	Wie Zeile zuvor, jedoch mit **erhöhten Anforderungen.**					

[1] Zwischenwerte sind den Bildern 4 und 5 der DIN 18202 zu entnehmen und auf ganze mm zu runden.

[2] Die Ebenheitsabweichungen der letzten Spalte gelten auch für Messpunktabstände über 15 m.

Spezifische Ergänzungen

Putzdicke

In der DIN 18550-2 „Putz – Putze aus mineralischen Bindemitteln, Ausführung“ sind erforderliche Putzdicken definiert. Außenputze, die allgemeinen Anforderungen genügen, müssen eine Stärke von 20 mm aufweisen, die Mindestdicke beträgt 15 mm und muss auf einzelne Stellen begrenzt sein. Innenputze sind mit einer Dicke von 15 mm auszuführen, die zulässige Mindestdicke beträgt 10 mm.

Innenputze aus Werk-Trockenmörtel können einlagig mit einer Dicke von 10 mm ausgeführt werden, die zulässige Mindestdicke beträgt 5 mm.

Für werkseitig voreingestellte einlagige Putze mit wasserabweisender Funktion gilt eine Regeldicke von 15 mm im Mittel, die erforderliche Mindestdicke beträgt 10 mm.

Wärmedämmputzsysteme

DIN 18550 Teil 3: „Putz; Wärmedämmputzsysteme aus Mörteln mit mineralischen Bindemitteln und expandiertem Polystyrol (EPS) als Zuschlag."

Unter Punkt 9 „Anwendung und Ausführung" ist geregelt: Der Unterputz muss mindestens 20 mm und darf i. d. R. höchstens 100 mm dick sein. Die mittlere Dicke des ein- oder mehrschichtigen Oberputzes muss 10 mm (Dicke mindestens 8 mm, höchstens 15 mm) betragen.

Bei mehrschichtigem Oberputz muss die Ausgleichsschicht mindestens 6 mm dick sein.
In der DIN 18350 der VOB/C ist in Abschnitt 3.13 ergänzend geregelt: „Wärmedämmputz ist bis 4 cm Dicke einlagig, bei größeren Dicken mehrlagig herzustellen."

Toleranzausgleich durch Putzauftrag

Für den Untergrund gelten die Ebenheitstoleranzen nichtfertiger Oberflächen gem. DIN 18202, Tabelle 3, Zeile 5. Für die geputzten Flächen gelten dann die Ebenheitsanforderungen flächenfertiger Oberflächen nach DIN 18202, Tabelle 3, Zeile 6 ggf. Zeile 7 bei erhöhten Anforderungen.

Der Putzgrund soll jedoch so maßgerecht sein, dass der Putz in gleichmäßiger Dicke aufgetragen werden kann. Ein Ebenheitsausgleich stellt durch eine zusätzliche Ausgleichsschicht eine besondere Leistung dar.

Aus Planersicht ist auf jeden Fall die Ausführung eines so genannten Dünnputzes zu berücksichtigen. Hier muss nämlich der Putzuntergrund die Ebenheitsanforderungen der flächenfertigen Wand aufweisen.

Ebenheitsabweichungen bei Streiflicht

Nach ATV DIN 18350, Abschnitt 3.1.2, sind bei Streiflicht sichtbar werdende Unebenheiten in den Oberflächen von Bauteilen zulässig, wenn die Toleranzen von DIN 18202 eingehalten worden sind.

Erhöhte Anforderungen sollten jedoch bereits bei der Planung berücksichtigt und in der Leistungsbeschreibung gesondert ausgeschrieben werden. So sollte besonders dann vorgegangen werden, wenn z. B. Streiflicht im Gebrauchszustand häufig oder ausschließlich auftritt.

Bereiche, die nicht von der Streiflichtdefinition bei üblicher Beleuchtung definiert sind:

- Verarbeitungsspuren / Verunreinigungen an der Putzoberfläche durch andere Gewerke
- Abweichungen mit gleichmäßigem, allmählichem Verlauf, die bei üblicher gleichmäßiger Beleuchtung sichtbar sind (z. B. Deckenuntersichten)
- Abweichungen von einzelnen Bereichen (z. B. kleinere Ausbeulungen, vereinzelte Fugen)

Die Beschaffenheit der Putzoberfläche soll in ihrem optischen Erscheinungsbild frei von Fehlstellen sein. Wichtig hierbei ist, dass sich die Beurteilung nicht nach DIN 18202, sondern nach dem gewünschten und geforderten optischen Erscheinungsbild der Oberfläche richtet.

Damit die gewünschte optische Qualität erreicht wird, empfiehlt es sich diese bereits in der Leistungbeschreibung genau festzulegen.

Qualitätsstufen für Putzoberflächen
Für die Oberflächen von abgezogenen, geglätteten und gefilzten Putzen wurden Qualitätsstufen durch den Deutschen Stuckgewerbebund erarbeitet. Ausgehend von den Erfordernissen der weiteren Oberflächenbehandlung (z. B. Anstriche / Beschichtungen, Tapeten, dekorativen Oberputze) wurden die Oberflächenqualitäten der entsprechenden Putzfläche definiert. Es wird in der jeweiligen Putzausführung nach den Qualitätsstufen Q1, Q3 bzw. Q2 bis Q4 unterschieden.

Putzoberfläche	**Qualitätsstufen,** Anforderung an die Ebenheit, **Maßtoleranz**			
	Q1	Q2	Q3	Q4
Abgezogen	-	Standard	Erhöhte	-
Geglättet	-	Standard	Standard	Erhöhte
Gefilzt	-	Standard	Erhöhte	Erhöhte

Risse
Nach DIN 18550, Teil 2, Erläuterung zu Abschnitt 6.1 gilt: „Die Oberfläche von Putzen soll frei von Rissen sein. Haarrisse (Anmerung des Autors: bis 0,1 mm) in begrenztem

Umfang sind nicht zu bemängeln, da sie den technischen Wert des Putzes nicht beeinrächtigen.

Prüfung

Die Prüfung der Abweichungen ist in der DIN 18202, Abschnitt 6 geregelt.

Der Auftragnehmer hat bei seiner Prüfung Bedenken (VOB/B § 4 Nr. 3) anzumelden wenn:

- Die Baufeuchtigkeit zu hoch ist
- Unebenheiten nicht im Rahmen der DIN 18202 liegen
- Die Qualität des Untergrundes nicht geeignet ist, z. B. Flächen zu glatt, ungleich saugend, gefroren oder verölt sind
- Die Befestigung und Verankerung nicht ausreichend möglich ist
- Keine Höhenbezugspunkte im Geschoss vorhanden sind

Sanitärinstallation

Die technischen Anforderungen an Sanitärinstallationen werden im Wesentlichen bestimmt durch die objektypischen Rahmenbedingungen wie die Lage und Größe von Bädern, WC-Anlagen und Küchen sowie der vorgesehenen Nutzung (öffentlich oder privat, einfache oder gehobene Ausstattung). Detailierte Angaben zu technischen Aspekten der Planung und dem Bau einer funktionsfähigen Gebäude- und Grundstücksentwässerung sind wegen den zu berücksichtigenden objektspezifischen Rahmenbedingungen und dem damit verbundenen Darstellungsumfang hier nicht möglich. Durch die Angaben zur Montage von Sanitärobjekten und Rohrinstallationen soll eine allgemeine technische und visuelle Kontrolle der handwerklichen Ausführung vor Ort ermöglicht und unterstützt werden.

Normen: Für die Ausführung von Rohrinstallationen, Leitungsführungen und Leitungsdämmungen gelten die Inhalte der entsprechenden DIN-Normen.

DIN 18022 Küchen, Bäder und WCs im Wohungsbau
DIN 18024 Bauliche Maßnahmen für Behinderte und alte Menschen im öffentlichen Bereich
DIN 18025 Teil 1 + 2 Barrierefreie Wohnungen

Allgemeines: In diesem Abschnitt werden einige grundlegende Planungs-, Montage- und Ausführungsmaße aus dem Bereich „Sanitärinstallationen" dargestellt. Objekt- oder nutzerabhängige Anforderungen können zu Abweichungen von den vorgegebenen Grundmaßen führen, insbesondere im privaten Wohnungsbau mit individuellen Anforderungen an die Ausstattung und Gestaltung von Bädern und WC-Anlagen.

Zu allen Planungsdaten wird vorausgesetzt, dass die Anforderungen an Ebenheiten, Abmessungen und Winkligkeiten im Rahmen der zulässigen Toleranzen nach der DIN 18202 liegen.

Stellflächen, Seitenabstände und Montagehöhen

Sanitärräume und Küchen

In der DIN 18022 „Küchen, Bäder und WCs im Wohnungsbau" werden Mindestabstände und Stellflächen als Planungsgrundlagen festgelegt.

DIN 18022 **Bäder, WCs** (Auszug)	**Stellfläche in cm**		**Seitenabstand in cm**		
	Breite	Tiefe	zu anderen Objekten	zu Bidet	Wand / Möbel
Einzelwaschtisch	≥60	≥55	20	25	20
Doppelwaschtisch	≥120	≥55	20	25	20
Einbauwaschtisch	≥70	≥60	20	25	0
Handwaschbecken	≥45	≥35	20	25	20
Bidet	40	60	25	-	25
WC	40	75 (60)	20	25	20 / 25
Urinal	40	40			
Duschwanne	≥80	≥80	20	25	0
Badewanne	≥170	≥75	20	25	0
Waschmaschine	60	60	20	25	3 / 0
Wäschetrockner	60	60			

Als Abstände von Stellflächen zu gegenüberliegenden Stellflächen oder Wänden gilt ein Mindestmaß von 75 cm. Bei Waschmaschinen oder Wäschetrocknern beträgt dieses Maß mindestens 90 cm.
Für Vorwandinstallationen mit horizontaler Leitungsführung ist ein Platzbedarf von mindestens 20 cm, bei vertikaler Leitungsführung von mindestens 25 cm zu berücksichtigen.

Küchen
Für die Abstände von Stellflächen zu gegenüberliegenden Stellflächen oder Wänden gilt in Küchen ein Mindestmaß von 1,20 m, im Bereich von Türlaibungen einen seitlichen Abstand von mindestens 10 cm. Der seitliche Abstand von Stellflächen zu Wänden beträgt mindestens 3 cm.

Sanitärräume im öffentlichen Bereich

Sollen Sanitärräume im öffentlichen Bereich durch Behinderte mit oder ausschließlich genutzt werden, so gelten als Planungsgrundlagen die Regelungen nach DIN 18024 „Bauliche Maßnahmen für Behinderte und alte Menschen im öffentlichen Bereich". Für die Seitenabstände von Objekten zu anderen Objekten bzw. zu angrenzenden Wänden sind danach folgende Mindestabmessungen einzuhalten:

- Seitlicher Abstand von WC zu Wand ≥80 cm
- Bewegungsfläche vor dem WC mit einer Tiefe von ≥120 cm
- Abstand zwischen WC und Waschbecken >15 cm

Die WC-Sitzhöhe soll 50 cm über der fertigen Fußbodenfläche angeordnet sein. Die lichte Durchgangsbreite der Tür beträgt mindestens 85 cm.

Sanitärräume in barrierefreien Wohnungen

Zu Sanitärräumen in Wohnungen für Rollstuhlbenutzter sind die Planungsgrundlagen in der DIN 18025 Teil 1 und Teil 2 „Barrierefreie Wohnungen" enthalten. Es sind dort nachstehende Abmessungen festgelegt:

Alle Bewegungsflächen ≥150 x 150 cm als Duschplatz vor dem WC, vor dem Waschtisch, und vor einer Badewanne.

Der Waschtisch ist unterfahrbar anzuordnen und mit einem Unterputz- oder Flachaufputzsiphon auszustatten. Die WC-Sitzhöhe soll 48 cm betragen. Für die lichte Durchgangsbreite der Tür gilt ein Mindestmaß von 90 cm.

Montagehöhen für Sanitärobjekte

Objekt	Nutzer / Montageart	Höhe	Toleranz
Waschbecken	Kinder, 6 bis 12 Jahren	750 mm	-
	Erwachsene, Kinder ab 13 Jahren	850 mm	-
	Rollstuhlbenutzer	825 mm	lichte Unterfahrungshöhe mindestens 685 mm
Bidet	Standmontage	380 bis 400 mm	modellabhängig
	Wandhängend	400 mm	±10 mm
WC		380 – 390 mm	±10 mm
Badewanne			±50 mm
Höhenangabe: OK Fertigfußboden bis OK Objekt			

Bei Badewannen sollen die Montagehöhe (OK Wannenrand) und die Wannentiefe für eine bequeme Benutzbarkeit nicht wesentlich voneinander abweichen. Dies ist stark von den individuellen Körpermaßen, insbesondere der Kniehöhe, des Benutzers abhängig. Es gilt die Grundregel: Mittelwert aus Kniehöhe (unter Knie) und Fingerhöhe (hängender Arm) mit einer Toleranz von ±50 mm. Als durchschnittliche übliche Montagehöhe für Badewannen in Wohnungs- und Hotelbädern gilt eine Höhe von 490 bis 640 mm (Wannenrandoberkante über fertiger Fußbodenhöhe).

Dämmungen, Abstände und Gefälle von Leitungen

Dämmung von Warmwasserleitungen

Nach der „Heizungsanlagenverordnung" (HeizAnlV 1998) sind Rohrleitungen und Armaturen innerhalb von Gebäuden gegen Wärmeverluste zu dämmen. Dies gilt nicht für Rohrleitungen in Aufenthaltsräumen oder Verbindungsräumen zwischen Aufenthaltsräumen. Für die Dämmschichten sind nachstehende Mindestdicken festgelegt:

DN	Rohrdurchmesser in mm	Dämmschichtdicke in mm		
		0,035 W/(mK)	0,040 W/(mK)	0,045 W/(mK)
10	10	20	26	34
	17			
15	15			
	18			
20	22			
	27			
25	28	30	38	48
	34			
32	35			
	42			
40	42	40	51	63
	48			

Im Bereich von Deckendurchbrüchen, Leitungskreuzungen oder Verbindungsstellen sind Reduzierungen der Mindestdämmschichtdicken auf die Hälfte der oben genannten Werte zulässig.

Dämmung von Trinkwasserleitungen

Leitungen für kaltes Trinkwasser sind durch die Umhüllung mit Dämmschichten vor Erwärmung und ggf. auch gegen Tauwasserbildung zu schützen. Richtwerte für Umhüllungen mit einer Wärmeleitfähigkeit von 0,040 W/(mK) sind in der nachstehenden Tabelle für verschiedene Einbausituationen dargestellt:

DIN 1988, Teil 2 Abs. 10.2.2 Schutz von Trinkwasseranlagen	
Einbausituation	**Dämmschichtdicke in mm**
Rohrleitung	0,040 W/(mK)
Frei verlegt in unbeheizten Räumen	4
Frei verlegt in beheizten Räumen	9
Im Kanal mit warmgehenden Leitungen	4
Im Kanal ohne warmgehende Leitungen	13
Im Mauerschlitz, Steigleitung	4

Befestigungsabstände für Versorgungsleitungen

Richtwerte für Befestigungsabstände von Versorgungsleitungen sind in der DIN 1988, Teil 2 „Technische Regeln für Trinkwasser-Installationen (TRWI)", in Tabelle 2 festgelegt. Zur Orientierung nachstehende Auswahl für übliche geringe Nennweiten:

Stahl		Kupfer nichtrostender Stahl		Kunststoff PVC-U		Kunststoff PE-HD	
DN	A	da	A	da	A *	da	A *
10	2,25	12	1,25	16	0,50 – 0,80	16	0,60 – 0,70
15	2,75	18	1,50	20	0,60 – 0,90	20	0,65 – 0,75
20	3,00	22	2,00	25	0,65 – 0,95	25	0,75 – 0,80
25	3,50	28	2,25	32	0,70 – 1,05	32	0,85 – 0,90
32	3,75	35	2,75	40	0,90 – 1,20	40	0,95 – 1,00
40	4,25	42	3,00	50	1,10 – 1,40	50	1,05 – 1,15
A = Befestigungsabstand in m, da = Rohrdurchmesser außen							
*** Temperaturabhängig, Angabe für 40 °C bzw. 20 °C**							

Rohrgefälle für Versorgungsleitungen

Versorgungsleitung sind mit einem Rohrgefälle zu montieren. Die Herstellung von Rohrgefällen dient der Sicherung der Entleerbarkeit von Versorgungsleitungen bzw. der freien Entwässerung von Dampf- und Kondensationsleitungen.

- Wasserleitungen 5 mm/m
- Dampfleitungen 5 bis 10 mm/m
- Kondensatleitungen 10 mm/m

Gefälle für Entsorgungsleitungen

Nach DIN 1986 „Entwässerungsanlagen für Gebäude und Grundstücke" sind Entsorgungsleitungen für Schmutz-, Regen-, und Mischwasser innerhalb und außerhalb von Gebäuden mit einem Mindestgefälle, zur Sicherung eines freien Ablaufes im Schwerkraftprinzip, zu verlegen. Für die verschiedenen Einbauorte und Abwasserarten gelten folgende Mindestgefälle:

DN	**Innerhalb von Gebäuden**						**Außerhalb von Gebäuden**			
	Schmutz Wasser		Regen-wasser		Misch-wasser		Schmutz-wasser		Regen- und Mischwasser	
50	1:50	20	1:100	10	1:50	20	-		-	
70	1:50	20	1:100	10	1:50	20	1:100	10	1:100	10
100	1:50	20	1:100	10	1:66,7	15	1:125	8	1:125	8
125	1:66,7	15	1:100	10	1:66,7	15	1:150	6,7	1:150	6,7
150	1:66,7	15	1:100	10	1:100	10	1:200	5	1:200	10
200	1:100	10	0,7 *		0,7 *		0,5 *		0,7 *	
	0,5 *									
	* Füllungsgrad nach DIN 1986, Teil 2									
	Gefälleangaben als Verhältniswert und in mm/m									

Das Maximalgefälle für Abwasserleitungen soll nicht mehr als 50 mm/m (1:20) betragen (siehe DIN 1986, Teil 1, Abs. 6.1.1.1).

Stahlbauarbeiten

Die Anforderungen an Stahlbauarbeiten sind im Wesentlichen in der Vergabe- und Vertragsordnung für Bauleistungen (VOB) Teil C in den Allgemeinen Technischen Vertragsbedingungen für Bauleistungen (ATV) in der DIN 18335 beschrieben.

Normen: DIN 18335 Stahlbauarbeiten

Allgemeines: Die DIN-Norm 18202 enthält keine Angaben zu Toleranzen im Stahlbau.

Die ATV DIN 18335 „Stahlbauarbeiten" gilt für Stahlbauleistungen des konstruktiven Ingenieurbaus im Hoch- und Tiefbau einschließlich des Stahlverbundbaus. Die ATV DIN 18335 ist nicht für Metallbau- und Schlosserarbeiten (ATV DIN 18360 „Metallbauarbeiten") anwendbar. Ergänzend zur DIN 18335 muss immer ATV DIN 18299 „Allgemeine Regelungen für Bauarbeiten jeder Art", Abschnitte 1 bis 5 gesehen werden.

Spezifische Ergänzungen

Nach DIN 18203-2 vorgefertigte Bauteile aus Stahl, wie Stützen, Träger, Binder und Tafeln für Wände.

Für vorgefertigte Teile aus Stahl gelten die Toleranzen nach DIN 18203-2. Diese Norm gilt nicht für Walzprofiltoleranzen und für Toleranzen von im Rollverfahren hergestellten großflächigen Bauelementen. Gewerke, die Metall- und Schlosserarbeiten zuzuordnen sind finden in dieser Norm keine Anwendung.

Vorgefertigte Teile aus Stahl	
Nennabmaße in mm	Grenzabmaße (Grenzabweichungen) in mm
–2 000	±1
>2 000 – 4 000	±2
>4 000 – 8 000	±3
>8 000 – 12 000	±4
>12 000 – 16 000	±5
>16 000	±6

Prüfung

Der Auftragnehmer hat ggf. Bedenken gem. VOB/B § 4 Nr. 3 vor der Montage unverzüglich dann anzumelden, wenn Lage und Höhe sowie die Kennzeichnung der Unterbauten, Mittellinien und Achsen nicht eindeutig definiert sind.

Das Gleiche gilt bei fehlenden Höhenbezugspunkten in den einzelnen Geschossen (vgl. ATV DIN 18335, Abschnitt 3.1.2). Das Ausrichten, Justieren und Stabilisieren der Stahlbauten liegt in der Verantwortung des Auftragnehmers. Anschließend erfolgt eine gemeinsame Niederschrift, welche jedoch nicht als Abnahme gilt.

Keile, Unterlegplatten oder Ähnliches, welche als Fixierung oder Stabilisierung der planmäßigen Lage während des Abbindprozesses / Festigkeitsprozesse dienten, sind durch den Auftragnehmer zu entfernen.

Tapezierarbeiten

Die Anforderungen an Tapezierarbeiten sind im Wesentlichen in der Vergabe- und Vertragsordnung für Bauleistungen (VOB) Teil C in den Allgemeinen Technischen Vertragsbedingungen für Bauleistungen (ATV) in der DIN 18366 beschrieben. Im Folgenden werden die Inhalte der ATV und / oder der ergänzenden Regelungen auszugsweise unter dem Gesichtspunkt von Ausführungstoleranzen dargestellt.

Normen: DIN 18366 Tapezierarbeiten

Allgemeines: Die DIN-Norm 18202 enthält keine Angaben zu Toleranzen für die Ausführung von Tapezierarbeiten. In der ATV DIN 18366, Tapezierarbeiten ist kein Bezug auf die 18202 vermerkt.

Spezifische Ergänzungen:

- Leistungsverzeichnis
- Tapeten
- Gewöhnliche Anforderungen
- Beleuchtung

Spezifische Ergänzungen

Da das Aufbringen einer Tapete aus optischer Sicht den Erwartungen des Bauherrn gemäß auszurichten ist, sollten bereits bei der Planung die Anforderungen an den Untergrund für die anzubringende Tapete berücksichtigt werden.

Dies wird sich hauptsächlich auf die Vorleistung beziehen. Beispielweise bei dem Auftrag, der an den Putzer vergeben wird.

Hier müssen laut VOB, zusätzliche, über die DIN 18202 hinausgehende Toleranzen, als eigenständige Leistung erfasst werden.

Leistungsverzeichnis

- Beim Erstellen des Leistungsverzeichnisses, sollte die definitive Wand-/Deckenbehandlung schon festgelegt werden, damit eventuelle höhere Anforderungen mit berücksichtigt werden können. Auch Einflüsse für die Rohbauarbeiten sollten dabei beachtet werden. Hierdurch zusätzlich entstehende Mehrkosten müssen mit dem Bauherren geklärt und festgelegt werden.
- Die Winkel- und Ebenheitstoleranzen sollten vor Beginn der Spachtel- und Tapezierarbeiten kontrolliert werden.

Tapeten

Bei Glanztapeten, hochglänzenden Flächen oder ähnlichen besonderen Gestaltungen von Wänden oder Decken, kann ein optisch befriedigender Eindruck über das Dritteln der Werte aus der DIN 18202, Tabelle 3, Zeile 7 erreicht werden. Bei Tapeten mit Mustern ist es sinnvoll die Winkeltoleranzen aus der DIN 18202 Tabelle 3 auf den halben Wert zu reduzieren.

Gewöhnliche Anforderungen
Bei gewöhnlichen Anforderungen an Wände und Decken bezüglich gespachtelten Flächen aus Sichtbeton, ist es ausreichend den Toleranzwerten nach DIN 18202 Tabelle 3, Zeile 7 genüge zu leisten.

Beleuchtung
Für die Beleuchtung sind besonders die Einflüsse von Streiflicht zu berücksichtigen. Hier müssen höhere Anforderungen an die Ebenheit der Oberflächen gestellt werden.

Prüfung

Der Auftragnehmer hat, wenn der Untergrund mangelbehaftet ist, unverzüglich Bedenken gem. VOB/B § 4 Nr. 3 anzumelden.

Insbesondere sind dies

- wenn der Putz kreidet oder absandet,
- bei nicht genügend festem oder feuchten Untergrund,
- bei Unebenheiten, Ausblühungen oder Schimmelbildung,

- bei Verunreinigungen durch Öle, Fette oder Nikotin und
- klaffenden Fugen zwischen Putz und Einbauteilen (vgl. ATV DIN 18366 Tapezierarbeiten, Abschnitt 3.1.1).

Sollten hochglänzende Anstriche, Glanztapeten oder Ähnliches vorgesehen sein, sollten in jedem Fall die Ebenheitsabweichungen, die sich aus Tabelle 3, Zeile 7 DIN 18202 ergeben, auf 1/3 der Werte reduziert werden.

	Messpunktabstände in m, Grenzwerte in mm					
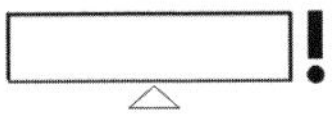	m	0,1	1[1]	4[1]	10[1]	15[1)2)]
	mm	2	3	8	15	20
	Wie Zeile zuvor, jedoch mit **erhöhten Anforderungen.**					

[1] Zwischenwerte sind den Bildern 4 und 5 der DIN 18202 zu entnehmen und auf ganze mm zu runden.
[2] Die Ebenheitsabweichungen der letzten Spalte gelten auch für Messpunktabstände über 15 m.

Tischlerarbeiten

Die Anforderungen an Tischlerarbeiten sind im Wesentlichen in der Vergabe- und Vertragsordnung für Bauleistungen (VOB) Teil C in den Allgemeinen Technischen Vertragsbedingungen für Bauleistungen (ATV) in der DIN 18355 beschrieben. Im Folgenden werden die Inhalte der ATV und / oder die ergänzenden Regelungen auszugsweise unter dem Gesichtspunkt von Ausführungstoleranzen und Materialmindestdicken dargestellt.

Normen: ATV DIN 18355 Tischlerarbeiten

Allgemeines: Toleranzen in diesem Bereich sind nur in den durch die DIN 18202 „Toleranzen im Hochbau" geregelten Grenzen zulässig.

Spezifische Ergänzungen:

- Wandöffnungen für Türen
- Abweichungen für Öffnungen nach DIN 18202
- Luftspalte nach DIN 18101
- Anforderungen an Türen
- Beschaffenheit von sichtbaren Holzoberflächen
- Barrierefreiheit

Bauwerksmaße

Siehe Grenzabweichungen nach DIN 18202, Tabelle 1

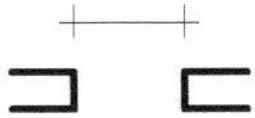

Nennmaß in m, Grenzabweichung in mm

m	–1	>1–3	>3–6
mm	±10	±12	±16

Öffnungen
z. B. Fenster, Türen, Einbauelemente

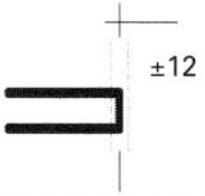

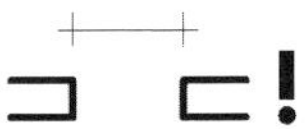

Nennmaß in m, Grenzabweichung in mm

m	–1	>1–3	>3–6
mm	±8	±10	±12

Öffnungen mit oberflächenfertigen Leibungen
z. B. Fenster, Türen, Einbauelemente

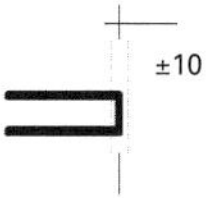

Alle Bauteile sind so zu fertigen, dass sie den Anforderungen nach DIN EN 942 „Holz in Tischlerarbeiten – Allgemeine Sortierung nach der Holzqualität“ entsprechen und sich bei ordnungsgemäßer Behandlung und Nutzung nicht verziehen (DIN 18355, Abs. 3.1.5).

Ein Quellen und Schwinden von Vollhölzern muss bei Änderungen der Luftfeuchte ohne Beeinträchtigung möglich sein. Die Verbindungen sind dementsprechend herzustellen (DIN 18355, 3.2.2).

Füllungen an Türen und Toren sind derart herzustellen, dass durch materialbedingte Maßänderungen keine Schäden entstehen (DIN 18355, Abs. 3.9.1.3).

Winkelabweichungen

Siehe DIN 18202 Winkelabweichungen Tabelle 2

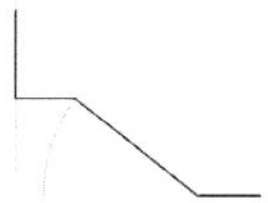

Nennmaß in m, Stichmaße als Grenzwerte in mm

m	>0,5	>0,5–1	>1–3	>3–6	>6–15	>15–30	>30[1]
mm	3	6	8	12	16	20	30

Vertikale, horizontale und geneigte Flächen

1) Anwendung bis etwa 60 m. Für größere Abmessungen sind besondere Überlegungen erforderlich.

Ebenheitsabweichungen

Siehe DIN 18202 Ebenheitsabweichungen
Für flächenfertige Wände und Unterseiten von Decken:

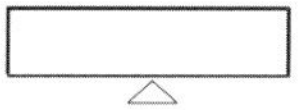

Messpunktabstände in m, Grenzwerte in mm

m	0,1	1[1]	4[1]	10[1]	15[1][2]
mm	3	5	10	20	25

Flächenfertige Wände und Unterseiten von Decken

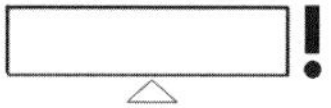

Messpunktabstände in m, Grenzwerte in mm

m	0,1	1[1]	4[1]	10[1]	15[1][2]
mm	2	3	8	15	20

Wie Zeile zuvor, jedoch mit **erhöhten Anforderungen.**

1) Zwischenwerte sind den Bildern 4 und 5 der DIN 18202 zu entnehmen und auf ganze mm zu runden.

2) Die Ebenheitsabweichungen der letzten Spalte gelten auch für Messpunktabstände über 15 m.

Nach ATV DIN 18367 Holzpflasterarbeiten, Abschnitt 3.1.3 sind Unebenheiten in Oberflächen von Bauteilen die durch Streiflicht sichtbar werden, nur im Rahmen der Toleranzenangaben der DIN 18202 zulässig.

Werden an die Ebenheit von Flächen erhöhte Anforderungen nach DIN 18202, Zeile 7 gestellt, so sind die zu treffenden Maßnahmen besondere Maßnahmen (siehe Abschnitt 4.2.1) und als solches gesondert auszuschreiben bzw. zu vereinbaren.

Spezifische Ergänzungen

Wandöffnungen für Türen
Regeln für die Planung und Herstellung von Türöffnungen in Wänden sind in der DIN 18100 „Wandöffnungen für Türen“ geregelt. Abgestimmt auf die DIN 4172 „Maßordnung im Hochbau“ werden Öffnungsmaße im 12,5 cm Modul und der Festlegung von Stoßfugen von 10 mm Breite für Mauerwerkswände mit einem Nennmaß (x * 12,5 cm) und einem Baurichtmaß (x * 12,5 cm + 1,0 cm) benannt.

Die DIN18100 legt für Öffnungen nachstehende Regelgrößen fest:

Baurichtmaß +10 mm = Nennmaß der Wandöffnungs**breite**
Baurichtmaß +5 mm = Nennmaß der Wandöffnungs**höhe**

zulässigstes Kleinstmaß =	Baurichtmaß
für Wandöffnungs**breite:**	Nennmaß -10 mm
für Wandöffnungs**höhe:**	Nennmaß -5 mm

zulässigstes Größtmaß

für Wandöffnungs**breite**:	Baurichtmaß +20 mm (Nennmaß +10 mm)
für Wandöffnungs**höhe**:	Baurichtmaß +15 mm (Nennmaß +10 mm)

Abweichungen für Öffnungen nach DIN 18202
Für die Zulässigkeit von Abweichungen bei Öffnungen für Fenster und Türen in Wandflächen ist die Oberflächenbeschaffenheit der Wandöffnung zu berücksichtigen.

Für Öffnungen mit einem Nennmaß bis 1,00 m ist nach DIN 18202, Tabelle 1, Zeile 5, Spalte 2 eine Abweichung von ±10 mm zulässig.

Die Toleranz ist bei Öffnungen mit oberflächenfertigen Leibungen und einem Nennmaß über 1,00 bis 3,00 m mit einem zulässigen Wert von ±10 mm geringer gegenüber einem Wert von ±12 mm bei nicht flächenfertigen Leibungen.

Bei Öffnungen mit Nennmaßen von über 3,00 m bis 6,00 m liegt der Grenzwert von ±16 mm für Rohbauöffnungen weiter deutlich über dem Grenzwert von ±12 mm für oberflächenfertige Leibungen.

Weitere Normen:
DIN 18050 Fensteröffnungen für den Wohnungsbau, Rohbaurichtmaße

Einbautoleranzen bei Türen für den Wohnungsbau

Nach DIN 18101 Abschnitt 3 Tabelle 1, Bilder 1 und 2 gelten für die Ausführung von Holztüren und Zargen folgende zulässige Abweichungen:

- Türblattfalzmaß in der Breite +/- 1 mm
- Türblattfalzmaß in der Höhe +2 mm
- Lichte Zargenbreite im Falz +/- 1 mm
- Lichte Zargenhöhe im Falz -2 mm

Luftspalte

Nach DIN 18101 „Türen für den Wohnungsbau", Abschnitt 4 darf der Gesamt-Luftspalt an den Türlängsseiten zwischen Türzarge und Türflügel 5,0 mm nicht unterschreiten und 9,0 mm nicht überschreiten. Jeder Einzelspalt darf nicht geringer als 2,5 mm sein, das Höchstmaß ist auf 6,5 mm festgelegt. Für den oberen Luftspalt gilt ein Mindestmaß von 2,0 mm und ein Höchstmaß von 6,5 mm. Nach DIN 18101 „ergibt sich als Nennmaß für den unteren Luftspalt ein Maß von 7,0 mm." [L12]

Bei Bodenbelägen aus Naturstein oder bei Fliesenbelägen die oft mit Wischwasser in Berührung kommen, soll der Abstand zwischen Unterkante der Holzzarge und der Fußbodenfläche 3,0 mm betragen um eine elastische Dichtungsfuge herstellen zu können.

Profile an Türschwellen von Außentüren sollen in Anlehnung an DIN 18024-2 nicht höher als 2,0 cm sein (Stolpergefahr). Für eine behindertengerechte Ausbildung der Schwelle ist diese Höhe als Maximalmaß verbindlich.

Soll ein beidseitig gleichmäßiger Luftspalt (auch „Türluft" oder „Falzluft" genannt) zwischen den Türzargen und dem Türflügel ausgebildet werden, so soll der Türflügel seitenverstellbar ausgebildet werden. Dies kann durch die Verwendung von verstellbaren Bändern oder verstellbaren Bandaufnahmen geschehen.

Anforderungen an Türen

Für Türen im Wohnungsbau gelten abhängig von dem Einbauort, z. B. als Wohnungseingangstür, hohe Anforderungen bei besonderen Schutzfunktionen wie Schallschutz, Wärmeschutz, Brand- und Rauchschutz, Einbruchschutz sowie aus den raumklimatischen Bedingungen. Die Normen DIN 4102 „Brandverhalten von Baustoffen und Bauteilen", DIN 4108 „Wärmeschutz im Hochbau" und DIN 4109 „Schallschutz im Hochbau" regeln die Einzelanforderungen an die Türblatt- und Zargenkonstruktion, die Beschläge und die vom Wandbaustoff abhängigen Montageanforderungen. Wegen der Vielzahl der aus den Schutzfunktionen resultierenden differenzierten Bedingungen und Maßanforderungen an Türen ist im Prüfungsfall stets die produktbezogene allgemeine bauaufsichtliche Zulassung einzusehen.

Grundsätzlich sind die Türblätter lotrecht einzubauen, Türblätter müssen eben sein.

Für die Höhenlage von Türgriffen kann aus den Normabmessungen der Türen ein rechnerisches horizontales Achsmaß von 1,05 m über der Oberfläche des Fertigfußbodens abgeleitet werden.

Durchbiegungen und Verwerfungen dürfen nach den Prüfbedingungen der Gütesicherung (RAL-RG 426-1) für Innentüren aus Holz und Holzwerkstoffen maximal 4 mm betragen, wenn sonst keine zusätzlichen Vereinbarungen oder Forderungen z. B. aus Gründen des Schallschutzes oder des Rauchschutzes vorliegen.

Beschaffenheit von sichtbaren Holzoberflächen

An Längs- und Hirnholzflächen sind Farbunterschiede durch holzeigene Farbigkeit zulässig.

Keilverzinkungen nach DIN 68140 „Keilzinkenverbindungen von Holz" sind bei nichtdeckenden Anstrichen ohne Zustimmung des Aufraggebers nicht zulässig.

Hobelschläge dürfen auf sichtbar bleibenden Holzoberflächen nicht erkennbar sein. Sichtbare Streifen von Querschleifen sind nicht zulässig und furnierte Flächen dürfen keine durchgeschliffenen Stellen aufweisen. Haarrisse in Maserfurnieren sind zulässig.

Barrierefreiheit

Im Bereich von Türen sind zur Sicherstellung der barrierefreien Zugänglichkeit einer Wohnung oder Raumes besondere Bewegungsflächen und Abstände zu berücksichtigen. In der DIN 18025 „Barrierefreie Wohnungen" sind dazu folgende Festlegungen getroffen worden:

- Lichte Durchgangsbreite: >0,90 m
- Lichte Durchgangshöhe: >2,10 m

- Platzbedarf bandseitig: Breite ≥1,50 m, Tiefe ≥1,50 m
- Platzbedarf Laibungseite: Breite ≥1,50 m, Tiefe ab Wandfläche ≥1,20 m

Der seitliche Abstand vom Türdrücker bis zu einer seitlichen Raumbegrenzung muss mindestens 50 cm betragen.

Sind Türschwellen aus konstruktiven oder technischen Gründen, wie z. B. bei Terrassenausgangstüren, nicht zu vermeiden, dann darf die Höhe nicht mehr als 2,0 cm betragen. Nach DIN 18025 sind Bedieneinrichtungen an Türen, Fenstertüren und Schalter für automatisch öffnende Türen auf einer Höhe von 0,85 m zu installieren.

Hinweis
Die in der DIN 18025 für Türen geforderte lichte Durchgangshöhe von 2,10 m kann mit den genormten Türen und Türzargen nicht erreicht werden. Für eine Öffnung mit dem Baurichtmaß von 2,125 m kann nach den Maßen der DIN 18111 „Türzargen; Stahlzargen; Standardzargen für gefälzte Türen" nur ein lichtes Zargendurchgangsmaß von 2,093 m erreicht werden.

Ergänzende Hinweise

Fenster
Nennmaße sollten vor Ort vor Beginn der Ausführung stichprobenartig überprüft werden. Auch berechnete Fugenbreiten sind zu kontrollieren.

Abweichungen sind sowohl aus der DIN 18202 Tabelle 1, Zeile 5 und 6 sowie aus der DIN 18202 Tabelle 2 Winkelabweichungen zu entnehmen.

Türen
Winkel- und Ebenheitsabweichungen sind unmittelbar im Bereich der Türen zu prüfen. Sollen die Stichmaße voll ausgenutzt werden, so ist darauf hinzuweisen.

Prüfung

Die Prüfung erfolgt nach DIN 18202, Abschnitt 6, nachdem die Toleranzen spätestens bei der Übernahme der Bauteile oder des Bauwerks durch ein Folgeauftragnehmer bzw. bei der Bauabnahme erfolgen soll.

Der Auftragnehmer hat bei seiner Prüfung Bedenken i. S. d. VOB B § 4 Nr. anzumelden insbesondere wenn:

- Verankerungsmöglichkeiten fehlen oder ungenügend sind
- Größere Maßabweichungen vorliegen, als nach den in Abschnitt 3.1.3. der ATV 18355 aufgeführten Normen zulässig sind
- Die Baufeuchte zu hoch ist
- Höhenbezugspunkte je Geschoss fehlen
- Lage und Höhe von angrenzenden Bauteilen unrichtig sind, z. B. nicht ausreichende flucht-/lotrechte Auflager
- Die Möglichkeit fehlt, vor Beginn der Fertigung die Maße am Bau zu überprüfen

Trockenbauarbeiten

Die Anforderungen an Trockenbauarbeiten sind im Wesentlichen in der Vergabe- und Vertragsordnung für Bauleistungen (VOB) Teil C in den Allgemeinen Technischen Vertragsbedingungen für Bauleistungen (ATV) in der DIN 18340 beschrieben. Im Folgenden werden die Inhalte der ATV und / oder der ergänzenden Regelungen auszugsweise unter dem Gesichtspunkt von Ausführungstoleranzen und Materialmindestdicken dargestellt.

Normen:

DIN 18299 Allgemeine Regelungen für Bauarbeiten jeder Art
DIN 18340 Trockenbauarbeiten
DIN 18202 – 18203-3 Toleranzen im Hochbau
DIN EN 13964 Ausführung von leichten Deckenbekleidungen und Unterdecken
DIN 18180 Gipskartonplatten; Arten, Anforderungen, Prüfung
DIN 18181 Gipskartonplatten im Hochbau; Grundlagen für die Verarbeitung
BAKT Bundesarbeitskreis Trockenbau, Schriftenreihen
Merkblatt Nr. 2, Hinweise und Richtlinien für Trockenbauarbeiten mit Gipsplatten-Systemen

Allgemeines: Die Toleranzen sind in folgenden Vorgaben geregelt:
DIN 18202 Toleranzen im Hochbau
DIN 18203-2 Toleranzen im Hochbau – Vorgefertigte Teile aus Stahl
DIN 18203-3 Toleranzen im Hochbau – Bauteile aus Holz und Holzwerkstoffen

Spezifische Ergänzungen:

- Maßhaltigkeit von Gipskartonplatten
- Oberflächengüte / Verspachtelung
- Bewegungsfugen
- Deckenbekleidungen und Unterdecken
- Trenn- und Montagewände
- Fertigteilestriche, Trockenböden und Systemböden
- Zargen und Einbauteile

Bauwerksmaße

Siehe Grenzabweichungen nach DIN 18202, Tabelle 1

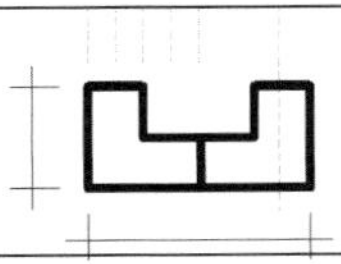

Nennmaß in m, Grenzabweichung in mm

m	–1	>1–3	>3–6	>6–15	>15–30	>30[1)]
mm	±10	±12	±16	±20	±24	±30

Maße im Grundriss
z. B. Längen, Breiten, Achs- und Rastermaß

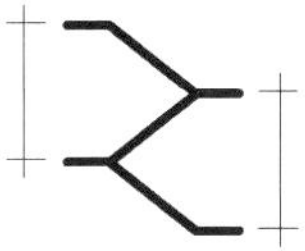

Nennmaß in m, Grenzabweichung in mm

m	–1	>1–3	>3–6	>6–15	>15–30	>30[1]
mm	±10	±16	±16	±20	±30	±30

Maße im Aufriss
z. B. Geschosshöhen, Podesthöhen, Abstände von Aufstandsflächen und Konsolen

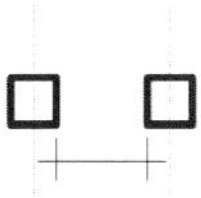

Nennmaß in m, Grenzabweichung in mm

m	–1	>1–3	>3–6	>6–15	>15–30
mm	±12	±16	±20	±24	±30

Lichte Maße im Grundriss
z. B. zwischen Stützen und Pfeilern

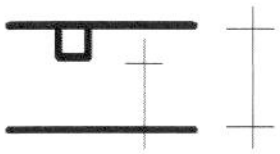

Nennmaß in m, Grenzabweichung in mm

m	–1	>1–3	>3–6	>6–15
mm	±16	±20	±20	±30

Lichte Maße im Aufriss
z. B. unter Decken und Unterzügen

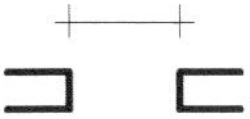

Nennmaß in m, Grenzabweichung in mm

m	–1	>1–3	>3–6
mm	±10	±12	±16

Öffnungen
z. B. Fenster, Türen, Einbauelemente

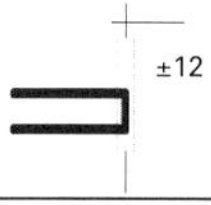

Nennmaß in m, Grenzabweichung in mm

m	–1	>1–3	>3–6
mm	±8	±10	±12

Öffnungen mit oberflächenfertigen Leibungen
z. B. Fenster, Türen, Einbauelemente

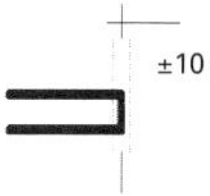

[1] Anwendung bis etwa 60 m. Für größere Abmessungen sind besondere Überlegungen erforderlich.

Winkelabweichungen

Siehe Winkelabweichungen DIN 18202 Tabelle 2

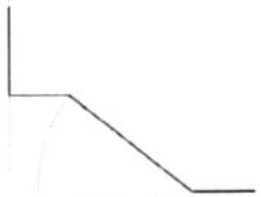

Nennmaß in m, Stichmaße als Grenzwerte in mm

m	>0,5	>0,5–1	>1–3	>3–6	>6–15	>15–30	>30[1]
mm	3	6	8	12	16	20	30

Vertikale, horizontale und geneigte Flächen

1) Anwendung bis etwa 60 m. Für größere Abmessungen sind besondere Überlegungen erforderlich.

Ebenheitsabweichungen

Siehe DIN 18202 Tabelle 3 Ebenheitsabweichungen

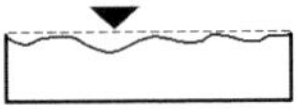

Messpunktabstände in m, Grenzwerte in mm

m	0,1	1[1]	4[1]	10[1]	15[1,2]
mm	10	15	20	25	30

Nichtflächenfertige Oberseiten von Decken, Unterbeton und Unterböden.

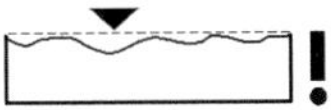

Messpunktabstände in m, Grenzwerte in mm

m	0,1	1[1]	4[1]	10[1]	15[1,2]
mm	5	8	12	15	20

Nichtflächenfertige Oberseiten von Decken, Unterbeton und Unterböden mit **erhöhten Anforderungen.** Fertige Oberflächen für untergeordnete Zwecke.

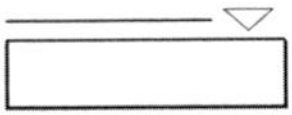

Messpunktabstände in m, Grenzwerte in mm

m	0,1	1[1]	4[1]	10[1]	15[1,2]
mm	2	4	10	12	15

Flächenfertige Böden zur Aufnahme von Bodenbelägen.

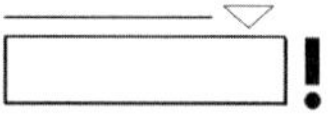	**Messpunktabstände in m, Grenzwerte in mm**					
	m	0,1	1[1]	4[1]	10[1]	15[1,2]
	mm	1	3	9	12	15
	Wie Zeile zuvor, jedoch mit **erhöhten Anforderungen.**					
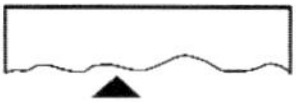	**Messpunktabstände in m, Grenzwerte in mm**					
	m	0,1	1[1]	4[1]	10[1]	15[1,2]
	mm	5	10	15	25	30
	Nichtflächenfertige Wände und Unterseiten von Rohdecken.					
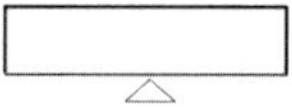	**Messpunktabstände in m, Grenzwerte in mm**					
	m	0,1	1[1]	4[1]	10[1]	15[1,2]
	mm	3	5	10	20	25
	Flächenfertige Wände und Unterseiten von Decken					
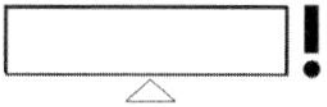	**Messpunktabstände in m, Grenzwerte in mm**					
	m	0,1	1[1]	4[1]	10[1]	15[1,2]
	mm	2	3	8	15	20
	Wie Zeile zuvor, jedoch mit **erhöhten Anforderungen.**					

[1] Zwischenwerte sind den Bildern 4 und 5 der DIN 18202 zu entnehmen und auf ganze mm zu runden.

[2] Die Ebenheitsabweichungen der letzten Spalte gelten auch für Messpunktabstände über 15 m.

Spezifische Ergänzungen

Maßhaltigkeit von Gipskartonplatten

In der DIN 18180 „Gipskartonplatten“ sind den unterschiedlichen Nenndicken entsprechende Grenzwerte für zulässige Abweichungen zugeordnet:

Gipskartonplatten nach DIN 18180				
Nennmaß, Dicke in mm	9,5	12,5	15	≥18
Abweichung in mm	±0,5	±0,5	±0,5	±0,9

Einlagige Bekleidungen aus Gipskartonplatten sind mit einer Mindeststärke von 12,5 mm auszuführen. Für Gipskartonlochplatten und Gipsputzträgerplatten beträgt die Mindestdicke 9,5 mm. Bekleidungen aus Gipsfaserplatten sind bei einlagiger Ausführung mit einer Mindestdicke von 10 mm herzustellen.

Oberflächengüte / Verspachtelung
In der Praxis werden häufig unterschiedliche, oft subjektive Maßstäbe angesetzt, die sich neben der Ebenheit vor allem an optischen Merkmalen, z. B. Markierungen der Kartonoberfläche und der Fugenabzeichnungen, orientieren.

Nach diesen Anforderungen sind die zur Verwendung kommenden Baustoffe, deren Maßtoleranzen und die handwerklichen Ausführungsmöglichkeiten bereits bei der Planung zu berücksichtigen. Hinsichtlich der Verspachtelung von Gipsplatten müssen daher verschiedene **Qualitätsstufen** unterschieden werden: Q1 – Q4.

Qualitätsstufe 1: **Q1**
Die Grundverspachtelung (Q1) ist dann ausreichend, wenn keine optischen Anforderungen an die Oberfläche gestellt werden. Sie beinhaltet:

- Das Füllen der Stoßfugen der Gipsplatten
- Das Überziehen der sichtbaren Teile der Befestigungsmittel
- Überstehendes Spachtelmaterial ist abzustoßen
- Einschließlich Einlegen von Fugendeckstreifen (Bewehrungsstreifen)

Qualitätsstufe 2: **Q2**

Die Standardverspachtelung (Q2) genügt den üblichen Anforderungen an Wand- und Deckenflächen mit dem Ziel die Fugenbereiche durch stufenlose Übergänge der Plattenoberfläche anzugleichen. Sie beinhaltet:

- Die Grundverspachtelung (Q1)
- Das Nachspachteln (Finish) bis zum Erreichen eines stufenlosen Übergangs zur Plattenoberfläche

Eignung für:

- Mittel und grob strukturierte Wandbekleidungen, z. B. Tapeten wie Raufasertapete (Körnung RM oder RG nach DIN 6742)
- Matte füllende Anstriche und Beschichtungen (z. B. Dispersionsanstriche)
- Oberputze (Korngrößen / Größtkorn über 1 mm) soweit sie vom Putz-Hersteller für das jeweilige Gipsplattensystem freigegeben sind

Qualitätsstufe 3: **Q3**

Die Sonderverspachtelung Q3 stellt erhöhte Anforderungen an die gespachtelte Oberfläche. Sie beinhaltet:

- Die Standardverspachtelung (Q2)
- Ein breiteres Ausspachteln der Fugen mit scharfem Abziehen der restlichen Kartonoberfläche zum Porenverschluss mit Spachtelmaterial

Die gespachtelten Flächen können im Bedarfsfall geschliffen werden um eine geeignete Oberfläche für:

- Fein strukturierte Wandbekleidungen

- Matte, nicht strukturierte Anstriche und Beschichtungen
- Oberputze, deren Körnung / Größtkorn nicht mehr als 1 mm beträgt, soweit diese vom Putzhersteller für das jeweilige Gipsplattensystem freigegeben sind

Qualitätsstufe 4: **Q4**
Um höchste Anforderungen an die gespachtelte Oberfläche zu erfüllen müssen folgende Kriterien berücksichtigt werden:

- Eine Vollflächenspachtelung
- Im Unterschied zur Sonderverspachtelung (Q3) wird die gesamte Kartonoberfläche mit einer durchgehenden Spachtel-/Putzschicht abgedeckt
- Die Standardverspachtelung (Q2)
- Ein breites Ausspachteln der Fugen sowie ein vollflächiges Überziehen und Glätten der gesamten Oberfläche mit einem dafür geeigneten Material (Schichtdicke bis etwa 3 mm)

Erzielte Eignung der Oberfläche für :

- Glatte oder strukturierte Wandbekleidungen mit Glanz, z. B. Vinyltapeten
- Lasuren oder Anstriche / Beschichtungen bis zu mittlerem Glanz
- Stuccolusto oder andere hochwertige Glätt-Techniken

→ siehe auch Tapezierarbeiten

Bewegungsfugen

Flächen aus Gipskartonplatten sind in einem Abstand von maximal 15 m mit Bewegungsfugen zu unterteilen. Für Gipsfaserplatten beträgt das Höchstmaß für den Abstand von Bewegungsfugen 10 m. Bewegungsfugen des Bauwerks sind an der gleichen Stelle mit der gleichen Bewegungsmöglichkeit herzustellen. Bei stumpf ausgeführten Anschlüssen zu angrenzenden Bauteilen sind Haarfugen zulässig (siehe DIN 18340, Abschnitt 3.1.8).

Deckenbekleidungen und Unterdecken

Maßgebend für die Ausführung von leichten Deckenbekleidungen und Unterdecken ist die DIN EN 13964. Dabei ist zu beachten, dass die Unterkonstruktion auf die Plattensysteme abgestimmt sein muss. Decklagen z. B. aus Mineralfasern sind in einer Mindestdicke von 13 mm auszuführen.

Unterkonstruktionen aus Holz oder Metall sind so auszuführen, dass die Durchbiegung höchstens 4 mm beträgt (siehe DIN 18168 Deckenbekleidungen und Unterdecken, Abs. 6.8). Anforderungen an die Unterkonstruktion bestehen in Abhängigkeit vom eingesetzten Material:

<table>
<tr><th>Unterdecken</th><th>Holz</th><th>Aluminium</th><th>Stahl</th></tr>
<tr><td>Grundlattung</td><td>>40 mm x 60 mm</td><td rowspan="4">Dicke mindestens 0,5 mm</td><td rowspan="4">Dicke mindestens 0,4 mm</td></tr>
<tr><td>Traglattung</td><td>>24 mm x 48 mm</td></tr>
<tr><td>Alternativ: Grund- und Traglattung</td><td>Je 30 mm x 50 mm</td></tr>
<tr><td>Für Deckenbekleidungen</td><td>Grundlattung mindestens 24 mm x 48 mm</td></tr>
</table>

Für die Befestigung der Unterkonstruktion mit Abhängern aus Metall gelten Mindestanforderungen an die Dicke bzw. den Durchmesser:

- 2,0 mm verzinkter Bindedraht
- 4,0 mm verzinkte Drähte für Schnellaufhänger
- 0,5 mm Federstahl
- 6,0 mm Gewindestäbe
- 0,75 mm Stahlblech
- 1,5 mm Aluminiumblech

Trenn- und Montagewände

Trenn- und Montagewände sind, wenn als Einfachständerwände ausgeführt, beidseitig einlagig und vollflächig mit einer mindestens 12,5 mm dicken Gipskartonbekleidung nach DIN 18183 auszuführen. Die Metallunterkonstruktion nach DIN 18182 hat hierbei einen Ständerabstand von mindestens 625 mm mit einer Mineralfaserdämmung von mindestens 40 mm Dicke. Die Grundverspachtelung muss Qualitätsstufe Q1 aufweisen.

Vorsatzschalen sind unter Verwendung einer Metallunterkonstruktion nach DIN 18183 sowie einer vollflächigen Beplankung aus Gipskartonplatten mit einer Dicke von mindestens 12,5 mm herzustellen.

Fertigteilestriche, Trockenböden und Systemböden

Trennfolien und Dampfbremsen sind an aufgehenden oder angrenzenden Bauteilen und Wandflächen bis zur Oberkante Fertigfußboden hochzuziehen. Dabei sind die Trennfolien an den Stößen mindestens 20 cm zu überlappen.

Trockenunterböden
Trockenunterböden sind mit Fugenversatz zu verlegen. Dabei sind die Stöße zu verkleben. Am Wandanschluss ist ein Randstreifen von mindestens 10 mm Dicke einzulegen.

Trockenschüttungen sind mindestens 15 mm dick auszuführen. Leitungen bzw. Kabel und dergleichen sind dabei mindestens 10 mm zu überdecken.

Doppelböden
Bei Aufbauhöhen von über 50 cm sind zusätzliche Sicherungsmaßnahmen erforderlich.
Die Spaltenbreite im Kantenbereich darf 2 mm, der horizontale Versatz am Kreuzungspunkt der Plattenecken zueinander 4 mm nicht überschreiten.

„Bei Doppelböden ist am Stoß benachbarter Platten ein Höhenversatz von 1 mm zulässig.“ (siehe VOB, DIN 18340, Abschnitt 3.1.3)

Zargen und Einbauteile
Zargen aus Stahlblech (Stahlzargen) müssen mindestens eine Blechdicke von 1,5 mm aufweisen. Nach DIN EN ISO 12944-5 Beschichtungsstoffe müssen diese mit einer Grundbeschichtung versehen sein.

Bei Öffnungen über 2,60 m Höhe und Breiten größer 88,5 cm oder Türmassen von mehr als 25 kg sind im Türöffnungsbereich verstärkte Ständerwerksprofile mit einer Mindestdicke von 2 mm einzubauen.

Werden für wandhängende Sanitärobjekte (WC, Bidet) die Tragkonstruktionen mit Metallständerprofilen hergestellt, so beträgt für diese Profile die Materialmindestdicke 2 mm.

Prüfung

Die Prüfung der Toleranzen erfolgt nach der DIN 18202, Abschnitt 6. Der Auftragnehmer hat ggf. Bedenken gem. VOB/B § 4 Nr. 3 unverzüglich anzumelden wenn:

- Eine ungeeignete Beschaffenheit des Untergrundes vorliegt
- Die gemessenen Abweichungen größer als in der DIN 18202 zulässig sind
- Klimatische Bedingungen ungeeignet sind, vgl. Abschnitt 3.1.2 der Vorschrift
- Lage und Tragfähigkeit des Untergrundes unzureichend sind
- Eine Schwächung der Unterkonstruktion vorliegt
- Bezugspunkte je Geschoss (Meterstrich) fehlen
- Angaben zu Bezugsachsen in Räumen die nicht rechtwinklig sind fehlen
- Angaben zum Bodenaufbau im Übergangsbereich von verschiedenen Bodenbelägen fehlen
- Angaben in Bezug auf Gefälle und Bodenabläufen fehlen

Bei klimatisch schwierigen Vorraussetzungen, z. B. Verarbeitungstemperaturen unter 10° C sowie einer relativen Luftfeuchtigkeit von 40≤ r. F. ≤80 %, ist der Auftraggeber zu verständigen und es sind in Abstimmung besondere, geeignete Maßnahmen zu ergreifen (siehe Abschnitt 4.2.4 ATV 18340).

Bei Streiflicht sichtbar werdende Auffälligkeiten, wie Unebenheiten in den Oberflächen sind im Rahmen der Toleranzen nach DIN 18202 zulässig. Da die Lichtverhältnisse i. d. R. nicht gleichmäßig, konstant sind, kann eine eindeutige Beurteilung der Trockenbauarbeiten nur für eine vor Ausführung der Spachtelarbeiten definierte Lichtsituation vorgenommen werden. Die Lichtsituation sollte dementsprechend vertraglich vereinbart werden.

Verglasungsarbeiten

Die Anforderungen an Verglasungsarbeiten sind im Wesentlichen in der Vergabe- und Vertragsordnung für Bauleistungen (VOB) Teil C in den Allgemeinen Technischen Vertragsbedingungen für Bauleistungen (ATV) in der DIN 18361 beschrieben. Im Folgenden werden die Inhalte der ATV und / oder der ergänzenden Regelungen auszugsweise unter dem Gesichtspunkt von Ausführungstoleranzen, Materialmindestdicken und Abmessungen dargestellt.

Normen: DIN 18361 Verglasungsarbeiten

Allgemeines: Die ATV DIN 18361 gilt für die Verglasung von Rahmenkonstruktionen, für Glaskonstruktionen sowie für die Montage von lichtdurchlässigen Kunststoffplatten. Die DIN-Norm 18202 enthält keine Angaben zu Toleranzen. Auch Angaben zu Toleranzen für die Ausführung sind in der ATV DIN 18361 nicht enthalten.

Spezifische Ergänzungen:

- Basis- und Sicherheitsgläser für den Glasbau
- Belüftung von Fensterrahmen
- Durchbiegung
- Optisches Erscheinungsbild

Spezifische Ergänzungen

An Glasflächen werden vielfältige Anforderungen aus den Bereichen Wärmeschutz, Schallschutz und Sicherheit gestellt. Die Dimensionierung der einzelnen Bauteile erfolgt im Einzelfall abhängig von den bauphysikalischen Anforderungen (s. o.), den Scheibengrößen, dem Scheibenseitenverhältnis, der Lagerung der Scheibe, u. a.

Die Grundlagen für die Verglasungen sind in den Regelwerken der TRLV (Technische Regeln für die Verwendung von linienförmig gelagerten Verglasungen) und der TRAV (Technische Regeln für absturzsichernde Verglasungen) enthalten. Darüber hinaus gelten zusätzliche Bestimmungen für Verglasungen von Aufzugsanlagen und ähnliche Sonderverglasungen.

Aussagen zu Mindestdicken, Montage- und Bauabmessungen etc. können daher hier, aufgrund der weitreichenden Systematik nicht weiter detailliert angegeben werden.

Nachstehende Übersicht von Gläsern aus dem Programm eines führenden Glasherstellers kann als Überblick dienen und liefert erste Informationen über die Größenordnungen von Dicken und Dickentoleranzen.

Basis- und Sicherheitsgläser für den Glasbau

Glasart	Form, Abmessung Scheibenanzahl	Dicken	Zulässige Abweichungen
Floatglas		2, 3, 4, 5, 6 mm	±0,2 mm
		8, 10, 12 mm	±0,3 mm
Wärmeschutzgläser und Isoliergläser	Floatglas, je Einzelscheibe		±1 mm
Schallschutzglas	ohne Gießharzverbund	Einzelscheibe: 9 – 13 mm	±1 mm
	mit Gießharzverbund		±2 mm
Sicherheitsgläser für Objekt und Personenschutz		17 mm	+1,5 mm –0,5 mm
Sicherheitsglas, mit Emaillierung	Fassadenplatten, 1- scheibig 2- scheibig	6 mm 8 – 15 mm bei 6 – 8 mm Scheibenzwischenraum	±0,2 mm ±0,3 mm +2 mm / –1 mm
Verbundsicherheitsglas	2-scheibig	4 mm 5 mm 6 – 24 mm 31 und 39 mm	±0,3 mm ±0,5 mm ±1 mm ±1,5 mm
Einscheibensicherheitsglas	Ebene Flächen Strukturflächen	4 – 6 mm 8, 10, 12, 15 mm 19 mm 4, 6, 8, 10 mm	±0,2 mm ±0,3 mm ±1,0 mm ±0,5 mm
Verbundsicherheitsglas	aus 2 teilvorgespannten Gläsern		+2 mm / –0,5 mm
Gebogene Gläser	Einscheibensicherheitsglas	Länge /Breite, <1 m	±2 mm
		Länge /Breite, <2 m	±3 mm
		Biegeabweichung	±3 mm

Verschiebungstoleranzen

Bei zweischeibigen Verbundsicherheitsgläsern sind fertigungsbedingte Verschiebungen zulässig. Abhängig vom Nennmaß der Scheibengröße und der Glasdicke sowie der Kantenbearbeitung bestehen folgende Verschiebungstoleranzen.

Belüftung von Fensterrahmen
Zur Anpassung des Dampfdruckes im Glasfalzraum müssen in der Rahmenkonstruktion des Verglasungssystems Lüftungsöffnungen für einen Druckausgleich zur Wetterseite vorhanden sein. Nach Angaben der Glasherstellerindustrie haben sich dabei folgende Mindestanforderungen bewährt: Je eine Öffnung in den unteren Rahmenecken, mit einem seitlichen Abstand von maximal 100 mm von der Rahmenecke und einem Abstand von maximal 600 mm zwischen den Öffnungen untereinander. Für die Dimensionierung der Öffnungen sind i. d. R. geeignet: Runde Öffnungen mit mindestens 8 mm Durchmesser, rechteckige Öffnungen mit den Mindestabmessungen 8 mm x 8 mm oder als Langloch mit dem Format 5 mm x 15 mm.

Durchbiegung
Die maximale Durchbiegung des Isolierglas-Randverbundes bei einer maximalen Belastung und geöffnetem Fenster, senkrecht zur Plattenebene, darf im Bereich einer Kante maximal 1/300 der Glaskantenlänge sein.

Optisches Erscheinungsbild
In der „Richtlinie zur Beurteilung der visuellen Qualität von Glas für das Bauwesen", erarbeitet vom Technischen Beirat im Institut des Glashandwerks für Verglasungstechnik und Fensterbau und vom Technischen Ausschuss des Bundesverbandes Flachglasgroßhandel Isolierglasherstellung, Veredelung e. V., werden für verschiedene Gläser die Grenzwerte für die Zulässigkeit von Einschlüssen, Kratzern u. Ä. beschrieben. Die nachstehende Tabelle gilt für Floatglas,

Einscheibensicherheitsglas (ESG), teilvorgespanntes Glas (TVG), Verbundglas (VG) und Verbundsicherheitsglas (VSG) in beschichtetem oder unbeschichtetem Zustand.

Grundsätzlich erfolgt die Beurteilung der Glasfläche von innen nach außen, in eingebautem Zustand, mit einem üblichen Betrachtungsabstand (mindestens 1 m), dem üblichen Betrachtungswinkel und bei diffusem Tageslicht (ohne direkte Sonneneinstrahlung und ohne künstliche Beleuchtung). Maßgebend ist immer die Durchsicht und nicht die Aufsicht.

Verglasungen in Innenräumen werden ebenfalls bei der für die Nutzung der Räume vorgesehenen Beleuchtung geprüft, die Prüfung erfolgt vorzugsweise aus einem Betrachtungswinkel senkrecht zur Oberfläche.

Für die Beurteilung wird die Glasfläche in drei verschiedene Zonen eingeteilt:

(F) Falzzone:	Breite 18 mm umlaufend an Scheibenfläche, mit Ausnahme von Kantenbeschädigungen keine Einschränkungen
(R) Randzone:	Fläche 19 % der jeweiligen lichten Breiten- und Höhenmaße, umlaufende Zone mit Abmessungen b/10 bzw. h/10 weniger strenge Beurteilung
(H) Hauptzone:	strengste Beurteilung

Danach sind pro Einheit folgende Beeinträchtigungen zulässig:

<table>
<tr><th rowspan="2">Zulässigkeit von</th><th></th><th colspan="3">Zone</th></tr>
<tr><th>Scheibenfläche</th><th>F</th><th>R</th><th>H</th></tr>
<tr><td rowspan="4">Einschlüssen, Blasen, Punkten, etc.</td><td>$\leq 1\ m^2$</td><td rowspan="10">Innenliegende Muscheln ohne lose Scherben,

außenliegende flache Randbeschädigungen die Festigkeit des Glases nicht beeinträchtigen

Punkt- und flächenförmige Rückstände sowie Kratzer uneingeschränkt</td><td>Maximal 4 Stück/m * mit D <3mm</td><td>Maximal 2 Stück mit D <2 mm</td></tr>
<tr><td>$>1\ m^2$</td><td>Maximal 1 Stück/m * mit D <3mm</td><td>-</td></tr>
<tr><td>$>1\ m^2 \leq 2\ m^2$</td><td rowspan="2">-</td><td>Maximal 3 Stück mit D <2 mm</td></tr>
<tr><td>$>2\ m^2$</td><td>Maximal 5 Stück mit D <2 mm</td></tr>
<tr><td>Rückstände, punktförmig</td><td>$\leq 1\ m^2$</td><td>Maximal 4 Stück/m * mit D <3mm</td><td>-</td></tr>
<tr><td></td><td>$>1\ m^2$</td><td>Maximal 1 Stück/m * mit D <3mm</td><td>-</td></tr>
<tr><td>Rückstände, flächenförmig</td><td>weißlich, grau</td><td>Maximal 1 Stück mit $\leq 3\ cm^2$</td><td>-</td></tr>
<tr><td rowspan="2">Kratzer</td><td>Einzellänge</td><td>Maximal 30 mm</td><td>Maximal 15 mm</td></tr>
<tr><td>Summe der Einzellängen</td><td>Maximal 90 mm</td><td>Maximal 45 mm</td></tr>
<tr><td>Haarkratzer</td><td></td><td>Nicht gehäuft erlaubt</td><td>Nicht gehäuft erlaubt</td></tr>
</table>

* je umlaufender m Kantenlänge

Ergänzungen für die Rand- und Hauptzone:
Es sind maximal die Zulässigkeiten der Zonen R bei der Beurteilung anzusetzen. Einschlüsse, Blasen, Punkte, Flecken etc. von 0,5 bis >1,0 mm sind ohne Flächenbegrenzung zugelassen, außer bei Anhäufungen. (Anhäufung: mindestens vier Einschlüsse, Blasen usw. Innerhalb einer Kreisfläche d ≤20cm).

Für Verbundglas, Verbundsicherheitsglas (VSG), Einscheibensicherheitsglas (ESG) und teilvorgespanntes Glas oder Kombinationen der Gläser gelten weitere ergänzende Einzelregelungen.

Die Zusammenfassung beinhaltet nur die wesentlichen Grundangaben der Richtlinie unter dem Aspekt punktueller „Materialabweichungen". Weitere Aspekte wie Eigenfarbe, Farbabweichungen von Beschichtungen, Interferenzerscheinungen, u. a. m. sind ggf. zusätzlich zu berücksichtigen. Die Tabelle kann wegen der Vielzahl der auf dem Markt befindlichen Produkte nicht uneingeschränkt für eine Beurteilung herangezogen werden. Vor einer Beurteilung von Glasflächen ist der vollständige Wortlaut der Richtlinie einzusehen, die im Internet unter http://www.bundesverband-flachglas.de als Download verfügbar ist.

Für Glaserzeugnisse gelten im Einzelnen folgende Anforderungen:

- Floatglas muss in der Oberflächenausbildung plan, klar, durchsichtig, klar reflektierend und verzerrungsfrei sein. Vereinzelte, nicht störende kleine Blasen und unauffällige Kratzer sind dabei zulässig.
- Drahtspiegelglas muss beidseitig plangeschliffen, poliert und durchsichtig sein. Unauffällige Kratzer, kleine Blasen und Abweichungen in der Drahtnetzeinlage dürfen nur in handelsüblichen Ausmaßen vorhanden sein.
- Bei Glas mit Drahtnetzeinlage muss die Einlage bei einem Bruch des Glases dessen Bruchstücke halten.
- Bei Verbundsicherheitsglas müssen die einzelnen Schichten so dauerhaft verbunden sein, dass sich bei einem Bruch keine gefährlichen Glassplitter ablösen können.

Prüfung

Der Auftragnehmer hat unverzüglich Bedenken gem. VOB/B § 4 Nr. 3 anzumelden, wenn die Ausführungsanforderungen nach ATV DIN 18361, Abschnitt 3.1.5. nicht berücksichtigt wurden. Bedenken sind vor allem anzumelden, wenn:

- Die Verglasungen den gesetzlichen oder bauaufsichtlichen Bestimmungen nicht entsprechen
- Unzureichende Festigkeit von Rahmen, Pfosten, Riegeln, Sprossen und Beschlägen vorliegt
- Das Verhältnis Gewicht der Scheibe unter den Verklotzungsstellen nicht stimmig ist
- Die Rahmen ungenügend befestigt sind
- Die Glasauflagerflächen Unebenheiten aufweisen
- Die Glashalteleisten nicht abnehmbar ausgeführt sind
- Die zur sicheren Befestigung der Scheiben ungeeignete Halterungen oder Klemmleisten verwendet wurden
- Eine ungenügende Ausbildung, Bemessung und Vorhaltung der Glasfalze und Glashalteleisten vorliegt
- Bei Verglasungen mit gebogenen Scheiben, die Glasfalzbreite nicht mindestens 20 mm größer als die Glasdicke ist
- Bei Verglasungssystemen mit freiem Glasfalzraum die Öffnungen zum Ausgleich des Dampfdrucks mangelnd bemessen sind oder gänzlich fehlen

Bedenken sind bei Rahmen, die im Wesentlichen folgende Mängel aufweisen, anzumelden:

- Wenn erforderliche Vorbereitungen für die Aufnahme der Befestigung nicht durchgeführt wurden, oder die Befestigung ganz fehlt
- Wenn Rahmen, an denen die Glashalteleisten erst nachträglich angebracht werden können oder die notwendigen Halteelemente zur Scheibensicherung fehlen
- Bei ungenügender Dicke des Glases

Verkehrswege-bauarbeiten

Die Anforderungen an Verkehrswegebauarbeiten sind im Wesentlichen in der Vergabe- und Vertragsordnung für Bauleistungen (VOB) Teil C in den Allgemeinen Technischen Vertragsbedingungen für Bauleistungen (ATV) in der DIN 18315 bis 18318 beschrieben. Im Folgenden werden die Inhalte der ATV und / oder der ergänzenden Regelungen nur auszugsweise unter dem Gesichtspunkt von Ausführungstoleranzen dargestellt.

Normen: Die Leistungen für Verkehrswegebauarbeiten werden in Abhängigkeit von den Ausführungsmaterialien in der VOB/C in unterschiedlichen technischen Vertragsbedingungen geregelt.

DIN 18315 gilt für Oberbauschichten ohne Bindemittel
DIN 18316 gilt für Oberbauschichten mit hydraulischen Bindemitteln
DIN 18317 gilt für Oberbauschichten aus Asphalt
DIN 18318 gilt für Pflasterdecken, Plattenbeläge, Einfassungen

Allgemeines: Die DIN-Normen gelten im Allgemeinen für die Befestigungen von Straßen und Wegen, Plätzen, Höfen, Flugbetriebsflächen, Bahnsteigen und Gleisanlagen sowie Deckschichten auf Brücken. Oberflächenbefestigungen aus Natur- oder Betonwerkstein und Klinkerplatten werden in der DIN 18318 geregelt.

Hinweise auf die Toleranzen nach DIN 18202 werden in allen entsprechenden Allgemeinen Technischen Vertragsbedingungen nicht gegeben.

Ergänzend gilt die ATV DIN 18299 „Allgemeine Regelungen für Bauarbeiten jeder Art", Abschnitt 1 – 5.

Spezifische Ergänzungen:

- Wasserdurchlässige Oberflächenbefestigungen
- Barrierefreiheit

Oberbauschichten ohne Bindemittel – ATV DIN 18315

Tragschicht

Die Tragschicht, ggf. auch aus mehreren Lagen bestehend, ist gleichmäßig auf der gesamten herzustellenden Fläche aufzubauen und für die vorgesehene Nutzung entsprechend zu verdichten. Die Mindestdicke der Schicht oder Lage ist abhängig vom Größtkorn der Lieferkörnung.

Größtkorn der Mineralstoffmischung	Mindestdicke der Tragschicht
	in verdichtetem Zustand
bis 32 mm	12 cm
bis 45 mm	15 cm
bis 56 mm	18 cm
bis 63 mm	20 cm

Geplante Längs- und Querprofile sind mit gleichmäßiger Beschaffenheit jeder Schicht herzustellen. Die Unebenheit einer Schicht darf auf einer Messstrecke von 4 m maximal 3 cm betragen.

Deckschicht

Die Deckschicht ist gleichmäßig auf der gesamten herzustellenden Fläche aufzubauen und für die vorgesehene Nutzung entsprechend zu verdichten. Die Mindestdicke der Schicht oder Lage ist abhängig vom Größtkorn der Lieferkörnung.

Größtkorn der Mineralstoffmischung	Mindestdicke der Deckschicht
	in verdichtetem Zustand
bis 11 mm	3 cm
bis 16 mm	5 cm
bis 22 mm	7 cm

Längs- und Querprofile sind mit gleichmäßiger Beschaffenheit jeder Schicht herzustellen und die Oberfläche darf an keiner Stelle mehr als ±3 cm von der Sollhöhe abweichen. Die Unebenheit der Oberfläche ist auf einer Messstrecke von 4 m auf maximal 2 cm zu begrenzen.

Oberbauschichten aus unsortierten Mineralstoffen
Bei Einfachbauweise sind Oberbauschichten aus unsortierten Mineralstoffen mit geeigneter Kornabstufung in gleichmäßiger Dicke einschichtig herzustellen und zu verdichten.

Prüfung
Vor Beginn der Arbeiten ist die Unterlage auf die Eignung und insbesondere auf Abweichungen von der planmäßigen Höhenlage, der Neigung oder der Ebenheit zu überprüfen. Die Überprüfung der Höhenlagen der Schichten erfolgt kontinuierlich während der Herstellung der jeweiligen Schicht mit Schnur, Wasserwaage und Lasernivelliergerät. Fertige Oberflächen werden nach den Regelungen der DIN 18202 geprüft.

Oberbauschichten mit hydraulischen Bindemitteln – ATV DIN 18316

Tragschicht, Verfestigung
Das Baustoffgemisch der Tragschicht ist gleichmäßig mit einer Mindestdicke von 10 cm auf der gesamten herzustellenden Fläche aufzubauen und für die vorgesehene Nutzung entsprechend zu verdichten. Die Trockendichte muss mindestens 98 % Proctordichte betragen.

Abweichungen der Oberfläche von der Sollhöhe sind bis zu 3 cm zulässig. Die Ebenheit der Oberfläche darf dabei auf einer Messstrecke von 4 m eine Toleranz von 3 cm aufweisen.

Tragschicht, hydraulisch gebunden
Die Mindesttragschichtdicke beträgt 9 cm. Abweichungen der Oberfläche von der Sollhöhe sind bis zu 3 cm zulässig. Die Ebenheit der Oberfläche darf dabei auf einer Messstrecke von 4 m eine Toleranz von 2 cm aufweisen.

Betontragschicht
Die Mindesttragschichtdicke beträgt 6 cm. Abweichungen der Oberfläche von der Sollhöhe sind bis zu 3 cm zulässig. Die Ebenheit der Oberfläche darf dabei auf einer Messstrecke von 4 m eine Toleranz von 2 cm aufweisen.

Betondecken
Betondecken sind nach VOB DIN 18316, Abs. 3.3.4.8 mit einer Dicke von mindestens 10 cm und senkrechten Seitenflächen herzustellen. Bei einem mehrschichtigen Deckenaufbau beträgt die Mindestdicke der obersten Schicht 5 cm. Die Betondeckung muss in allen Fällen mindestens 3 cm betragen. Oberflächenunebenheiten sind auf einer 4 m langen Messstrecke nur bis zu 1 cm zulässig.

Fugen in Betondecken sind als Raumfugen mit einer Breite von mindestens 12 mm und über die gesamte Deckendicke herzustellen. Scheinfugen, die in den erhärteten Beton eingeschnitten werden, sind auf mindestens 25 % der Deckendicke herzustellen.

Für Anker sind Betonstähle mit mindestens 16 mm Durchmesser und 60 cm Länge einzusetzen und in der Mitte der Plattendicke einzubauen.

Dübel aus glattem Rundstahl mit einem Durchmesser von 25 mm und einer Länge von 50 cm sind in Plattenmitte der Art einzubauen, dass eine Ausdehnung der Platte nicht behindert wird.

Grundanforderungen	**Tragschicht**			**Decke**
	Verfestigung	Hydraulisch gebunden	Beton	Beton
Mindestdicke	10 cm	9 cm	6 cm	10 cm
Sollhöhenabweichung	maximal 3 cm	maximal 3 cm	maximal 3 cm	maximal 3 cm
Oberflächenunebenheit auf 4,0 m Messlänge	maximal 3 cm	maximal 2 cm	maximal 2 cm	maximal 1 cm

Prüfung
Vor Beginn der Arbeiten ist die Unterlage auf die Eignung und insbesondere auf Abweichungen von der planmäßigen Höhenlage, der Neigung oder der Ebenheit zu überprüfen. Fertige Oberflächen werden nach den Regelungen der DIN 18202 geprüft.

Oberbauschichten aus Asphalt – ATV DIN 18317

Die Ausführung von Oberbauschichten aus Asphalt sind in der DIN 18317 differenziert nach den Zusammensetzungen aus verschiedenen Mineralstoffen und Bindemitteln sowie der Funktion z. B. als Trag-, Binder- oder Deckschicht, beschrieben. Angaben zu Mindestdicken, Oberflächenebenheiten und der Einhaltung von Höhenlagen sind entsprechend zugeordnet (siehe Tabelle).

Grundsätzlich gilt für alle Ausführungsarten, dass die Nähte der Schichten und Lagen gegeneinander um 15 cm zu versetzen sind. Die Nähte der Deckschichten sind geradlinig auszuführen wobei die Längsnähte der Straßenführung anzupassen sind.

Übersicht: Schichtdicke – Oberflächenebenheit

	Material	**Dicke**		**Sollhöhen-abweichung**	**Oberflächen-ebenheit** (4,0 m Mess-länge)
		im Mittel	an keiner Stelle unter		
Tragschicht	Asphaltbeton und Splitt-mastixasphalt	6 cm	4 cm	Maximal 3 cm gilt für alle Schichten-typen	Maximal 2,0 cm
Tragdeckschicht		7 cm	5 cm		Maximal 1,5 cm
Binderschicht		4 cm	3 cm		Maximal 1,0 cm
Deckschicht		2,5 cm	1,5 cm		Maximal 1,0 cm
Deckschicht	Gussasphalt	2,5 cm	1,5 cm	-	Maximal 1,0 cm
Dünne Schichten	Asphaltbeton, Splittmastix-asphalt. Gussasphalt, Asphaltmastix	Verbrauch für alle Materialien: 30 kg/m²		-	-
Verfestigte Tragschicht	Bitumenhaltige Bindemittel	15 cm	12 cm	-	Maximal 3,0 cm

Pflasterdecken, Plattenbeläge, Einfassungen – ATV DIN 18318

Die DIN 18318 regelt die Anforderungen an die Materialien der Deck- und Tragschicht sowie der Bettung. Für die Ausführung sind Festlegungen in Bezug auf die erforderliche Ebenheit und Gefälle der Oberflächen getroffen.

Unabhängig vom Material der Oberflächenbefestigung dürfen bei Pflasterdecken, Plattenbelägen und Randeinfassungen mit Bordsteinen die Abweichungen der Oberfläche von der Sollhöhe an keiner Stelle mehr als 2 cm betragen.

Pflastersteine
Alle in einer Fläche verlegten Steine oder Platten sollen die gleiche Dicke haben. Produktionsbedingte geringfügige Dickenabweichungen und eine Anordnung zum Bettungsmaterial sind zulässig.

DIN EN 1338 Pflastersteine aus Beton	**Zulässige Abweichungen in mm**		
	Länge	Breite	Dicke
<100 mm Dicke	±2	±2	±3
>100 mm Dicke	±3	±3	±3

Die Differenz der Dicken von zwei beliebigen Pflastersteinen muss ±3 mm sein.
Bei Steinen mit einer größten Seitenlänge von ±300 mm kann die konkave und / oder konvexe Wölbung überprüft werden, bei einer Messlänge von 300 mm gilt für die konkave Wölbung ein zulässiger höchster Messwert von 1,0 mm,

für die konvexe Wölbung 1,5 mm. Für die Messlänge 400 mm gilt entsprechend 1,5 mm bzw. 2,0 mm.

Für Betonplatten mit einer größten Seitenlänge von 1,00 m und einem Verhältnis von Länge zu Dicke >4 sind in der DIN EN 1339 zulässige Abweichungen bei den Nennmaßen (Rastermaß minus Fugenbreite) festgelegt.

DIN EN 1339 Platten aus Beton	**Zulässige Abweichungen vom Nennmaß in mm**		
	Länge	Breite	Dicke
Biegezugfestigkeitsklasse 1	±5	±5	±3
Klasse 2 <600 mm Länge	±2	±2	±3
>600 mm Länge	±3	±3	±3
Klasse 3	±2	±2	±3

Die Differenz zwischen zwei beliebigen Messungen der Länge, Breite und Dicke einer einzelnen Platte muss ≤3 mm sein.

Für große Platten sind für unterschiedliche Messlängen von 300 mm bis 800 mm Abweichungen von der Ebenheit zulässig

Platten aus Beton Messlänge in mm	**Maximal zulässige konvexe Wölbung**	**Maximal zulässige konkave Wölbung**
300	1,5 mm	1,0 mm
400	2,0 mm	1,5 mm
500	2,5 mm	1,5 mm
800	4,0 mm	2,5 mm

Höhenlage und Gefälle
Grundsätzlich sind Pflasterdecken und Plattenbeläge an den Fugen / Stößen höhengleich herzustellen. Die maximale Abweichung darf dabei für Baustoffe mit ebener Oberfläche 2 mm betragen. Für Befestigungen aus Materialien mit grobrauen Oberflächen sind maximal 5 mm Höhenabweichung zulässig, unabhängig von der Ebenheit der Gesamtfläche.

Die Oberfläche von Pflasterflächen sind im Bereich von Anschlüssen an Einfassungen und Einbauten wie z. B. Entwässerungseinrichtungen oder Deckeln von Revisionsschächten 3 mm bis 5 mm höher auszuführen. Beim Anschluss an wasserführende offene Rinnen sind 3 mm bis 10 mm Höhendifferenz zulässig.

Für die Herstellung von Quergefällen sind folgende Regelneigungen vorgeschrieben.

Pflasterdecke aus	Naturstein	Betonstein Schlackenstein Straßenklinker	Platten
Quergefälle	3,0 %	2,5 %	2,0 %
Längsgefälle	>0,5 %	>0,5 %	>0,5 %

Gem. VOB/C DIN 18318, Abs. 3.2.4 sind bei Quergefällen maximale Abweichungen von 0,4 % zulässig. Nach den Verlegeempfehlungen der Hersteller können bei glatten Materialoberflächen auch Gefälle von 2 % ausgeführt werden.

Das Planum und die Tragschicht sind ebenfalls mit einem Oberflächengefälle entsprechend dem gewählten Belagmaterial herzustellen. Bei wasserempfindlichem Boden, d. h. mit einem Wasserdurchlasskoeffizienten von $<1 \times 10^{-4}$ m/s muss das Gefälle in der Querrichtung 4 % betragen.

Bettungsdicke und Fugen
Für die verschiedenen Oberflächenmaterialien gelten spezifische Anforderungen an die Bettung und die Fugenausbildung.

Werden Fugen vergossen, sind die Fugen mindestens 3 cm tief auszukratzen und mit den Steinkanten bündig zu vergießen.

	Bettungsdicke in verdichtetem Zustand	**Fugenbreite**
Betonsteinpflaster	3 – 5 cm	3 – 5 mm, bei Verguss >8 mm
Klinkerpflaster	3 – 5 cm	Mindestens 3 mm, bei Verguss mindestens 8 mm
Natursteinpflaster	Großpflaster 4 – 6 cm Kleinpflaster 3 – 4 cm	In Kopfhöhe maximal 15 mm, für Kleinpflaster maximal 10 mm, bei Mosaikpflaster maximal 6 mm Pressfugen unzulässig
Plattenbeläge	3 – 5 cm	3 – 5 mm, bei Verguss mindestens 8 mm

Das Bettungsmaterial sollte zur Gewährleistung einer dauerhaften Wasserdurchlässigkeit einen Feinkornanteil (Korngröße <0,09 mm) von nicht mehr als 6 Massenprozent aufweisen. Das Größtkorn darf 8 mm Durchmesser nicht überschreiten.

Werden Oberflächenbefestigungen mit Betonpflaster oder Platten auf einem Mörtelbett und mit vermörtelten Fugen hergestellt, so sind in Abständen von maximal 8 m Dehnungsfugen anzuordnen.

Für Entwässerungsrinnen sind Dehnungsfugen mit einem maximalen Abstand von 15 m vorzusehen.

Die Dimensionierung des Materials der Oberflächenbefestigung richtet sich nach der zu erwartenden Belastung im öffentlichen oder privaten Verkehrsbereich. Die Richtlinien für die Standardisierung des Oberbaus von Verkehrsflächen (RstO) sehen für Betonpflaster mit einem Längendickenverhältnis von L/D <4 folgende Steindicken vor:

Einordnung nach RStO: Bauklasse – Straßentyp	**Steindicke**
Bauklasse III (Schwerverkehr, Hauptverkehrsstraße)	14 cm
Bauklasse IV (Sammelstraße, Fußgängerzone m. Ladeverkehr)	12 cm
Bauklasse V (Anliegerstraße, Fußgängerzone)	10 cm
Bauklasse VI (Anliegerstraße, befahrbarer Wohnweg)	8 cm

Abhängig von einer herstellerabhängigen besonderen Ausformung einzelner Steinformate und geeigneter Verbände, also bei so genannten „leistungsstarken" Flächen, können im oberen Belastungsbereich die Dicken um bis zu 2,0 cm reduziert werden. Im öffentlichen Bereich gilt eine Steinstärke von 8,0 cm als Mindestdicke.

Bordsteine

An den Stoßfugen von Bordsteinen mit ebener Oberfläche sind Versprünge aus der Flucht von 2 mm, bei Bordsteinen mit grobrauer Oberfläche von 5 mm, jeweils bezogen auf die Auftritt- und Vorderfläche, noch zulässig.

DIN EN 1340 **Bordsteine aus Beton**	**Länge**		**Ebenheit von Flächen** **Geradheit von Kanten**	
Zulässige Abweichung allgemein	±1 %		Messlänge	Zulässige Abweichung
Max. Längenunterschreitung	-4 mm	-	300 mm	±1,5 mm
Max. Längenüberschreitung	-	+10 mm	400 mm	±2,0 mm
		-	500 mm	±2,5 mm
			800 mm	±4,0 mm

Die Differenz zwischen zwei Messungen eines Einzelmaßes muss ≤5 cm sein.

Spezifische Ergänzungen

Wasserdurchlässige Oberflächenbefestigungen

Werden Oberflächenbefestigungen mit einem hohen Anteil offener Fugen oder mit wasserdurchlässigen Betonsteinen ausgeführt, so ist die Wasserdurchlässigkeit der Tragschicht, des Unterbaus sowie die des anstehenden natürlichen Bodenmaterials von großer Bedeutung für die Funktionsfähigkeit des Systems.

Böden mit einem Wasserdurchlässigkeitskoeffizienten von $>1 \times 10^{-5}$ m/s sind für den Aufbau von versickerungsfähigen Befestigungen geeignet.

Im Allgemeinen soll in Anlehnung an die Regelungen des Arbeitsblattes A 138 (ATV 1990 – „Bau und Bemessungen von Anlagen zur dezentralen Versickerung von nicht schädlich verunreinigtem Niederschlagswasser") die untere Fläche einer Versickerungsebene einen Mindestabstand von 1,0 m zu der Grundwasseroberfläche aufweisen. Zusammen mit den konstruktiven Schichten des Oberbaus und insbesondere bei einer Wasserdurchlässigkeit von >1 x 10^{-5} m/s im Bereich des Unterbaus ist von einem Mindestflurabstand (Abstand der Oberflächen der Befestigung zum maximalen Stand des Grundwasserspiegels) von 2,00 m auszugehen.

Barrierefreiheit
In der DIN 18025 Teil 1 werden Maße für Bewegungsflächen und Bauteile in Wohnungen definiert. Sinnvollerweise sollten nach Meinung des Autors auch die Außenanlagen diesen Forderungen entsprechen. Dies bedeutet, dass Rampen mit einer maximalen Steigung / Gefälle von 6 % und einer maximalen Länge von 6,0 m ausgeführt werden sollten. Bei mehr als 6 m langen Rampen sind Zwischenpodeste von mindestens 1,50 m Länge vorzusehen. Ein Quergefälle ist auf der Rampenfläche nicht auszubilden.

Prüfung

Der Auftragnehmer hat, wenn der Untergrund den Anforderungen von planmäßigen Höhenlagen nicht entspricht (vgl. ATV DIN 18318, Abschnitt 3.1.8) unverzüglich Bedenken gem. VOB/B § 4 Nr. 3 anzumelden.

Zimmer- und Holzbauarbeiten

Die Anforderungen an Zimmer- und Holzbauarbeiten sind im Wesentlichen in der Vergabe- und Vertragsverordnung für Bauleistungen (VOB) Teil C in den Allgemeinen Technischen Vertragsbedingungen für Bauleistungen (ATV) in der DIN 18334 beschrieben. Im Folgenden werden die Inhalte der ATV und / oder der ergänzenden Regelungen auszugsweise unter dem Gesichtspunkt von Qualitätsanforderungen, Ausführungs- und Materialdickentoleranzen dargestellt.

Normen: DIN 18334 Zimmer- und Holzbauarbeiten

Allgemeines: Toleranzen sind in den durch die DIN 18202 Toleranzen im Hochbau sowie der DIN 18203-3 Bauteile aus Holz und Holzwerkstoffen geregelten Grenzen zulässig.

In der DIN 18203-3 sind Toleranzbereiche für Bauteile aus Holz und Holzwerkstoffen, d. h. Stützen, Träger, Binder, Wand-, Boden-, Decken- und Dachtafeln auf Grundlage der DIN 18202 geregelt.

Für Bauschnittholz, Faserplatten, Spannplatten und Sperrholz gelten die Toleranzen und Maßänderungen durch Schwinden und Quellen nach DIN 1052 Teil 1, DIN 4074 Teil 1, DIN 68100, DIN 68705 Teil 3, DIN 68754 und DIN 68763.

Spezifische Ergänzungen

- Maßhaltigkeit von Vollhölzern
- Holzrahmenbau
- Risse – Risstiefe
- Längskrümmung
- Baumkante
- Dachschalungen
- Dachlattungen
- Wand- und Deckenschalungen
- Außenwandbekleidungen
- Böden – Maße und Qualitätsanforderungen
- Treppen
- Lastabhängige Verformungen
- Verformungen aus Quellen und Schwinden
- Längenänderung durch Temperaturänderung

Bauwerksmaße

Nennmaße und Abstände der Achsen werden gem. DIN 18202, Tabelle 1 geregelt. Für Träger, Binder und Stützen aus Bauschnittholz oder Baurundholz bzw. daraus gefertigte genagelte, gedübelte, geleimte oder auf andere Art verbundene Bauteile gilt die DIN 18203-3, Tabelle 1.

Träger, Binder, Stützen			
	Breite und Höhe		
	Aus Vollholz und zusammengesetzten Querschnitten	**Aus einteiligen Holzleimbauteilen**	**Längen und Abstände (z. B. zw. Bohrungen)**
Bezugsholzfeuchte	30 %	15 %	-
Nennmaße in m	**Grenzabmaße (Grenzabweichungen) in mm**		
Bis 0,2*)	±4	±3	±3
>0,2*) – 0,5	±6	±4	±4
>0,50 – 1,50	±8	±5	±6
>1,50 – 3,00	±10	±6	±8
>3,00 – 6,00	±12	±8	±10
>6,00 – 15,00	-	-	±16
>15,00	-	-	±20

*) Bei Bauschnittholz Güteklasse I und II ist nach DIN 4074 Teil 1 folgendes unteres Abmaß im halbtrockenen Zustand des Holzes zulässig: 1,5 % der vorgesehenen Querschnittmaße. Einzelabweichungen, die größer sind, sind bis zu 3 % bei 10 % der Menge bei Güteklasse I unzulässig und bei Güteklasse II zulässig.

Für Wand-, Boden-, Decken- und Dachtafeln gelten die Grenzabmaße nach DIN 18203-3, Tabelle 2.

Tafeln (Holz- und Holzwerkstoffe)		
	Breite, Höhe (Kantenlänge) und Öffnungen	Dicke
Bezugsholzfeuchte	15 %	
Nennmaße in m	**Grenzabmaße (Grenzabweichungen) in mm**	
-0,10	-	±4
>0,10	-	±6
-1,50	±6	-
>1,50 – 3,00	±8	-
>3,00 – 6,00	±10	-
>6,00	±12	-

Für alle Werte gilt, dass diese nach Erreichen der praktischen Baufeuchte, d. h. im Gebrauchszustand zu verwenden sind.

Winkelabweichungen

Die Winkelabweichungen sind gem. der DIN 18202, Tabelle 2 geregelt

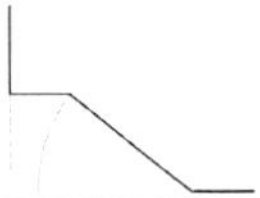

Nennmaß in m, Stichmaße als Grenzwerte in mm

m	>0,5	>0,5–1	>1–3	>3–6	>6–15	>15–30	>30[1]
mm	3	6	8	12	16	20	30

Vertikale, horizontale und geneigte Flächen

[1] Anwendung bis etwa 60 m. Für größere Abmessungen sind besondere Überlegungen erforderlich.

Deckenbekleidungen, Unterdecken, Wandbekleidungen, Vorsatzschalen und Trennwände aus Elementen, die ein regelmäßiges Raster ergeben, sind fluchtgerecht in den vorgegebenen Bezugsachsen herzustellen (ATV DIN 18334 Abschnitt 3.1.5).

Die Rechtwinkligkeit von Tafeln ist im Rahmen der Toleranzen nach Tabelle 2, DIN 18203-3 geregelt. Dabei werden die höheren Anforderungen an die längere Seite gestellt. Abweichungen können an der kürzeren Seite der Tafel aufgenommen werden. Dies gilt ebenso für die Grenzabmaße für Träger, Binder und Stützen.

Für die Rechtwinkligkeit von Stirnseiten gilt entsprechend DIN 18203-3 Abschnitt 3.3.2. Bezogen auf die Tafelfläche darf die Oberfläche der Stirnseite nicht mehr als 3 mm von der Rechtwinkligkeit abweichen.

Ebenheitsabweichungen

Die Ebenheitsabweichungen sind gem. der DIN 18202, Tabelle 3 geregelt.

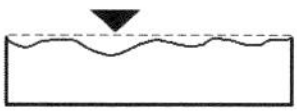

Messpunktabstände in m, Grenzwerte in mm					
m	0,1	1[1)]	4[1)]	10[1)]	15[1)2)]
mm	10	15	20	25	30

Nichtflächenfertige Oberseiten von Decken, Unterbeton und Unterböden.

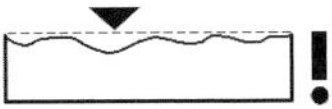

Messpunktabstände in m, Grenzwerte in mm

m	0,1	1[1]	4[1]	10[1]	15[1,2]
mm	5	8	12	15	20

Nichtflächenfertige Oberseiten von Decken, Unterbeton und Unterböden mit **erhöhten Anforderungen.**
Fertige Oberflächen für untergeordnete Zwecke.

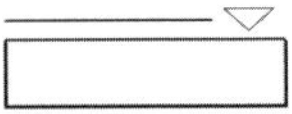

Messpunktabstände in m, Grenzwerte in mm

m	0,1	1[1]	4[1]	10[1]	15[1,2]
mm	2	4	10	12	15

Flächenfertige Böden zur Aufnahme von Bodenbelägen.

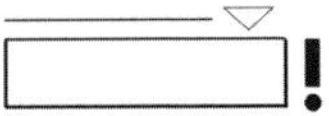

Messpunktabstände in m, Grenzwerte in mm

m	0,1	1[1]	4[1]	10[1]	15[1,2]
mm	1	3	9	12	15

Wie Zeile zuvor, jedoch mit **erhöhten Anforderungen.**

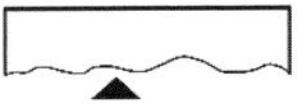

Messpunktabstände in m, Grenzwerte in mm

m	0,1	1[1]	4[1]	10[1]	15[1,2]
mm	5	10	15	25	30

Nichtflächenfertige Wände und Unterseiten von Rohdecken.

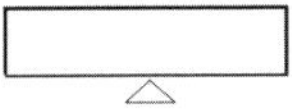

Messpunktabstände in m, Grenzwerte in mm

m	0,1	1[1]	4[1]	10[1]	15[1,2]
mm	3	5	10	20	25

Flächenfertige Wände und Unterseiten von Decken

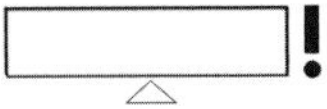

Messpunktabstände in m, Grenzwerte in mm

m	0,1	1[1]	4[1]	10[1]	15[1,2]
mm	2	3	8	15	20

Wie Zeile zuvor, jedoch mit **erhöhten Anforderungen.**

[1] Zwischenwerte sind den Bildern 4 und 5 der DIN 18202 zu entnehmen und auf ganze mm zu runden.
[2] Die Ebenheitsabweichungen der letzten Spalte gelten auch für Messpunktabstände über 15 m.

Bei Streiflicht sichtbar werdende Unebenheiten in den Oberflächen von Bauteilen sind zulässig, wenn diese innerhalb der Toleranzen der DIN 18202, Tabelle 3 liegen (ATV DIN 18334 Abschnitt 3.1.3).

Spezifische Ergänzungen

Maßhaltigkeit von Vollhölzern
Abweichungen von den in der VOB/C, DIN 18334 angegebenen Mindestmaßen für Dicken und Querschnitte sind innerhalb der Grenzen der Angaben in den einzelnen Normen zulässig. Bei allen Maßangaben sind stets die zugeordneten Holzbezugsfeuchten zu berücksichtigen.

Nach DIN 1052, Teil 1, „Holzbauwerke“, gelten für die Gleichgewichtsfeuchte, abhängig vom Einbauort des Holzes am Bauwerk, folgende Richtwerte:

	Gleichgewichtsfeuchte	Toleranz
Bei allseitig geschlossenen Bauwerken mit Heizung	9 %	±3 %
Bei allseitig geschlossenen Bauwerken ohne Heizung	12 %	±3 %
Bei überdeckten, offenen Bauwerken	15%	±3 %
Bei Konstruktionen, die der Witterung allseitig ausgesetzt sind	18 %	±6 %

Zur Regelung der Maßhaltigkeit von Vollholzprodukten sind in der DIN EN 336 „Bauholz für tragende Zwecke“ zwei Maßtoleranzklassen definiert:

Schnitt- und Bauholz, KVH, Balkenschichtholz	**Maßtoleranzklasse nach DIN EN 336**	
Dicke und Breite im mm	1	2
≤100 mm	+3,0 mm / -1,0 mm	±1,0 mm
>100 mm	+4,0 mm / -2,0 mm	±1,5 mm

Davon abweichend sieht die „Vereinbarung über Brettschichtholz“ der Studiengemeinschaft Holzleimbau und des Bundes Deutscher Zimmermeister für Brettschichtholz die Einhaltung der Regelungen der DIN EN 390 „Brettschichtholz – Maße – Grenzabmaße“ vor. Danach gilt für alle Breiten eine Toleranz von ±2,0 mm. Für die Höhen bis 400 mm liegt der Toleranzbereich zwischen +4,0 mm und -2,0 mm, für größere Höhen bei +10 % und -0,5 % der Höhe.

Holzrahmenbau

Für Holzkonstruktionen im Holzrahmenbau sind Bauschnitthölzer mindestens der Sortierklasse S 10 mit einer maximalen Holzfeuchte von 18 % zu verwenden. Für die Maßhaltigkeit des Querschnitts gelten die Forderungen nach der Maßtoleranzklasse 2.

Der Anteil der Baumkante darf höchstens 10 % der kleinsten Querschnittseite sein. Im sichtbaren Bereich der Konstruktion müssen die Hölzer jedoch scharfkantig sein.

Risse – Risstiefe

Bei Bauhölzern und Brettschichthölzern sind Schwindrisse dann zulässig, wenn dadurch die Standsicherheit nicht gefährdet wird (DIN 18334, Abs. 3.1.9).

Schwindrisse in **Brettschichtholz** sind abhängig von der Sortierqualität in begrenztem Umfang zum Zeitpunkt der Anlieferung zulässig. Die „Sichtqualität" entspricht der Forderung der DIN 18334 und gilt als vereinbart, wenn keine besonderen Regelungen vereinbart wurden. Schwindrisse sind dann bis 4 mm zulässig. Bei der besonders zu vereinbarenden „Industriequalität" sind Schwindrisse in unbegrenztem Umfang zulässig, die „Auslese-Qualitiät" erlaubt Schwindrisse nur bis 3 mm.

In **konstruktivem Vollholz** sind radiale Schwindrisse im sichtbaren Bereich bis zu einer Rissbreite b ≤3 % der jeweiligen Querschnittsbreite zulässig.
Nach DIN 4074 bleiben dabei Schwindrisse an den Stirnseiten und bis zu 1,0 m Länge (höchstens jedoch 1/4 der Schnittholzlänge) unberücksichtigt.

Die Risstiefe ist der Mittelwert aus drei Messungen an den Viertelspunkten der Risslänge. Die Risstiefe R wird ermittelt aus Risstiefe dividiert durch die Kantholzbreite. Bei gegenüberliegenden Rissen werden die Risstiefen addiert und durch den Wert der Kantholzbreite dividiert. Es ist stets eine auf die Horizontale projezierte Risstiefe maßgebend.

Für die zulässigen Risstiefen in Kanthölzern und hochkant biegebeanspruchten Bretter und Bohlen gelten abhängig von der Sortierklasse die folgenden Werte:

Sortierklasse	Schwindrisse R
S 7	≤3/5 der Querschnittsbreite
S 10	≤1/2 der Querschnittsbreite
S 13	≤2/5 der Querschnittsbreite

Längskrümmung

Bei der visuellen Sortierung von trockenen Kanthölzern und hochkant biegebeanspruchten Brettern und Bohlen ist die größte Abweichung *h* [mm] auf einer Messlänge von 2,0 m zu ermitteln. Für die zulässigen Abweichungen in den verschiedenen Sortierklassen gelten für Kanthölzer, Latten, Bretter und Bohlen folgende Werte:

- S 7: $h \leq 12$ mm
- S 10 und S 13: $h \leq 8$ mm

Latten der Klasse S 10 sind mit einer Längskrümmung $h \leq 12$ mm noch zulässig.

Baumkanten

Nach den Kriterien der DIN 4074-1 „Sortierung von Holz nach der Tragfähigkeit“ sind Baumkanten bei Kanthölzern und hochkant biegebeanspruchten Brettern und Bohlen in begrenztem Umfang zulässig. Die Grenzwerte lauten:

DIN 4074-1			
Sortierklasse	S 7	S 10	S 13
Kanthölzer, hochkant beanspruchte Bretter und Bohlen	≤1/3	≤1/3	≤1/4
Latten	-	≤1/3	≤1/4
Bretter und Bohlen	≤1/3	≤1/3	≤1/4
	Baumkante K		

Der Baumkantenanteil *K* wird ermittelt durch horizontale Messung der Querschnittsseite.

Der Wert für den Baumkantenanteil wird ermittelt durch: Maß der ungestörten Kantholzhöhe abzüglich der Höhe der gestörten Kantholzseite geteilt durch das Maß der ungestörten Höhe. Mit der gestörten Kantholzbreite ist entsprechend zu verfahren. Die ermittelten Werte sind mit den geforderten Höchstwerten zu vergleichen.

Dachschalungen

Für Dachschalungen sind besäumte und ungehobelte Bretter der Sortierklasse S 10 einzusetzen. Alternativ können gespundete Bretter aus Nadelholz nach DIN 4072 oder Bohlen verwendet werden. Bretter müssen eine Mindestdicke von 24 mm und eine Breite von mindestens 20 cm haben.

Werden in Dachschalungen Stöße parallel zu den Auflagern hergestellt, so sind diese auf unterstützenden Bauteilen (z. B. Sparren) anzuordnen. Die Auflagerbreite muss mindestens 20 mm betragen.

Dachschalungen aus Holzwerkstoffen nach DIN 1052	
Holzwerkstoff	**Mindestdicke**
Flachpressplatten	19 mm
Bau- und Furniersperrholz und Bau-Furniersperrholz aus Buche	15 mm
OSB-Platten	18 mm

Holzschalungen unter Dachabdichtungen oder für Metall-, Bitumen- und Dachschieferdeckungen sowie für Faserzement-Dachplattendeckungen sind in einer Dicke von mindestens 22 mm herzustellen.

Die Anforderungen an Unterdachschalungen sind davon abhängig, ob sich die Fläche im sichtbaren oder nicht sichtbaren Bereich befindet. Nach VOB/C DIN 18334, Abs. 3.5.3 sind Unterdachschalungen aus besäumten ungehobelten Brettern mit einer Mindestdicke von 18 mm herzustellen. Sichtbar bleibende Unterdachschalungen aus gespundeten und an der Sichtfläche gehobelten Brettern sind mit einer Mindestdicke von 16 mm einzubauen (VOB/C, DIN 18334, Abs. 3.5.4).

Für Ortgang-, Trauf- und Gesimsschalungen aus gespundeten und an der Sichtfläche gehobelten Bretter gilt eine Mindestanforderung an die Dicke von 16 mm.

Dachlattungen

Die Dimensionierung von Lattungen für Dacheindeckungen ist abhängig von dem verwendeten Holz (Sortierklasse) sowie dem Auflagerabstand.

Der VOB/C DIN 18334, Abs. 3.8 ist dazu folgende Tabelle entnommen:

Sortierklasse nach DIN 4074-1	Auflagerabstand (Achsmaß in m)	Nennquerschnitt der Dachlatte
S 13	Bis 0,70 m und Lattenabstände bis maximal17 cm zulässig	24 / 48 mm
S 13	Bis 0,80 m	24 / 60 mm
S 10	Bis 0,80 m	30 / 50 mm
S 10	Bis 1,00 m	40 / 60 mm

Eine Abweichung von den Nennquerschnitten ist nur zwischen –1 mm und +3 mm zulässig.

Wand- und Deckenschalungen
Die erforderliche Dicke von nicht sichtbaren Wand- und Deckenschalungen ist abhängig vom Einbauort und der vorgesehenen Bekleidung. Schalungen im Außenbereich sind für Metallbekleidungen mit einer Dicke von mindestens 24 mm herzustellen, ansonsten mindestens in einer Dicke von 22 mm.

Im Innenbereich ist eine Schalungsdicke von mindestens 18 mm ausreichend.

Für Sparschalungen sind mindestens 18 mm dicke Bretter mit einer Breite von 7 cm bis 10 cm zu verwenden.

Außenwandbekleidungen
Nach VOB/C, DIN 18334, Abs. 3.10.1 sind für Außenwandbekleidungen ungehobelte und besäumte Bretter oder Bohlen mit einer Mindestdicke von 18 mm zu verwenden.

Die Überdeckungsbreite von nicht profilierten, besäumten Brettern muss bei Stülpschalungen ein Maß von mindestens 20 mm aufweisen. Dies gilt auch für Wände aus nicht profilierten, parallel besäumten Brettern für Boden-Deckelschalungen bzw. für Deckleistenschalungen.

Die Mindestdicke für hinterlüftete Außenwandbekleidungen nach DIN 18516 Teil 1 mit Elementen aus Holzwerkstoffen beträgt generell 12 mm.

Die Regelhinterlüftung mit einem freien Lüftungsquerschnitt von 2 % der Fläche kann gem. DIN 18516-1, Abs. 4.2.3 örtlich begrenzt auf einen Mindestquerschnitt von 50 cm^2/m Wandlänge reduziert werden.

Böden – Maße und Qualitätsanforderungen
Bretter für **Blindböden** sind mit einer Mindestdicke von 22 mm und mit maximalen Zwischenräumen von 15 mm einzubauen. Die Holzfeuchte der Bretter für Blindböden ist auf maximal 20 % begrenzt.

Bei **Unterböden** gelten für die Bretter die gleichen Abmessungen jedoch bei einer maximalen Holzfeuchte von 15 %. Die Herstellung von Unterböden mit Holzspanplatten auf Lagerhölzern erfordert eine Plattenstärke von mindestens 22 mm, bei einer Verlegung auf Dämmstoffen (schwimmende Verlegung) eine Mindestdicke von 16 mm.

Für **Fehlböden** sind Latten mit einem Mindestquerschnitt von 24/48 mm der Sortierklasse 10 einzubauen. Der Befestigungsabstand parallel zu den Balkenkanten darf 30 cm nicht übersteigen. Besäumte Bretter sind mit einer Mindestdicke von 18 mm dicht gestoßen zu verlegen.

Dielenböden aus Hobeldielen nach DIN 4072 „Gespundete Bretter" werden i. d. R. in Dicken von 19,5 bis 35,5 mm und Breiten von 95 mm bis 155 mm ausgeführt. Die Holzfeuchte soll zum Zeitpunkt der Verlegung der Ausgleichs- oder Gleichgewichtsfeuchte im eingebauten Zustand entsprechen, als Regelwert kann dazu 12 % ±2 % angenommen werden. Dies betrifft auch den Feuchtegehalt der Unterkonstruktion z. B. für Lagerhölzer. Zu angrenzenden Bauteilen ist ein Abstand von 10 mm einzuhalten.

Für die Unterkonstruktion von Dielenböden haben sich nachstehende Abstände für Lagerhölzer bewährt [L11]:

Dielendicke	Lichter Abstand der Lagerhölzer
24 mm	0,60 m
30 mm	0,80 m
36 mm	1,00 m
48 mm	1,50 m

Treppen

Für Holztreppenkonstruktionen gelten die Grundlagen gem. DIN 18065 „Gebäudetreppen – Hauptmaße“, siehe Abschnitt Betonwerksteinarbeiten. Die Einbaufeuchte soll 9 % ±3 % betragen.

Nach dem Schleifen von furnierten Treppenstufen muss die verbleibende „Restdicke“ bei Harthölzern mindestens 2,3 mm und bei Weichhölzern mindestens 5 mm betragen. Im Bereich der Furnier-Stoßkanten ist stets eine Dicke von mindestens 6 mm erforderlich.

Sichtbare Kanten von Holzbauteilen sind zu brechen, an den Stufenvorderkanten mit einem Radius von 2 mm bis 5 mm abzurunden.

Holzhandläufe müssen einen Durchmesser von mindestens 40 mm oder einen Rechteckquerschnitt von 40/60 mm aufweisen.

Lastabhängige Verformungen
müssen zusätzlich zu den Toleranzen der DIN 18202 und DIN 18203-3 berücksichtigt werden.

Verformungen aus Quellen und Schwinden
In den DIN-Normen 18202 und DIN 18203-3 werden Formveränderungen aufgrund unterschiedlicher Holzfeuchte nicht berücksichtigt. Zu berücksichtigen ist hier die ATV DIN 18334 Abschnitt 3.1.6 nach dem Bauschnitthölzer aus Nadelholz, soweit nichts anderes festgelegt ist, mit einer Holzfeuchte von höchstens 20 % einzubauen sind.

Nur bei Konstruktionen, bei der Holz ungehindert nachtrocknen kann und deren Bauteile gegenüber den hierbei auftretenden Verformungen nicht empfindlich sind, dürfen Bauschnitthölzer und Baurundhölzer halbtrocken eingebaut werden. Änderungen während der Bauphase sind zu vermeiden. Eine Aussage über Quellen und Schwinden für die gebräuchlichsten Holzarten wird in der DIN 68100 gemacht. Maßänderungen, wobei von dem Ausgangswert der Bezugs-Holzfeuchte ausgegangen wird, sind zusätzlich bei der Planung, z. B. bei der Ausbildung von Fugen und Anschlüssen zu berücksichtigen.

Längenänderung durch Temperaturänderung
Außer der Formveränderung durch Quellen und Schwinden unterliegen Vollholzprodukte auch einem Längenänderungsverhalten durch Temperaturänderung. Die Längenänderung ist abhängig von dem Maß der Temperaturänderung (angegeben in Kelvin), der Bauteillänge und wirkt sich quer oder längs zur Faserrichtung unterschiedlich aus.

- Längs zur Faser 0,004 bis 0,007 mm / (mK)
- Quer zur Faser 0,040 bis 0,060 mm / (mK)

Prüfung

Die Prüfung erfolgt nach DIN 18202, Abschnitt 6. Zusätzlich muss die Holzfeuchte festgestellt und mit der Bezugsholzfeuchte verglichen werden (ATV DIN 18334 Abschnitt 3.1.1). Insbesondere muss auch die Tragfähigkeit und Lage des Untergrundes und dessen Qualität geprüft werden. Sind keine ausreichenden Möglichkeiten zur Verankerung vorhanden, so muss der Auftragnehmer unverzüglich Bedenken anmelden.

Prüfung und Bewertung

Prüfung nach DIN 18202

Die DIN 18202 „Toleranzen im Hochbau, Bauwerke“ geht auf die Prüfung von Grenz- und Winkelabweichungen, sowie auf die Prüfung der Ebenheitsabweichungen ein.

Die Definitionen der Begriffe sowie die Anwendungen und die Grundsätze von Toleranzen, sind der DIN 18202 zu entnehmen.

Normen: DIN 18202 Toleranzen im Hochbau, Bauwerke

Allgemeines: Die Toleranzen nach DIN 18202 sind nur bei Bedarf zu prüfen.

Die jeweiligen Abweichungen am Bauwerk (Grenz-, Winkel- und Ebenheitsabweichung) sind grundsätzlich unabhängig voneinander zu prüfen.

Je nach Ausbauzustand des Bauwerks finden unterschiedliche Prüfungen in Bezug auf die Genauigkeit Verwendung. Das zur Kontrolle verwendete Messverfahren ist mit den entsprechenden Referenzpunkten stets zu protokollieren.

Nach Möglichkeit sollten die Messungen im Streubereich der zulässigen Toleranzen liegen.

Prüfverfahren

Nach der DIN 18202, Abschnitt 6.1 bleibt die Wahl des Messverfahrens dem Prüfenden in Art und Weise selbst überlassen.

In der Dokumentation der Prüfung ist das gewählte Messverfahren zu benennen und die durch das Messverfahren oder Geräte bedingte Meßungenauigkeit sowie auch gegebenenfalls die Ablesetoleranz anzugeben. Dies ist erforderlich um die ermittelten Werte bezüglich deren Eignung für eine Einordnung in die Tabellen 1 bis 4 bewerten zu können.

Erhöhte Ebenheitsanforderungen

Werden erhöhte Anforderungen an die Ebenheit von Bauteiloberflächen gestellt, z. B. aus gestalterischen Gründen, so sind die entsprechenden Grenzwerte der Tabelle 3 gesondert zu vereinbaren. Weitere objektbezogene Anforderungen die nicht durch die Tabelle 3 abgedeckt sind, bedürfen ebenfalls einer zusätzlichen Regelung.

Zeitpunkt der Prüfung

Die Toleranzen sind grundsätzlich so früh wie möglich zu prüfen, denn nur so können Änderungen durch zeit- oder lastabhängige Verformungen nahezu ausgeschlossen werden. Als spätester Zeitpunkt für die Prüfung der Toleranzen ist jedoch die Übernahme der Bauleistung durch den Folgeunternehmer oder die Baufertigstellung selbst anzusehen.

Bereits vor der Ausführung der Bauleistung sind die Bezugspunkte festzulegen, von welchen aus das Bauteil eingemessen und anschließend auch geprüft werden soll.

Prüfung der Grenzabweichungen

Maße im Grundriss (DIN 18202, Tabelle 1, Zeile 1)
(z. B. bei Längen-, Breiten-, Achs- und Rastermaß)

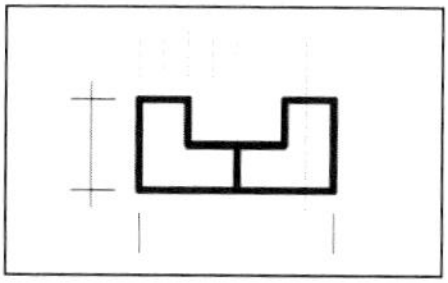

Die Maße im Grundriss (Breiten und Längen) sind von Gebäudeecke zu Gebäudeecke zu messen.

Bei Achsen werden die Maße an den Schnittpunkten der Achsen an der Deckenoberfläche entnommen.

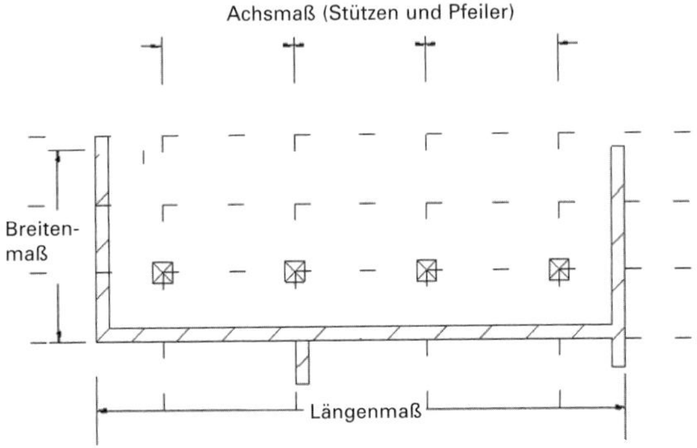

Ausnutzung der Grenzabweichungen

Die in der Tabelle 1 geregelten zulässigen Grenzabweichungen sind für jedes Nennmaß einzuhalten. Gleichzeitig darf die Winkelabweichung nicht über dem Grenzwert nach Tabelle 2 liegen.

Bei einem Nennmaß von 1,50 m darf die Grenzabweichung nach Tabelle 1, Zeile 1 und Spalte 3, +12 mm oder –12 mm betragen. Das bedeutet ein zulässiges Mindestmaß von 1,488 m bzw. ein Höchstmaß von 1,512 m. Nach Tabelle 2, Zeile 1, Spalte 4 darf die Winkelabweichung auch an der Stelle des Höchstmaßes nur maximal 8 mm betragen

Maße im Aufriss (DIN 18202, Tabelle1, Zeile 2)
(z. B. bei Geschosshöhen, Podesthöhen, Abstände von Aufstandsflächen und Konsolen)

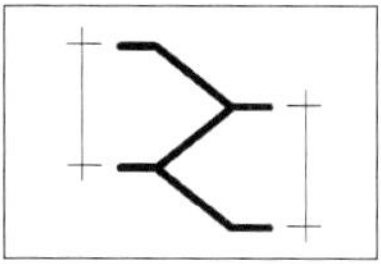

Bei Höhenmaßen wird die gesammte Höhe gemessen. Dabei werden die Maße an markanten Stellen z. B. Deckenkanten, Brüstungen usw. entnommen.

Lichte Maße im Grundriss (DIN 18202, Tabelle 1, Zeile 3)
(z. B. zwischen Stützen und Pfeilern)

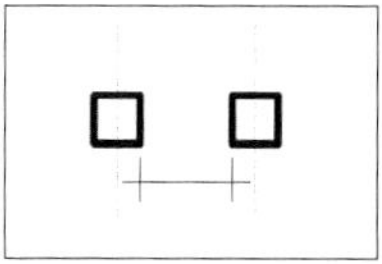

Damit die Ergebnisse der Messungen nahezu fehlerfrei sind, werden die lichten Maße im Grundriss jeweils etwa 10 cm von den Ecken entfernt entnommen.

Das Breitenmaß wird über die ganze Breite des Bauteils gemessen.

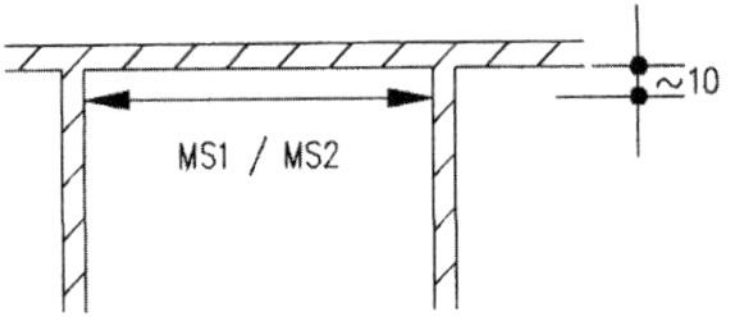

Darstellung
im Grundriss

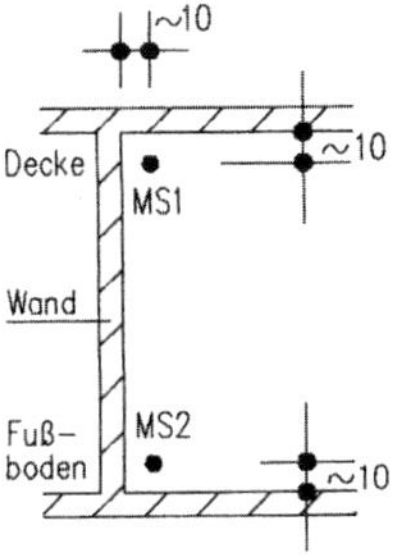

Darstellung
im Schnitt

Lichte Maße im Aufriss (DIN 18202, Tabelle 1, Zeile 4)
(z. B. unter Decken und Unterzügen)

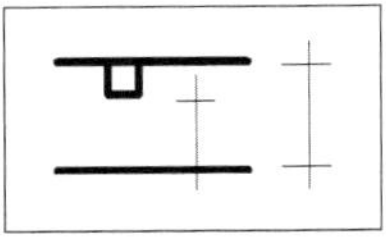

Auch bei den lichten Maßen im Aufriss sind die Maße jeweils etwa 10 cm von den Ecken entfernt zu messen.

Messungen innerhalb eines Raumes sind je Wandseite in einem Abstand von etwa 10 cm, jeweils 2-fach, durchzuführen (siehe auch lichte Maße im Grundriss).

Bei Höhen, die unter Unterzügen gemessen werden, ist an beiden Kanten des Auflagers im Abstand von etwa 10 cm das Maß zu nehmen.

Prüfung von Winkeln im Grundriss
Sind die Räume nicht rechtwinklig, so wird die Messlinie im rechten Winkel zu einer Bezugslinie angeordnet. Ausgangspunkt bleibt dabei der wie zuvor eingemessene Punkt (jeweils etwa 10 cm von den Ecken entfernt)

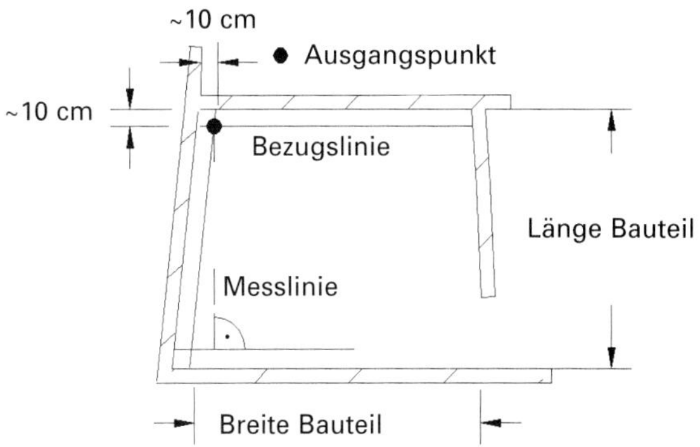

Prüfung von Winkeln
Winkel an Wänden und Stützen, die nicht lotrecht sind, werden, wie auch bei den lichten Maßen im Grundriss, mithilfe einer Bezugslinie gemessen.

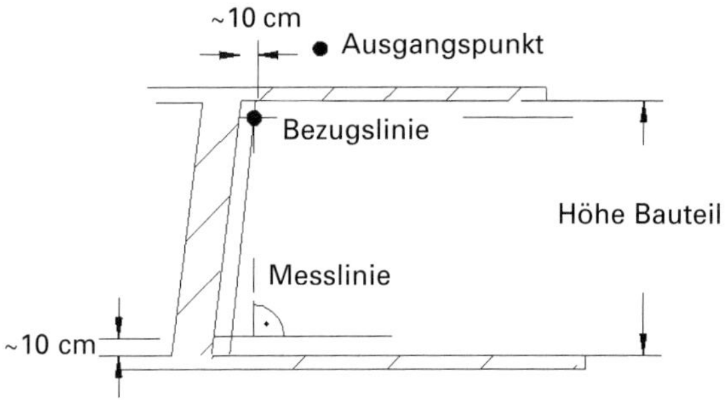

Öffnungsmaße (DIN 18202, Tabelle 1, Zeile 5 und 6)
(z. B. bei Fenstern, Türen, Einbauelementen)

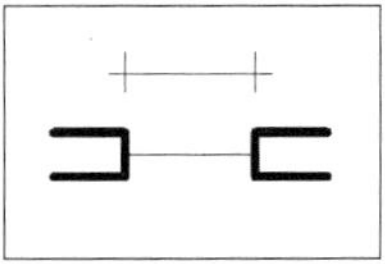

Für das Messen der Öffnungen wird in der DIN 18202 auf die Regelungen für „Lichte Maße im Grundriss und Aufriss" hingewiesen.

Auch hier werden die Messungen in einem Abstand von etwa 10 cm von den Ecken entfernt vorgenommen.

Prüfung der Winkelabweichungen

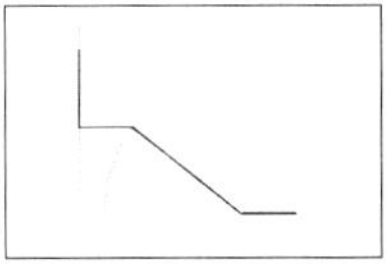

Prüfung der Winkelabweichungen von Bauteilen in Bezug auf
- vertikale,
- horizontale
- und geneigte Flächen.

Vertikale Bauteile
Bei vertikalen Bauteilen, wird die Toleranz in Bezug auf die vertikale Fläche genommen.

Dabei ist das Stichmaß mit einem Abstand von jeweils etwa 10 cm von der entsprechenden Fläche zu ermitteln.

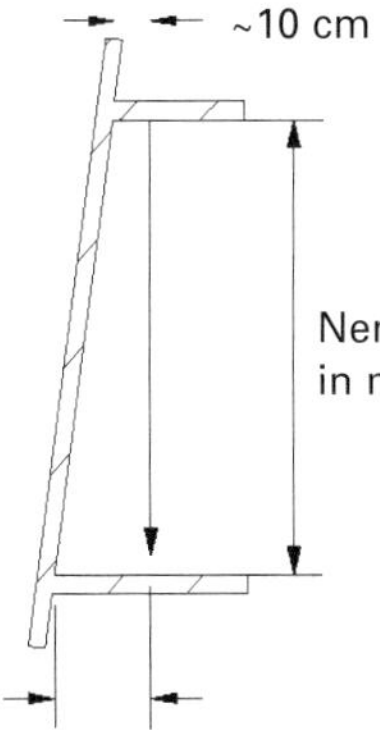

Differenz
Stichmaße -10 cm

Horizontale Bauteile
Bei horizontalen Bauteilen, wird die Toleranz in Bezug auf die Horizontale genommen.

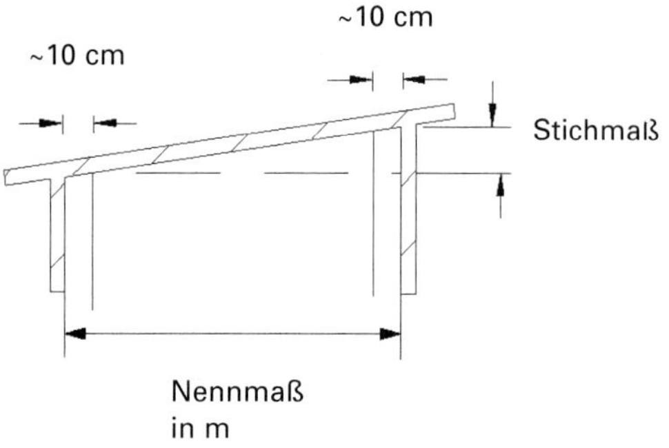

Die Stichmaße werden in einem Abstand von etwa 10 cm von den betroffenen Flächen ermittelt.

Geneigte Bauteile
Das Messen von Toleranzen bei geneigten Flächen, erfolgt über die Fläche und ist ebenso zu beurteilen, wie die Toleranzen bei vertikalen oder horizontalen Flächen. Auch hier erfolgt die Messung in einem Abstand von etwa 10 cm von den Endpunkten entfernt.

Prüfung der Ebenheitsabweichungen

Die Prüfung von Ebenheitsabweichungen kann über das Nehmen von Einzelmaßen (z. B. über Stichproben) oder über ein eingemessenes Raster erfolgen.

Die Rastermaße sind auf die erforderliche Prüfgenauigkeit und Oberflächenbeschaffenheit des zu prüfenden Bauteils abzustimmen, z. B. 10 cm, 50 cm, 100 cm. Die Messung beim Flächennivellement erfolgt an den Schnittpunkten des gewählten Rasters. Bei den Messpunkten kann es sich dann im Messergebnis sowohl um „Hochpunkte“ als auch um „Tiefpunkte“ handeln.

Einzelmessungen

Beim Messen wird die Richtlatte auf den höchsten Punkt gelegt, die Messung des Stichmaßes erfolgt am niedrigsten Punkt.

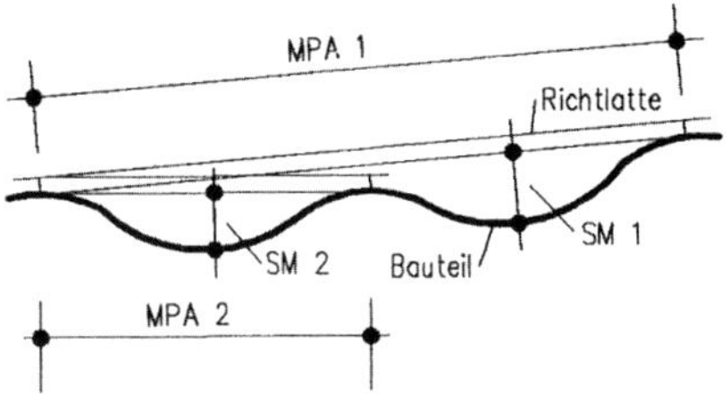

SM = Stichmaß
MPA = Messpunktabstand

Die Prüfung von Ebenheits- und Winkelabweichungen sind getrennt voneinander vorzunehmen.

Prüfung der Lage von Stützen in der Flucht

Zur Prüfung der Lage von Stützen in der Flucht ist eine Verbindungslinie zwischen den Endstützen einer Stützenreihe aus mindestens 3 Stützen mit einem horizontalen Abstand von 10 cm zu den Außenkanten der Endstützen anzulegen. Das Stichmaß zwischen der Flucht und der Aussenkante der zu prüfenden Mittelstütze ist bezogen auf den Messpunktabstand (Summe von zwei zugeordneten Stützenachsabständen) nach Tabelle 4 der DIN 18202 zu bewerten.

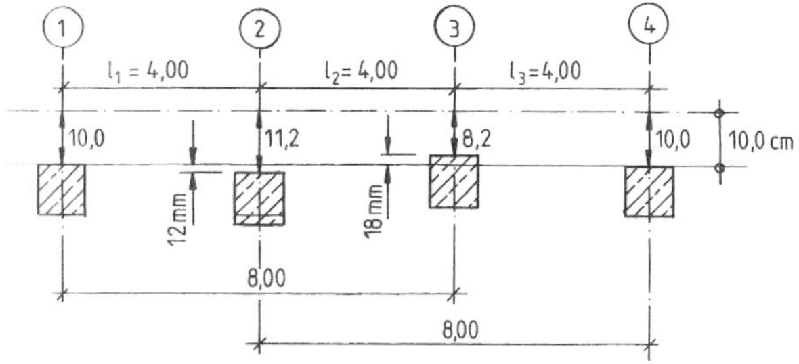

Abbildung Nr. 10: Fluchtabweichung (Beispiel)

In dem dargestellten Beispiel für einen Messpunktabstand von 8,0 m ist die Fluchtabweichung der Stütze in Achse 2 gerade noch zulässig, die Fluchtabweichung in Achse 3 mit einem Stichmaß von 16 mm bereits zu groß.

Prüfung nach DIN 18203-1 bis 18203-3

Die DIN 18203-1 bis DIN 18203-3 Toleranzen im Hochbau geht auf die Toleranzen von Grenzabmaßen und Winkeltoleranzen, sowie auf Ebenheitstoleranzen ein.

Die Definitionen sowie Anwendungen und Grundsätze der Begriffe, sind der DIN 18202 zu entnehmen.

Normen: DIN 18203-1 Toleranzen im Hochbau, vorgefertigte Teile aus Beton, Stahlbeton und Spannbeton
DIN 18203-2 Toleranzen im Hochbau, vorgefertigte Teile aus Stahl
DIN 18203-3 Toleranzen im Hochbau, Bauteile aus Holz und Holzwerkstoffen

Allgemeines: Die Toleranzen nach DIN 18202 und nach DIN 18203-1 bis DIN 18203-3 sind nur bei Bedarf zu prüfen.

DIN 18203-1
Vorgefertigte Teile aus Beton, Stahlbeton und Spannbeton

Für die Prüfung der Toleranzen wird auf die DIN 18202 bezüglich der Messpunkte verwiesen.

DIN 18203-2
Vorgefertigte Teile aus Stahl

Für die Prüfung der Toleranzen wird auf die DIN 18202, Abschnitt 6 verwiesen.

DIN 18203-3
Bauteile aus Holz und Holzwerkstoffen

Für die Prüfung der Toleranzen wird auf die DIN 18202, Abschnitt 6 verwiesen. Des Weiteren muss die Holzfeuchte festgestellt werden, damit diese mit der Bezugsholzfeuchte verglichen werden kann.

Die Prüfung in der Baupraxis

Erfordernis und Zweck von Prüfungen
Die Errichtung von Bauwerken wird durch das Erstellen von Ausführungszeichnungen und das Erarbeiten von Leistungsverzeichnissen möglich. Diese Unterlagen beschreiben zeichnerisch und textlich eine bestimmte Leistung und bilden die „Verständigungsgrundlage" zwischen Planern und Ausführenden. Zur Gewährleistung eines zügigen und reibungslosen Bauablaufs besteht ein gemeinsames „Vokabular" durch grundlegende Fachkenntnisse über die Bauausführung und der Einhaltung von Planungsregeln. Dazu gehört auch die Berücksichtigung von Toleranzen aus zulässigen materialbedingten Maßabweichungen und handwerklichen Ausführungsqualitäten.

Fehlerhafte Eintragungen in Bauzeichnungen, Differenzen zwischen den Planungsangaben und den Angaben in Leistungsverzeichnissen, die Missachtung von Herstellungs- oder Einbauvorschriften, Koordinierungsmängel und Ähnliches führen dennoch oftmals zu Unstimmigkeiten an einzelnen Bauteilen oder gesamten Bauwerken.

Für alle Beteiligten ist es daher unerlässlich, während des Bauablaufes beim Erreichen wesentlicher Baustufen und zu Beginn von Arbeitsabschnitten einzelner Gewerke stets die maßbezogenen Zusammenhänge zu prüfen. Dies eröffnet die Möglichkeit, Abweichungen außerhalb der Toleranzen zu erkennen und noch korrigierend eingreifen zu können.

Dies kann bei einfachen Bauwerken durch stichprobenartige Prüfungen von Einzelmaßen und Sichtprüfungen geschehen. Bei größeren Bauvorhaben kann die Prüfung ggf. auch zu umfangreichen Vermessungsarbeiten führen. Eine Prüfung nach den Regeln aus der DIN 18202 und 18203 soll nur im Bedarfsfall erfolgen.

Die Prüfergebnisse stellen einen von vielen Aspekten zur Beurteilung der Mangelfreiheit einer Bauleistung dar. Für die Einstufung von „optischen Beeinträchtigungen“ stehen zusätzliche Bewertungsmethoden zur Verfügung.

Definition des Mangelbegriffs
Mit In-Kraft-Treten des Schuldrechtmodernisierungsgesetzes (vom 26.11.2001) für das Bürgerliche Gesetzbuch und der Überarbeitung der Vergabe- und Vertragsordnung für Bauleistungen (Ausgabe 2002) wurden in den jeweiligen Werken die Beschreibungen zum Begriff „Mangel“ neu gefasst und angeglichen.

Für die Erbringung einer mangelfreien Leistung sind im Bürgerlichen Gesetzbuch (BGB) die Leistungen in § 633 Sach- und Rechtsmangel beschrieben:

„(1) Der Unternehmer hat dem Besteller das Werk frei von Sach- und Rechtsmängeln zu verschaffen.
(2) Das Werk ist frei von Sachmängeln, wenn es die vereinbarte Beschaffenheit hat. Soweit die Beschaffenheit nicht vereinbart ist, ist das Werk frei von Sachmängeln,

1. wenn es sich für die nach dem Vertrag vorausgesetzte, sonst
2. für die gewöhnliche Verwendung eignet und eine Beschaffenheit aufweist, die bei Werken der gleichen Art üblich ist und die der Besteller nach der Art des Werkes erwarten kann. Einem Sachmangel steht es gleich, wenn der Unternehmer ein anderes als das bestellte Werk oder das Werk in zu geringer Menge herstellt.

(3) Das Werk ist frei von Rechtsmängeln, wenn Dritte in Bezug auf das Werk keine oder nur die im Vertrag übernommenen Rechte gegen den Besteller geltend machen können." [L3]

Die Vergabe- und Vertragsordnung für Bauleistungen beschreibt in Teil B, DIN 1961, § 13 Mängelansprüche eine mangelfreie Leistung wie folgt:

„1. Der Auftragnehmer hat dem Auftraggeber seine Leistung zum Zeitpunkt der Abnahme frei von Sachmängeln zu verschaffen. Die Leistung ist zur Zeit der Abnahme frei von Sachmängeln, wenn sie die vereinbarte Beschaffenheit hat und den anerkannten Regeln der Technik entspricht. Ist die Beschaffenheit nicht vereinbart, so ist die Leistung zur Zeit der Abnahme frei von Sachmängeln,
   a) wenn sie sich für die nach dem Vertrag vorausgesetzte, sonst
   b) für die gewöhnliche Verwendung eignet und eine Beschaffenheit ausweist, die bei Werken der gleichen Art üblich ist und die der Auftraggeber nach der Art der Leistung erwarten kann." [L4]

Zusammenfassend kann gesagt werden, dass eine Leistung dann als mangelfrei anzusehen ist, wenn die nachstehenden Kriterien erfüllt sind:

- Das Werk / die Leistung hat die vertraglich vereinbarte Beschaffenheit.
- Das Werk / die Leistung wurde nach den allgemein anerkannten Regeln der Technik hergestellt bzw. ausgeführt.
- Das Werk / die Leistung ist für die gewöhnliche Verwendung geeignet.

Die Beurteilung einer Leistung auf deren Mangelfreiheit ist daher stets durch einen Vergleich des festgestellten Ist-Zustandes mit dem zu erwartenden Zustand nach der vertraglichen Vereinbarung (Soll-Zustand) möglich.

Der Ist-Zustand ist auf die Einhaltung von

- zulässigen Abweichungen nach den Inhalten der DIN 18202 und DIN 18203 1 – 3
- den Regelungen der VOB Teil B und C,
- anderen Gewerke- oder bauteilspezifischen Regelwerken und Normen und
- den allgemein anerkannten Regeln der Technik

zu prüfen. Werden bei der Prüfung Abweichungen außerhalb der genannten Toleranzen festgestellt, so sind diese zu bewerten.

Bewertung von Abweichungen

Die Bewertung ist dann relativ einfach, wenn die Abweichung eine Beeinträchtigung oder gar eine Unbrauchbarkeit eines Bauteils bewirkt. Derartige technische Mängel können nach einer Matrix des Aachener Institut für Bauschadensforschung und angewandte Bauphysik (AIBau, Prof. Dr.-Ing. Rainer Oswald, Dipl.-Ing. Günther Dahmen) bewertet werden.

Matrix AIBau		**Bedeutung des Merkmals für die Gebrauchstauglichkeit**			
Grad der Beeinträchtigung der Funktion		Sehr wichtig	Wichtig	Eher unbedeutend	Unwichtig
	Sehr stark				
	Deutlich		**Nicht hinnehmbar**		
	Mäßig			**Hinnehmbar**	
	Geringfügig				**Bagatelle**

Matrix zur Beurteilung der Hinnehmbarkeit von technischen Mängeln [L10]

Die Beurteilung optischer Mängel i. S. v. „Unregelmäßigkeiten in Oberflächenstrukturen", Rissen, Luftspalten an Türen u. Ä. bedarf weiterer Grundfestlegungen. So ist z. B. bei der Beurteilung von Rissen in Oberflächen ein üblicher Betrachtungsabstand maßgebend für die weitere Bewertung. Ein Riss an der Putzfassade im 4. Obergeschoss eines Wohnhauses wird man wegen dem üblicherweise großen Betrachtungsabstand unter rein optischen Aspekten anders bewerten als einen gleich großen Riss unmittelbar neben dem Haupteingang im Erdgeschoss. Des Weiteren ist der Stellenwert des Bauteils im Gesamtobjekt zu berücksichtigen. Einen Putzriss in einem untergeordneten Kellerraum oder Tiefgarage ist anders zu bewerten als ein Putzriss gleicher Weite und Tiefe in einem dekorativen Innenputz im Haupteingang oder Treppenhaus eines Wohnhauses.

Vorrausetzung für die Einstufung einer Abweichung als rein optische Beeinträchtigung ist immer die Maßgabe, dass mit der Beeinträchtigung keine wesentliche Funktionseinschränkung verbunden ist (z. B. Haarrisse in Putzoberflächen). Auch für die Beurteilung von „optischen Mängeln" wurde durch das AlBau eine Bewertungsmatrix erstellt.

Matrix AlBau		**Gewicht des optischen Erscheinungsbildes**			
Grad der optischen Beeinträchtigung		Sehr wichtig	Wichtig	Eher unbedeutend	Unwichtig
	Auffällig				
	Gut sichtbar		**Nicht hinnehmbar**		
	Sichtbar			**Hinnehmbar**	
	Kaum erkennbar				**Bagatelle**

Matrix zur Bewertung optischer Mängel [L10]

Neben den rein technischen und optischen Anforderungen an die Bauleistung stellt auch die mit der Leistung verbundene Sicherheit für die Nutzer ein Beurteilungskriterium dar.

16 Verkehrssicherheit
„(1) Bauliche Anlagen und die dem Verkehr dienenden nicht überbauten Flächen von bebauten Grundstücken müssen verkehrssicher sein.
(2) Die Sicherheit und Leichtigkeit des öffentlichen Verkehrs darf durch bauliche Anlagen oder deren Nutzung nicht gefährdet werden."
Auszug aus der Musterbauordnung Stand 2002 [L9]

Prüfung der Genauigkeit

In manchen Fällen gibt es größere Maßabweichungen als die DIN 18202 und 18203 zulassen, ohne dass die Funktion und Passung beeinträchtigt sind, oder ein optischer Mangel gegeben ist. Daher heißt es in der DIN 18202 „Die Einhaltung von Toleranzen ist nur zu prüfen, wenn es erforderlich ist." Wichtig ist hierbei zu beurteilen, wo Maßabweichungen auftreten und welche Folgen daraus resultieren.

Kontrolle der Schichtdicken von Beschichtungen und Abdichtungen

Zur Überprüfung des Soll-Zustandes der Dicke von Abdichtungen und Beschichtungen auf verschiedenen Untergründen sind Schichtdickenmessungen erforderlich. Für eine örtliche Prüfung der unter Baustellenbedingungen aufgebrachten Materialien ist die Kontrolle der Nassschichtdicke eine praktikable und aussagekräftige Vorgehensweise. Dazu wird das Beschichtungs- oder Abdichtungsmaterial mit einem Messkamm oder einem Messrad geprüft und die applizierte Nassfilmdicke kann direkt am Messgerät abgelesen werden.

Durch einen Vergleich mit den Soll-Dickenangaben aus den technischen Merkblättern der Hersteller kann so unmittelbar die Qualität der handwerklichen Leistung geprüft werden. Für die Ermittlung von Trockenschichtdicken stehen für die verschiedenen Untergründe und Beschichtungsmaterialien zahlreiche technische Verfahren mit Messgeräten zur Verfügung. Der Einsatz ist jedoch erst nach Fertigstellung der Beschichtung oder einer Zwischenbeschichtung möglich und ist insbesondere bei unebenen Untergründen wegen der fehlenden fest definierten Bezugsebene nur bedingt aussagekräftig.

Dazu ausführlichere Informationen im Abschnitt Maler- und Lackierarbeiten.

Beispiele zur Beurteilung von Maßabweichungen

Ebenheit DIN 18202, Tabelle 3

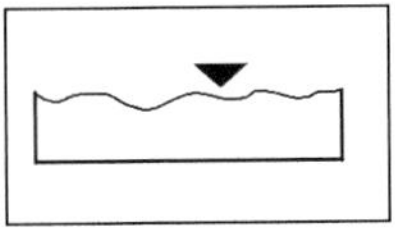

Bei der Beurteilung zulässiger Ebenheit geht es darum, die zulässigen Unebenheiten von der zulässigen Horizontalabweichung zu bewerten. Dazu ist die Festlegung eines Kontrollpunktes zur Kontrolle des Niveaus an einer Stelle zu definieren.

Bei der Prüfung eines Untergrundes wird zunächst ein Richtscheit auf den Hochpunkt des Bodens aufgelegt. Alsdann erfolgt ein „Abtasten der Oberfläche" mit einem Messkeil, solange, bis sich die auf dem Richtscheit befindliche Wasserwaage in Waage befindet. Nun wird an der breitesten Spalte das Stichmaß gemessen. Weiterhin ist der Abstand dieses ermittelten Punktes zum Kontrollpunkt (Hochpunkt) zu messen.

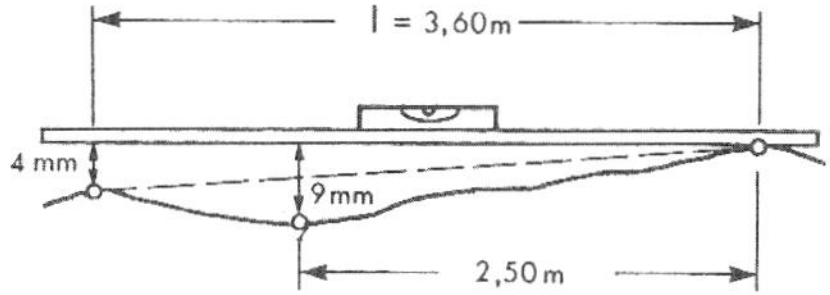

Zur Ermittlung der Horizontalen wird nach der Ermittlung der Hochpunkte das Richtscheit in dieser Lage mit der Wasserwaage ausgerichtet. Die Stichmaße werden dann am niedrigen Auflagerpunkt zur Feststellung der Neigung und an der größten Klaffung zwischen Richtscheit und Bodenfläche entnommen.

Neigung bei 3,60 m = 4 mm <12 mm

Neigung nach DIN 18202 Winkelabweichungen Tabelle 2, Zeile 1, Spalte 4 ist hier ein Grenzwert von 12 mm angegeben, also im Toleranzbereich.

Für Nichtflächenfertige Böden nach Tabelle 3 Zeile 2:

Stichmaß: 9 - (2 x 2.50) : 3.60 = 7.61 mm
Prüfung: 7.61 <12 mm also zulässig

Im Zusammenhang mit der Angabe eines Mess- oder Ableseergebnis ist immer auch die Angabe einer Messungenauigkeit erforderlich.

Ermittlung von Wertminderungen
Die Bewertung von Maßabweichungen, von technischen und optischen Beeinträchtigungen nach den vorgestellten Diagrammen führt zu einer ersten Einschätzung der Bedeutung des festgestellten Mangels. I. d. R. ist davon auszugehen, dass in erster Linie durch den Auftraggeber die Erfüllung der Vertragsleistung verlangt wird und dem Auftragnehmer die Möglichkeit der Nacherfüllung gegeben ist (§ 635 BGB).

Eine Minderung nach § 638 BGB kommt als Alternative zu einem Rücktritt und einer Schadenersatzforderung nach § 636 BGB in Betracht, wenn

- die Nacherfüllung wegen unverhältnismäßig hohen Kosten durch den Auftragnehmer abgelehnt wurde, oder
- die Nacherfüllung für den Besteller unzumutbar ist.

„Die Minderung ist, soweit erforderlich, durch Schätzung zu ermitteln." (siehe § 638 BGB, Abs. 3).

Die Schätzung der Höhe einer Minderung sollte aus Gründen der Akzeptanz durch die Beteiligten aber dennoch an ein logisch nachvollziehbares Bewertungssystem gekoppelt sein. Für die Aufstellung eines solchen Bewertungssystems stehen die Grundlagen eines von Dr.-Ing. H. E. Aurnhammer entwickelten „Verfahren zur Bestimmung von Wertminderungen bei Baumängeln und Bauschäden“ zur Verfügung auf dessen Inhalte wegen des weitreichenden Erläuterungsumfangs hier nicht näher eingegangen werden kann.

Bei der durch Aurnhammer erarbeiteten „Nutzwertanalyse“ wird davon ausgegangen, dass der Wert einer Sache durch deren Funktionswert und den Geltungswert bestimmt wird. Zum Funktionswert gehören alle Aspekte, die sich auf die Leistungen des Erzeugnisses beziehen, also z. B. auf den Wirkungsgrad, die Lebensdauer, die Zweckmäßigkeit und Betriebstüchtigkeit. Zum Geltungswert zählen alle Faktoren mit Bezug auf die ästhetischen Umstände, z. B. auf Gestaltung, Form, Farbe und Prestige.

Für die Ermittlung einer Wertminderung wird zunächst einem mangelfreien Bauteil (100 %) ein prozentualer Funktionswert und ein Geltungswert zugeordnet. Die Gewichtung von Funktionswert und Geltungswert ist abhängig von dem zu bewertenden Bauteil und der Lage des Bauteils im / am Objekt.

So wäre z. B. eine Umwehrung an einem Balkon eines repräsentativ gestalteten Wohnhauses mit einer höheren Gewichtung des Geltungswertes einzustufen als eine Umwehrung an einer Arbeitsbühne eines Industrieobjektes. In beiden Fällen wird jedoch die Schutz-Funktion, der Funktionswert, höher als der Geltungswert einzustufen sein, da es sich dabei um die Grundfunktion des Bauteils handelt.

Der Funktionswert und der Geltungswert kann in weitere Unterpunkte (F1, G1) zerlegt werden. Im Beispiel „Umwehrung" könnten dies beim Funktionswert die Kriterien „Höhe", „Eignung der Geländerfüllung" oder „Montage" sein.

Die Unterpunkte von Funktionswert und Geltungswert können nach Erfordernis bzw. Aufgabenstellung weiter nach zusätzlichen Einzelkriterien differenziert aufgegliedert werden, in der Übersichtstabelle mit F 1.1 bezeichnet. Für den Unterpunkt Montage wären die Kriterien „geeignete Dübel-/ Schraubenbefestigung" und „Randabstände" denkbar.

Für die Ermittlung eines Wertminderungsfaktors bedarf es zunächst einer Skalierung nach dem Grad der Beeinträchtigung:

Faktor	**Grad der Beeinträchtigung**
0,00	keine bzw. unerhebliche Beeinträchtigung
0,10	fast keine
0,20	noch leicht, geringe
0,30	mäßige
0,40	deutliche, schon etwas stärkere
0,50	starke
0,60	sehr starke
0,70	schwere
0,80	sehr schwere
0,90	massive
1,00	vollständige Beeinträchtigung, führt zur Wertlosigkeit

Durch eine Verknüpfung der fallbezogenen einzelnen Beurteilungspunkte mit der skalierten Bewertung der Beeinträchtigung kann in der Summe aller Beurteilungspunkte dann ein Wertminderungsfaktor für die gesamte Leistung ermittelt werden.

Das nachstehende Beispiel verdeutlicht die Gliederung / „Zielbaumstruktur“ zur Ermittlung einer Wertminderung im Zusammenhang mit einem Balkongeländer.

Als festgestellter bautechnischer Fehler wird ein zu großer seitlicher Abstand des Geländers gegenüber der zu sichernden Balkonfläche und ein nicht ausreichender Abstand aller Dübelbefestigungen der Tragstabbefestigungen zum Stahlbetonbalkonrand angenommen.

Nutzwertanalyse						
Wert der mangelfreien Bauleistung (100 %) Balkongeländer an Einfamilienwohnhaus				Grad der Beeinträchtigung		
Funktionswert **75 %** (Absturzsicherung)						
Kriterium		Kriterium				
Höhe Handlauf	22			0,0	0,0
Abstand zum Rand der Grundfläche	8			0,2	1,6
Füllung	20			0,0	0,0
Montage	25	Dübelabstände			
		untereinander	5	0,3	1,5
		zum Rand	5	0,7	3,5
		Schraubenverbindung	10	0,0	0,0
		Ankerplatten	5	0,0	0,0
Geltungswert **25 %** (Fassadengestaltung)				0,0	0,0
Wertminderung in Prozent					**6,6**

Das im Rahmen der Nutzwertanalyse ermittelte Ergebnis für die Wertminderung (Wert der Bauleistung * Wertminderungsfaktor) ist auf seine praktische Plausibilität und die

Angemessenheit in Bezug auf die Kosten des Gesamtobjektes abschließend zu prüfen.

Die Ermittlung von Wertminderungen erfordert ein umfangreiches Fachwissen und Erfahrung auf diesem Gebiet. Wertminderungen sollten daher nach Auffassung des Autors von neutralen Sachverständigen mit Spezialwissen zu diesem Thema berechnet werden. Dennoch wird die Berechnung zur Wertminderung zu einem bestimmten Sachverhalt, Schaden oder Mangel immer das Spiegelbild einer subjektiven Einschätzung sein.

Dr.-Ing. Aurnhammer zitiert in seinem Aufsatz „Wert und Bewerten" einen unbekannten Autor der dies beschreibt: „Es gibt keine absoluten Werte, denn es sind nicht die Dinge, die uns ihren Wert auferlegen, sondern der Mensch selbst ist es, er die Werte bestimmt."

Unter den Begriffen „Zielbaumverfahren" und „Nutzwertanalyse" sind zahlreiche Veröffentlichungen im Zusammenhang mit Berechnungen zu Wertminderungen erschienen. Informationen enthalten:

- Bayerlein, Walter: Praxis Sachverständigenrecht, Verlag C. H. Beck, 2002; [L1]
- Kamphausen, P. A. Ermittlung von Minderwerten mangelhaft erstellter Wohnungen und Wohngebäude durch Sachverständige: Blätter für Grundstücks-, Bau-, und Wohnungsrecht, 1983

Noch heute aktuell, Grundlagen zur Ermittlung von Wertminderungen enthält der Aufsatz von Aurnhammer, H. E.:

- Verfahren zur Bestimmung von Wertminderungen bei Mängeln und Schäden, Aachener Bausachverständigentage 1978, Forum Verlag, Stuttgart 1978.

Prüfung durch Sachverständige

Die Einhaltung von Toleranzen nach DIN 18202 und DIN 18203 können nach den dort beschriebenen Verfahren durch Architekten und Bauleiter, falls erforderlich oder vertraglich vereinbart, während des Bauablaufs und / oder nach Fertigstellung der Baumaßnahme geprüft werden. Für die Ermittlung von Einzelmaßen des Bauwerks, von Oberflächenebenheiten und zur Überprüfung von Winkeln sind technische Ausstattungen mit Messgeräten erforderlich, die i. d. R. in gut ausgestatten Planungsbüros vorhanden sind. Auch durch die Beauftragung von Fachingenieuren (Vermessungsbüros) können diese Leistungen im Bedarfsfall objektbezogen erbracht werden.

Bei der Prüfung von Detailaspekten in verschiedenen Gewerken, der Klärung ob die ausgeführte Arbeit der ausgeschriebenen Leistung und einer fach- und normgerechten Ausführung entspricht, können besondere Fachkenntnisse und Prüfgeräte erforderlich werden. In diesem Fall sollten qualifizierte Sachverständige für das zu prüfende Bauteil oder die handwerkliche Bauleistung eingeschaltet werden.

Durch die IHK Gesellschaft für Informationsverarbeitung mbH wurde im Auftrag des Deutschen Industrie- und Handelstages eine Liste öffentlich bestellter und vereidigter Sachverständiger, gegliedert nach den fachlichen Bestellungsgebieten und regional zuständigen Kammern, im Internet veröffentlicht. Darüber hinaus werden Sachverständige außer durch die Industrie- und Handelskammern auch von anderen Bestellungskörperschaften wie z. B. Architektenkammern der Bundesländer und durch Handwerkskammern bestellt und in bundeseinheitlichen Listen geführt.

Sachverständigenverzeichnisse

Bestellungskörperschaft	Bundesweite Datenbank mit Suchfunktionen
Industrie- und Handelskammer	http.//www.svv.ihk.de
Handwerkskammer	http.//www.svd-handwerk.de
	http.//www.svd-hwk.de

Eine Übersicht öffentlich bestellter und vereidigter sowie qualifizierter Sachverständiger wird auch auf der Homepage des gleichnamigen Bundesverbandes unter der Internet adresse **http.//www.bvs-ev.de** geführt. In dieser Liste sind ausschließlich die Kontaktadressen der Verbandsmitglieder enthalten.

Neben der Ermittlung von Bauwerksmaßen und einzelnen Feststellungen zu Bauausführungen stellt auch die Bewertung und Beurteilung von vorhandenen Abweichungen eine typische Sachverständigentätigkeit dar. Für diese Aufgaben stehen den Sachverständigen in der Praxis bewährte und auch in der Rechtssprechung anerkannte Verfahren und Bewertungsmethoden zur Verfügung.

Vermessen der Bauwerke

Die erzielbaren Genauigkeiten beim Vermessen von Gebäuden sind im Wesentlichen vom Einsatz der Messverfahren abhängig. Bei herkömmlichen Vorgehensweisen beim Anlegen von Gebäuden mit Jochen, Schnur und Bandmaß sind Maßabweichungen der Gebäudeecken bis zu mehreren Zentimetern in Grund- und Aufriss keine Seltenheit.

Bei Baumaßnahmen mit Genauigkeitsanforderungen die sich aus der DIN 18202 ergeben, sollte stets von geschultem Personal durchgeführt und überwacht werden. Bereits bei der Planung sollten Maßnahmen der Vermessung berücksichtigt werden. Unter Anwendung zeitgemäßer Messmethoden optischer und elektronischer Art ist es möglich ein Bauwerk so genau, wie gefordert anzulegen. In ISO 4463 „Messmethoden für das Bauwesen; Abstecken und Messen, zulässige Vermessungsabmaße“ ist die weitere Vorgehensweise beschrieben.

Primärnetz

Durch einen Vermessungsingenieur wird zunächst das so genannte Primärnetz angelegt. Hierbei handelt es sich um den Anschluss an ein übergeordnetes Koordinatennetz, ausgehend von den äußeren Vermarkungen.

Sekundärnetz

Ausgehend von diesem Primärnetz werden einzelne diskrete Punkte des Bauwerks in einem Sekundärnetz in Sekundärlinien und Punkten festgelegt, z. B. Stützen oder Gebäudeeckpunkte.

Die Genauigkeit hängt im Wesentlichen von den Vermarkungspunkten des Primärnetzes ab. Sollten mehr als zwei Punkte davon auf das Sekundärnetz fallen, sind diese durch mehrere Kontrollmessungen zu bestimmen und Fehler dadurch zu elemenieren. Für den späteren Gebäudeanschluss, z. B. an das Landeskoordinatennetz, darf jedoch nur ein Punkt herangezogen werden.

Die Einmessung der Primärnetzpunkte müssen außerhalb des Baustellenarbeitsbereichs (z. B. Baugrube) liegen. Alle Messungen sind durch zweite Kontrollmessungen zu überprüfen. Dies gilt sowohl für Längen, als auch für Winkelmessungen.

Das an das Primärnetz angeschlossene Sekundärnetz dient zur internen Vermessung der einzelnen Gebäudeabschnitte. Sekundärmesspunkte werden aus dem Primärnetz eingemessen.

Festlegung eines Festpunktes

Maßabweichungen von Primärpunkten sollen durch das Festlegen eines Festpunktes ausgeschlossen werden. Dazu wird ein Ausgangspunkt des vermessungstechnischen

Bezugssystems mit ±0 mm Abmaß definiert. Ausgehend von diesem Bezugpunkt (Festpunkt) sollen die wichtigsten Punkte des Gebäudes angemessen und kontrolliert werden.

Bezugspunkte

Bezugspunkte des Gebäudes im Gelände sollten nicht mehr als 50 m entfernt liegen. Die Messpunkte sollten fest und frostsicher angebracht werden. Sinnvoll ist es hierbei die Festpunkte so festzulegen, dass sie sich an der Gebäudegeometrie orientieren, d. h. an markanten Außenkanten des Gebäudes. In der Vertikalen sind Bezugspunkte möglichst im 2/3 Punkt der Gebäudehöhe zu definieren.

Nach Fertigstellung der Fundamente ist es sinnvoll deren Eckpunkte mithilfe von zwei Theodoliten einzumessen. Über eine Feinvermessung werden dann Markierungspunkte für das Nivellement innerhalb des Gebäudes gesetzt. An den Außenkanten der Fundamente werden Markierungen für die Höhenentwicklung angebracht. Innerhalb des Gebäudes sollte ein Messpunktnetz für spätere Gebäudeteile wie Stützen, Wände, Decken eingemessen und über einen Festpunkt mit dem äußeren Netz verbunden werden. Solche Markierungsbolzen sind bis zum Ende der Bauzeit zugängig zu lassen.

Meterstrich

Die Höhen in jedem Geschoss werden i. d. R. mit einem Meterstrich angegeben. Meist wird diese Markierung in der Nähe von Treppenhäusern oder in Türleibungen angelegt um von dort ausgehend Fenster- und Türhöhen oder Höhenangaben für Fußböden festzulegen.

Genauigkeit der Maße

In den DIN-Normen für die Maßgenauigkeit wurden keine Angaben über zulässige Genauigkeiten beim Vermessen gemacht. Diese sind anteilig in den Toleranzen nach DIN 18202 enthalten. Grenzabmaße für das Vermessen auf der Baustelle sind jedoch in ISO 4463 empfohlen. Diese müssen im Allgemeinen eingehalten werden wenn die Genauigkeitsanforderungen für das Bauwerk nach DIN 18202 erfüllt werden sollen.

Messgeräte

Dem Grunde nach sind ausschließlich geeichte Messgeräte zu verwenden. Diese sind in gewissen Zyklen nachzueichen. Die Messgeräte sind zu kalibrieren und der Messfehler für das Gerät zu ermitteln. Bei normaler Verwendung des Gerätes ist dieser zu berücksichtigen. Witterungsbedingte Einflüsse sind vor allem bei Bandmaßen und optischen Geräten zu berücksichtigen.

Messgerät	Fehlergrenze	Messunsicherheit
Stahlmessbänder in einer Länge von 10, 20 und 50 m, auf denen die Einteilung bis auf den ersten Meter in Millimeter, im Weiteren auf Zentimeter vorgenommen ist. Gemessen wird i. d. R. mit einer Zugbelastung von 50 N.	je 10 m ±1,2 mm je 20 m ±2,2 mm je 50 m ±5,3 mm	je 20 m ±5,0 mm je 50 m ±10,0 mm
Hand-Lasermeter zur berührungslosen Entfernungsmessung	±1,5 – 3,0 mm je 50 m	±1,5 – 3,0 mm je 50 m
Federwaage zur Spannung der Messbänder	Zur Spannung mit konstantem Zug von 50 N	
Winkel aus rostfreiem Stahl mit Millimeterteilung		
Messkamm „Rossmann-Messkamm“		Annähernde Angabe der Dicke der flüssigen Schicht
Messrad	Systematischer Fehler: 2,5 % + 1 µm	
Messschieber mit Nonius	±0,07 mm	±0,1 mm
Stahlmessstäbe	±0,15 mm	±0,2 mm
Richtscheit aus rostfreiem Stahl oder aus Holz und einer mit rostfreiem Stahl besetzten Richtkante, in 3, 4 oder 6 m Länge, mit ebenen 5 x 5 cm großen 1, 2 und 3 cm dicken Unterlegplatten		
Messkeile aus rostfreiem Stahl mit Millimetereinteilung und 1/10 mm Ablesbarkeit		
Nivelliergeräte mit kontrollierter Fehlergrenze und Messunsicherheitsangabe	2,0 mm/km für Nivelliergeräte Klasse 2, 8,0 mm/km für Geräte Klasse 3, 20,0 mm/km für Geräte Klasse 4	
Nivellierlatten mit Strichteilung	±0,03 mm/m	
Nivellierlatten mit Felderteilung	±0,50 mm/m	
Lote aus Nylonschnur mit rostfreiem Öltopf zu pendelfreien Sicherung		
Theodolit		

Messgerät	Fehlergrenze	Messunsicherheit
Gliedermaßstab aus Holz	ca. ±1,0 mm	±2,0 mm
Messlatten aus Holz	±1,0 mm bei 4 m Messlänge	±2,0 mm
Schlauchwaagen		ohne Umsetzen ±2,0 mm mit Umsetzen ±3,0 mm
Wasserwaagen	0,2 – 0,4 mm/m für Wasserwaagen aus Holz 0,8 – 1,6 mm/m für Wasserwaagen aus Metall	±0,2 mm ohne Umsetzen ±0,3 mm mit Umsetzen

Kontrolle der Bauausführung

Maßkontrollen während der laufenden Bauausführung sollen sicherstellen, dass das Gebäude den Anforderungen an die zulässigen Toleranzen entspricht. Daher ist es erforderlich die Teilabnahmen oder Zwischenstationen der Gewerkeleistungen auf Einhaltung der Maßgenauigkeiten zu kontrollieren. Dadurch können Abweichungen frühzeitig erkannt und den Verursachern zugeordnet werden.

Lot und Fluchtgenauigkeiten

Mauerwerk wird nach Anlegen der Wandecken und -öffnungen mit den Hilfsmitteln Schnur, Wasserwaage und Lot flucht- und lotrecht erstellt. Die zu erreichende Ausführungsgenauigkeit der Rechtwinkligkeit, der Flucht und Lotrechten wird im Allgemeinen mit 0,5 cm (Grenzabmaß ±0,5 cm) angenommen.

Genauigkeiten von Längenmaßen kann bei Mauerwerk hinsichtlich der Längen- und Breitenabmessungen bei durchschnittlich üblicher Qualität mit einer Genauigkeit von etwa ±3 mm Grenzabweichung hergestellt werden. Die gleiche Genauigkeit wird auch für das Halten der Lagerfugen erreicht.

Genauigkeiten von Höhenmaßen von Mauerwerk ist für die durchschnittliche Ausführung ein größeres Grenzmaß anzusetzen. Die maßgerechte Ausführung von Mauerwerk wird im Wesentlichen beeinflusst durch das Anlegen des Mauerwerk sowie das gleichmäßige aufmauern.

Anhang

Checklisten

Kontrolle für die Planung

Bereits in der Planungsphase können die verschiedenen Anforderungen an die Genauigkeiten und die möglichen Bauteilverformen aufgrund von thermischen Veränderungen berücksichtigt werden.

Notwendige Maßgenauigkeit im fertigen Zustand

a) Welche Anforderungen werden an das fertige Bauwerk gestellt?

- Welche vertraglich vereinbarten Anforderungen nach BGB bzw. VOB werden an das fertige Objekt gestellt in Bezug auf:
  - + Abmaße
  - + Winkelgenauigkeiten
  - + Ebenheit
  - Welche Leistungen sind vertraglich vereinbart?
  - Welcher Erfolg ist vertraglich geschuldet?

b) Welche Anforderungen werden an die allgemein anerkannten Regeln der Technik gestellt?

- Bauordnungsrechtliche Vorgaben? Landesbauordnung der einzelnen Bundesländer?
- Welche DIN-Normen oder technischen Merkblätter sind zu berücksichtigen?

- Welche Mindestabmessungen sind zu berücksichtigen?
- Gibt es Anforderungen aus Verordnungen, Erlassen etc.?

c) Funktionsbereitschaft des geschuldeten Werkes

- Kann es durch Maßabweichungen zu Beeinträchtigung von Funktionen kommen (z. B. Einbau von Fahrstuhl, medizinischen Anlagen etc.)

d) Wird die optische Erscheinung beeinträchtigt?

- Kann es durch Maßungenauigkeiten zu Beeinträchtigung des optischen Erscheinungsbildes kommen? (z. B. Struktur einer Fläche, optische Gestaltung, Anschlussfugen, Streiflicht)?

Vorab Berücksichtigung der Toleranzen der Baustoffe

- Welche Baustoffe finden Verwendung?
- Welche Auswirkungen ergeben sich aus den Baustoffnormen?
- Gibt es vorgefertigte Bauelemente?
- Gibt es Toleranzausgleichsmöglichkeiten?
- Gibt es Bauteile die standardmäßig fertig geliefert werden?

Inhärente (temporäre Verformungen) Toleranzen

- Verformungen infolge Kriechen unter Eigenlast und Verkehrslast

- Verformungen infolge von Schwinden
- Verformungen durch Erschütterung
- Verformungen durch Quellen

Toleranzen in der Ausführung
Toleranzen nach DIN 18202, DIN 18203;

- Welche Toleranzen sind zu berücksichtigen?
- Werden erhöhte Anforderungen an Flächen gestellt?
- Werden an Bauteilabschnitte andere Anforderungen an die Genauigkeit gestellt als in der DIN vorgegeben?
- Gibt es Anforderungen an die Passungen der Gewerke untereinander?
- Sind die Anforderungen aus der Planung technisch umsetzbar?
- Bestehen Toleranzausgleichsmöglichkeiten?

Ausschreibung und Vereinbarung der Ausführung

- Sind alle notwendigen Angaben in den Ausführungsplänen vorhanden?
- Sind die Toleranzangaben für die Ausführung der einzelnen Gewerke in dem Leistungsverzeichnis enthalten?
- Sind Möglichkeiten zum Ausgleich von Passungsungenauigkeiten berücksichtigt?

Vertrag

- Sind die beabsichtigten Genauigkeitsangaben Bestandteil der vertraglichen Vereinbarung?

Kontrolle für die Ausführung

Grundsätzlich sind bei der Baudurchführung folgende Vorgehensweisen zu berücksichtigen:

- Die vorherige Vermessung hat erheblichen Einfluss auf den Umfang der späteren Maßabweichungen. Bereits hier auftretende Ungenauigkeiten gehen in das spätere Bauwerk ein.
- Bei besonders hohen Anforderungen an die Genauigkeit sind während des Bauablaufes Kontrollmessungen durchzuführen. Im Rahmen dieser Kontrollmessungen können dann bereits aufgetretene Toleranzen ausgeglichen werden.

Ausführungsvorbereitung – Überprüfung der Vorleistung

a) Genauigkeit des Endzustandes des Bauwerks
  - Überprüfen der baustoffbedingten Maßtoleranzen mit den Toleranzanforderungen des Bauwerks
  - Abstimmen der geforderten Anforderungen an die Toleranzen mit dem Besteller
  - Koordinierung der Anforderungen an die Passungen mit vor- und nachfolgenden Gewerken
  - Koordinierung der Vermessung in Art, Zeit, Instrumente und Vorgehen

- Definition der Passpunkte für die Kontrollmessungen in Lage und Kennzeichnung

b) Überprüfung der Vorleistung / Gewerke

- Überprüfen der Bauwerksmaße in Bezug auf Toleranzen der Bauwerksmaße, Ebenheit und Winkligkeit die die Planungsvorgaben vorgeben
- Dokumentation und Feststellung der Toleranzen aus den Vorleistungen
- Überprüfung der Toleranzen ob diese i. S. d. DIN-Normen statthaft sind

c) Überschreitung der Toleranzen der Vorleistungen

- Bedenken i. S. d. VOB/B § 4 Nr. 3 vor Ausführungsbeginn anmelden
- Ggf. Behinderung nach VOB/B § 6 Nr. 1 anmelden
- Beseitigung der Toleranzen nach Abstimmung und Beauftragung durch den Auftraggeber
- Vergütungsansprüche der Mängelbeseitigungskosten
- Erst nach vollständiger Mangelbeseitigung mit den Ausführungen beginnen

Ausführung der eigenen Leistung / Abnahme

a) Bestandsaufnahme

- Kontrolle der Ungenauigkeiten in Bezug auf die eigene Leistung
- Maßnahmen zum Toleranzausgleich treffen

b) Stichprobenartige Kontrollen während der Ausführung

- Kontrolle und Abstimmung der laufenden Ausführung ggf. Abstimmung mit den Folgegewerken
- Festgestellte Ungenauigkeiten möglichst unverzüglich ausgleichen
- Maßkontrollen vor der Fertigstellung und Abnahme der Bauleistung

Literatur- und Quellennachweis

[L1] Bayerlein, Walter: Praxishandbuch Sachverständigenrecht, Verlag C. H. Beck, 2002

[L2] Böttcher, Peter: Anstriche für Holz und Holzwerkstoffe im Außenbereich,
Hrsg.: Informationsdienst Holz, 12/1999

[L3] Bürgerliches Gesetzbuch, Schuldrechtmodernisierungsgesetz vom 26.11.2001
(BGBl. I S. 3138)

[L4] DIN Deutsches Institut für Normung e. V. (Hrsg.), Vergabe- und Vertragsordnung für Bauleistungen Ausgabe 2002;

[L5] DIN Deutsches Institut für Normung e. V. (Hrsg.), Vergabe- und Vertragsordnung für Bauleistungen Ausgabe 2002, Ergänzungsband 2005-07-04

[L6] Fachverband des deutschen Fliesengewerbes (Hrsg.); Fliesen- und Platten-Information Nr. X/98, 1998

[L7] Feurich, Hugo: Sanitärtechnik, Krammer Verlag Düsseldorf, 1995

[L8] Großflächenverlege-Gemeinschaft Betonwerksein e. V., (Hrsg.); Technisches Merkblatt 1.0, 1997

[L9] Musterbauordnung (Standard- und Mindestbauordnung des Bundes), Grundlage für deren jeweilige Landesbauordnungen, letzte Überarbeitung am 08.11.2002

[L10] Oswald, Rainer; Abel, R.: Hinzunehmende Unregelmäßigkeiten bei Gebäuden, Bauverlag, 2000

[L11] Schmidt, Hans; Wögebauer, Bernd: Dielenböden, (Hrsg.): Informationsdienst Holz, 11/2004

[L12] Schumacher, Ralf: Schäden an Türen und Toren, Schadenfreies Bauen, (Hrsg.): G. Zimmermann, Fraunhofer IRB Verlag, 2001

Weitere praktische Baustellenhandbücher aus der FORUM-Erfolgsreihe

Das VOB-Baustellenhandbuch

Bestell-Nr. 3032, ISBN 3-89827-896-4

Über 150 Schlagwörter zur VOB praxisnah erläutert. Mit Zahlreichen Tipps, Beispielen und Handlungsanweisungen für die Praxis.

Kompaktes Wissen für die rechtssichere Abwicklung von Bauprojekten

Das Baustellenhandbuch der Abnahme

Bestell-Nr. 3038, ISBN 3-89827-967-7

Praktische Abnahmechecklisten für jedes Gewerk mit vielen technischen Hinweisen.

Die wichtigsten Fristen und Rechtsgrundlagen zur Abnahme.

Bestellen Sie ganz einfach telefonisch direkt beim FORUM-Verlag unter 08233/381-123.

Die Bücher kosten jeweils 52,- EUR, inkl. MwSt., zzgl. Versand. Es gelten die allgemeinen Geschäftsbedingungen des Verlages.

Ebenfalls in dieser Reihe erschienen

Stichwortverzeichnis

A
Abdichtungsarbeiten 75
Absturzsicherung 216
Anschlaghöhe / Türen 269
Anschlussfugen 208
Anschlusshöhe 141
DIN 18332 Naturwerkstein 277
DIN 18338 Dachdeckungs- und
Dachabdichtungsarbeiten 131
Aufriss, Lichte Maße im 51
Aufriss, Maße im 49
Ausnehmungen 286
Außenwandbekleidung 115
Außenwandbekleidung, Holz 387
Außenwandfugen, Abdichtung 196

B
Baugruben 161
Baumkanten 384
Belegreife 185
Berme 165
Beschichtungen 244
Beton, Vorgefertigte Teile aus 65
Betonarbeiten 89
Betondecken 365

Betondeckung ...96
Betontragschicht ...365
Betonwerksteinarbeiten ...109
Bettungsdicke ...371
Bewegungsfläche ...312
Bewehrung ...96
Bezugspunkte ...429
45
Bitumenbahnen ...79
Bitumen-Schweißbahnen ...80
Blechdicke ...236
Böden, Holz ...388
Bodenbelagarbeiten ...121
Bodenfeuchte ...81
Bodenklassen ...161
Bordsteine ...372
Böschungswinkel ...162
Brettschichtholz ...383

C

Checklisten ...437

D

Dachabdichtung ...138
Dachdeckungs- und Dachabdichtungsarbeiten ...131
Dachrandabschlüsse ...233
Dachrinnen ...239
Dachschalungen ...385
Dachsteine, Regeldachneigung ...135
Dachziegel, Regeldachneigung ...132
Dämmung, Trinkwasserleitung ...314
Dämmung, Warmwasserleitung ...313

Deckenbekleidungen 345
Dehnungsausgleicher 240
Dickbeschichtungen 88
Dickbett, Fliesenarbeiten 205
DIN 18300 Erdarbeiten 159
DIN 18330 Mauerarbeiten 249
DIN 18331 Betonarbeiten 89
DIN 18333 Betonwerksteinarbeiten 109
DIN 18334 Zimmer- und Holzbauarbeiten 375
DIN 18335 Stahlbauarbeiten 317
DIN 18336 Abdichtungsarbeiten 75
DIN 18339 Klempnerarbeiten 229
DIN 18340 Trockenbauarbeiten 337
DIN 18350 Putz- und Stuckarbeiten 299
DIN 18351 Fassadenarbeiten 189
DIN 18352 Fliesen- und Plattenarbeiten 199
DIN 18353 Estricharbeiten 171
DIN 18354 Gussasphaltarbeiten 219
DIN 18355 Tischlerarbeiten 325
DIN 18356 Parkettarbeiten 289
DIN 18360 Metallbauarbeiten 263
DIN 18361 Verglasungsarbeiten 351
DIN 18363 Maler- und Lackierarbeiten 243
DIN 18365 Bodenbelagarbeiten 121
DIN 18366 Tapezierarbeiten 321
DIN 18367 Holzpflasterarbeiten 121
DIN 18451 Gerüstarbeiten 213
Doppelböden 347
Dränschicht 146
Dreifachwände 106
Durchdringungen 141

E

Ebenheitsabweichung 43
Elektroinstallation 149
Elektroinstallation, Mindestausstattung 153
Entsorgungsleitungen 316
Erdarbeiten 159
Estricharbeiten 171
Estrichdicke 175
Estriche, schwimmend 179
Expositionsklassen 96

F

Fachregeln, Dachdeckungsarbeiten 132
Fanggerüste 214
Fassadenarbeiten 189
Fassadengerüste 214
Feldbegrenzungsfugen 208
Fenster 271
Festpunkt 428
Flachdachrichtlinien 137
Fliesen- und Plattenarbeiten 199
Flüssigabdichtungen 143
Fugen 223
Fugen, Betonwerkstein 116
Fugen, Fassadenarbeiten 196
Fugen, Fliesenarbeiten 206
Fugen, Pflasterarbeiten 371
Fugen, Mauerwerk 256
Fugen, Naturstein 285
Fugen, Trockenbauarbeiten 345
Fugenflanken 196

G

Gebrauchstauglichkeit....413
Gefälle....316
Geländer....268
Gerüstarbeiten....213
Gipskartonplatten....341
Gleichgewichtsfeuchte....381
Gräben....162
Grenzabweichung....43
Grundriss, Lichte Maße im....50
Grundriss, Maße im....48
Gussasphaltarbeiten....219

H

Hafte....236
Haftzugfestigkeit, Estrich....183
Hausanschlussraum....150
Heizkörper....226
Höchstmaß....41
Holzfeuchte....390
Holzpflasterarbeiten....125
Holzrahmenbau....382

I

Imprägnierung....181
Istmaß....40

K

Kehlen....233
Keilverzinkungen....332
Kerndämmung....259
Klempnerarbeiten....229

Kunststoffdichtungsbahnen 80
Kunstharze 180

L

Kunstharze 180
Leitungsführung 155
Los- und Festflansch 86
Luftschicht 258
Luftspalte 330

M

Maler- und Lackierarbeiten 243
Mangel 410
Mängelansprüche, VOB / C, § 13 411
Maschenweiten 270
Maßabweichung 42
Maßhaltigkeit, Betonwerkstein 114
Maßhaltigkeit, Vollholz 381
Maßhaltigkeit, Mauersteine 255
Maßhaltigkeit, Naturwerkstein 282
Maßtoleranz 41
Maßtoleranzenklasse 382
Materialdeckung 235
Materialdicken, Klempnerarbeiten 234
Mauerabdeckungen 234
Mauerarbeiten 249
Mauerwerk, zweischalig 257
Messgeräte 430
Messpunktabstände 45
Metallbauarbeiten 263
Meterstrich 430
Mindestgefälle 138

Mindestgefälle, Flachdach 138
Mindestmaß...41
Mörtelbett, Betonwerkstein 115
Mörtelbett, Naturstein..284
Musterverzug 128

N
Naturwerksteinarbeiten..277
Nennmaß 40

O
Oberflächenbefestigung, wasserdurchlässig 373
Oberflächengüte 342
Oberflächenschutzsysteme...246
Oberflächenzugfestigkeit, Beton 184
Öffnungen mit oberflächenfertigen Leibungen 52
Öffnungen 51
Optisches Erscheinungsbild, Parkett 296
Optisches Erscheinungsbild, Verglasung 354

P
Parkett, Verlegung 294
Parkettarbeiten...289
Pflasterdecken 370
Pflastersteine 368
Planum 370
Plattendicke 204
Prüfung nach DIN 18202...395
Prüfung nach DIN 18203-1 bis 18203-3 407
Putz- und Stuckarbeiten 299
Putzdicke...303

Q

Quellen, Holz 390

R

Rampen 374
Risse, Holz 382
Rohrgefälle 315
Rohrleitungen, Heizung 226
Roste 270

S

Sach- und Rechtsmangel, BGB § 633 410
Sachverständigenverzeichnisse 426
Sanitärinstallation 309
Sanitärobjekte, Montagehöhen 313
Sanitärräume, barrierefrei 312
Sanitärräume, Stellflächen 310
Schalungsdicke 387
Schichtdicke 244
Schichtdickenmessung 247
Schiefer 135
Schlitze 152
Schutzanlagen 79
Schutzbereiche 156
Seiten- und Höhenüberdeckung, Dachsteine 135
Seiten- und Höhenüberdeckung, Dachziegel 134
Seitenschutz 168
Sekundärnetz 428
Sicherheitsabstände 167
Sichtbeton 100
Sichtmauerwerk 256
Sickerwasser, aufstauend 84

Sickerwasser, nicht stauend 81
Solnhofener Platten 204
Sortierung 297
Stahl, Vorgefertigte Teile aus 65
Stahlbauarbeiten 317
Stahlbauarbeiten, vorgefertigte Bauteile 318
Stichmaß 417
42
Stromkreise 153

T
Tafeln, Holz 378
Tapezierarbeiten 321
Tischlerarbeiten 325
Toleranzklassen 179
Träger, Holz 377
Trennschichten 79
Treppen 117
Trockenbauarbeiten 337
Trockenböden 346
Trockenschichtdicke 88
Türen, Wandöffnungen 328
Türschwellen 129
330

U
Überbindemaß 255
Überdeckungsbreite 387
Überzähne 117
210
Unterdecken 345
Unterkonstruktionen, Fassadenarbeiten 194

V

Verglasungsarbeiten 351
Verkehrswegebauarbeiten 361
Verlegetoleranzen, handwerklich 209
Verschiebungstoleranzen, Glas 353
Versiegelung 127
181
Versorgungsleitungen 315
Verspachtelung 342
Verwerfungen..332
Vollholz 383

W

Wärmedämmputz 304
Wärmedämm-Verbundsysteme 189
Wasser, drückend 81
83
Wertminderungen 418
Winkelabweichung 43
Wohnungen 153

Z

Zimmer- und Holzbauarbeiten 375
Zusatzmaßnahmen 133